WTB
Wissenschaftliche Taschenbücher

Texte und Studien

Gerhard Jackisch

J. H. Lamberts Cosmologische Briefe

Akademie-Verlag · Berlin

WTB Wissenschaftliche Taschenbücher

Eine Auswahl lieferbarer Bände:

JOACHIM AUTH/DIETMAR GENZOW/ KLAUS H. HERRMANN
Photoelektrische Erscheinungen

HANS BANDEMER/ANDREAS BELLMANN/WOLFHART JUNG/KLAUS RICHTER
Optimale Versuchsplanung

FRANK BEICHELT
Prophylaktische Erneuerung von Systemen

JOACHIM BELLACH/PETER FRANKEN/ ELKE WARMUTH/WALTER WARMUTH
Maß, Integral und bedingter Erwartungswert

WOLFRAM BRAUER/HANS-WALDEMAR STREITWOLF
Theoretische Grundlagen der Halbleiterphysik

SIEGFRIED BREHMER
Einführung in die Maßtheorie

SIEGFRIED BREHMER
Hilbert-Räume und Spektralmaße

JOHN CUNNINGHAM
Vektoren

GEORG DAUTCOURT
Relativistische Astrophysik

K. CH. DELOKAROV
Relativitätstheorie und Materialismus

WERNER DÜCK
Diskrete Optimierung

HANNELORE FISCHER/JOACHIM PIEHLER
Modellsysteme der Operationsforschung

GOTTFRIED FRITZSCHE
Grundlagen und Entwurf passiver Analogzweipole
Netzwerke I

Entwurf passiver Analogvierpole
Netzwerke II

HERBERT GOERING
Asymptotische Methoden zur Lösung von Differentialgleichungen

HERBERT GOERING
Elementare Methoden zur Lösung von Differentialgleichungsproblemen

EDUARD HERLT/NIKOLAUS SALIÉ
Spezielle Relativitätstheorie

HELMUT HESS
Der elektrische Durchschlag in Gasen

V. I. KARPMAN
Nichtlineare Wellen in dispersiven Medien

ULRICH KAUSMANN/KLAUS LOMMATZSCH/FRANTIŠEK NOŽIČKA
Lineare parametrische Optimierung

A. R. KESSEL
Akustische Kernresonanz

KONRAD KREHER
Festkörperphysik

DIETER KRESS
Theoretische Grundlagen der Signal- und Informationsübertragung

DIETER LEUSCHNER
Grundbegriffe der Thermodynamik

V. S. LETOCHOW
Laserspektroskopie

DIERCK-EKKEHARD LIEBSCHER
Relativitätstheorie mit Zirkel und Lineal

WOLFGANG MEILING
Digitalrechner in der elektronischen Meßtechnik
Teil 1: Meßmethodik
Teil 2: Gerätetechnik und Anwendungen

L. I. MIROSCHNITSCHENKO
Kosmische Strahlen im interplanetaren Raum

PETER PAUFLER/GUSTAV E. R. SCHULZE
Physikalische Grundlagen mechanischer Festkörpereigenschaften
Teil I und II

ULRICH RÖSEBERG
Quantenmechanik und Philosophie

ALBRECHT ROST
Messung dielektrischer Stoffeigenschaften

J. V. SAČKOV
Wahrscheinlichkeit und Struktur

E. M. SAWIZKI
Perspektiven der Metallforschung

WOLFGANG SCHÄFER
Theoretische Grundlagen der Stabilität technischer Systeme

ERNST SCHMUTZER
Symmetrien und Erhaltungssätze der Physik

VOLKMAR SCHURICHT
Kernexplosionen für friedliche Zwecke

NORBERT SIEBER/HANS-PETER LEIDHOLD
Einführung in die Datenverarbeitung

GERHARD WUNSCH
Zellulare Systeme

Festkörperphysik
Entwicklungstendenzen und Anwendungsmöglichkeiten

Die Schöpfer der physikalischen Optik
Eine Artikelsammlung

HANS-GEORG SCHÖPF
Von Kirchhoff bis Planck

HORST MELCHER
Albert Einstein wider Vorurteile und Denkgewohnheiten

HELMUT FRIEMEL/JOSEF BROCK
Grundlagen der Immunologie

EBERHARD HOFMANN
Funktionelle Biochemie des Menschen
Band 1 und 2

LOTHAR JÄGER
Grundlagen der Klinischen Immunologie

KARLHEINZ LOHS/DIETER MARTINETZ
Entgiftung – Mittel, Methoden und Probleme

JOACHIM NITSCHMANN
Entwicklung bei Mensch und Tier

STEPHAN SCHNITZLER
Pharmakologische Aspekte von Immunreaktionen

DIETER SPAAR/HELMUT KLEINHEMPEL/HANS JOACHIM MÜLLER/KLAUS NAUMANN
Bakteriosen der Kulturpflanzen

EBERHARD TEUSCHER
Pharmakognosie
Teil I–III

MICHAEL THEILE/SIEGFRIED SCHERNECK
Zellgenetik

HEINRICH BREHMER/KLAUS-PETER WENDLANDT
Heterogene Katalyse

PETER BIRNER/HANS-JÖRG HOFMANN/CORNELIUS WEISS
MO-theoretische Methoden in der organischen Chemie

GÜNTER EPPERT
Einführung in die Schnelle Flüssigchromatographie

GERHARD GEISELER/HEINZ SEIDEL
Die Wasserstoffbrückenbindung

HELMUT HRAPIA
Einführung in die Chromatographie

HANS LUPPA
Grundlagen der Histochemie
Teil I und II

DIETER ONKEN
Antibiotika, Chemie und Anwendung

BURKART PHILIPP/GERHARD REINISCH
Grundlagen der makromolekularen Chemie

HORST REMANE/RAINER HERZSCHUH
Massenspektrometrie in der organischen Chemie

ADOLF ZSCHUNKE
Kernmagnetische Resonanzspektroskopie in der organischen Chemie

Vorschau auf die nächsten Bände:

HEINRICH ARNOLD
Physikalische Chemie der Halbleiter

HORST-HEINO VON BORZESZKOWSKI/RENATE WAHSNER
Newton und Voltaire

J. G. COLLEE
Angewandte medizinische Mikrobiologie

WERNER DÖPKE
Dynamische Aspekte der Stereochemie organischer Verbindungen

GOTTFRIED FRITZSCHE
Entwurf aktiver Analogsysteme
Netzwerke III

FALKO H. HERRMANN/MARINA HERRMANN
Das Hämoglobin des Menschen

HASSO MEINERT
Fluorchemie

Das Neutron
Eine Artikelsammlung

VOLKER NOLLAU
Semi-Markovsche Prozesse

ROBERT ROMPE/HANS-JÜRGEN TREDER
Über Physik – Studien zu ihrer Stellung in Wissenschaft und Gesellschaft

RAINER SINZ
Chronopsychophysiologie, Chronobiologie und Chronomedizin

HUBERTUS STOLZ
Supraleitung

Abb. 1:

JOHANN HEINRICH LAMBERT
(Zentrales Archiv der Akademie der Wissenschaften der DDR)

WTB

BAND 212

Gerhard Jackisch

Johann Heinrich Lamberts „Cosmologische Briefe" mit Beiträgen zur Frühgeschichte der Kosmologie

mit einem Vorwort
von Akademiemitglied Hans-Jürgen Treder

Mit 7 Abbildungen

AKADEMIE-VERLAG · BERLIN

WTB TEXTE UND STUDIEN

Herausgeber dieses Bandes:
Dr. Gerhard Jackisch
Zentralinstitut für Astrophysik der Akademie der Wissenschaften der DDR

1979
Erschienen im Akademie-Verlag,
DDR-108 Berlin, Leipziger Straße 3—4
Lektor: Dipl.-Met. Heide Deutscher

Lizenznummer: 202 · 100/460/79
Umschlag: Karl Salzbrunn
Herstellung: VEB Druckerei „Thomas Müntzer",
582 Bad Langensalza
Bestellnummer: 762 383 8 (7212) · LSV 1495
Printed in GDR
DDR 12,50 M

Vorwort

LAMBERTS „Cosmologische Briefe" gehören in die Vorgeschichte der wissenschaftlichen Kosmologie als der Lehre von Struktur und Entwicklung des Universums im Großen. LAMBERTS Schrift schließt an die naturphilosophische Kosmologie an, die in neuerer Zeit DESCARTES und die Cartesianer sowie LEIBNIZ und die Monadologen erneuert hatten. LAMBERTS Buch war gleichzeitig die Fortführung der durch COPERNICUS veranlaßten großartigen Weltschauen bahnbrechender Astronomen und Physiker wie JOHANNES KEPLER und CHRISTIAN HUYGENS.

Im Gegensatz zu diesen spekulativen Auseinandersetzungen mit dem Kosmos berief sich LAMBERT explicite auf die Begründung der mathematischen Physik und der Gravitationstheorie durch NEWTON und sah (wie KANT in seiner „Naturgeschichte des Himmels" 1755) NEWTONS Prinzipien als die sichere Grundlage jeder Kosmologie an. — Der Vergleich von LAMBERTS „Cosmologischen Briefen" (1761) mit der seinerzeit weitgehend unbekannt gebliebenen Arbeit KANTS zeigt Größen und Grenzen von LAMBERTS Ansatz.

Von NEWTON waren — im bewußten Gegensatz zu DESCARTES' Naturphilosophie — Dynamik und Himmelsmechanik von der Kosmogonie und Kosmologie abgelöst worden. Durch NEWTON wurden die Dynamik und der Aufbau beliebiger kosmischer Systeme — insonderheit die Mechanik des Planetensystems — mathematisch behandelbar, unabhängig von allen Spekulationen über ihre Vorgeschichte und ihre Einordnung in das Weltganze.

NEWTON relativierte so die Bedeutung der kosmogonischen und kosmologischen Fragestellungen.

Es war aber ebenso eine Tatsache, daß die aktuellen Zustände im Kosmos, der Aufbau des Sonnensystems und die Struktur der Sternsysteme, jeweils bestimmte Spezialfälle aus dem nach den NEWTONschen Gesetzen Möglichen realisierten, und NEWTON selbst hatte bereits darauf hingewiesen, daß überhaupt nur bestimmte Zuordnungen von Massen und Geschwindigkeiten eine säkulare Stabilität der Systeme ergeben können.

KANT sah in diesen tatsächlich bestehenden quasi-stabilen kosmischen Systemen das Ergebnis langzeitiger kosmogonischer Entwicklungen. Im Laufe der Zeit bilden sich nach KANT solche stabilen Systeme zwangsläufig heraus; die instabilen Zwischenzustände lösen sich auf. — LAMBERTS teleologische Weltsicht nahm das Resultat der kosmogonischen Entwicklung, die angenäherte Stabilität der kosmischen Systeme, als gegeben an. Er bemerkte, daß im Rahmen eines größeren kosmischen Zusammenhanges Untersysteme nur dann langzeitig bestehen können, wenn das sie umfassende System relativ stabil ist und sich während der Lebenszeit dieser Untersysteme nur unwesentlich verändert. Damit konnte LAMBERT aus der tatsächlichen Existenz partieller kosmischer Objekte und Systeme auf den Aufbau des Kosmos selbst schließen.

Die originärste Leistung LAMBERTS ist seine Auflösung der bereits von NEWTON erkannten kosmologischen Aporie der Stabilität des Kosmos als Ganzem. LAMBERTS mathematisch grundsätzlich korrekte Lösung war die Konzeption einer Hierarchie der Weltsysteme und damit das Verständnis der quantitativen Unendlichkeit des Kosmos aus einer qualitativen Unendlichkeit der kosmologischen Strukturen.

Diese Idee wurde zu Anfang unseres Jahrhunderts als möglicher Ansatz zu einer theoretischen Kosmologie (vor allem von schwedischen Physikern und Astronomen) erneut aufgenommen. LAMBERTS Gedanken traten jedoch lange als bloßer NEWTONisch-EUKLIDischer und quasi-statischer Aspekt gegenüber der grandiosen Umgestaltung der NEWTONschen Gravitationstheorie und der EUKLIDischen Weltgeometrie durch EINSTEINS Allgemeine Relativitätstheorie zurück, die dynamische Modelle von nicht-EUKLIDischen Evolutions-Kosmen anbot. Die „Metagalaxis" der Astronomen erschien als der relativistische Kosmos selbst, und es gibt keine übergeordneten Systeme.

Heute scheint diese Gegenüberstellung überholt zu sein. Sowohl die Physik NEWTONS als auch die Physik EINSTEINS verlangen eine Antwort auf LAMBERTS Fragen nach einer nach oben unbeschränkten Hierarchie der kosmischen Systeme. Diese Fragen spitzten sich z. Z. auf das Problem der kosmologischen Stellung der Metagalaxis zu: Ist diese ein LAMBERTsches System aus einer (nach oben unbegrenzten) Hierarchie von Systemen (Galaxis, Supergalaxis, Metagalaxis, Teragalaxis etc.) und gibt es daher auch eine unendliche Zahl von analogen „Metagalaxien“? Oder ist unsere Metagalaxis bereits der (endliche oder unendliche, geschlossene oder offene) Kosmos selbst?

Professor Dr. Dr. HANS-JÜRGEN TREDER

Inhaltsverzeichnis

Einleitung

I. Zur Persönlichkeit Lamberts

JOHANN HEINRICH LAMBERT wurde vor 250 Jahren, am 26. August 1728, in Mühlhausen im schweizerischen Sundgau (heute französischer Elsaß) geboren. Er starb vor etwas mehr als 200 Jahren im Alter von 49 Jahren am 25. September 1777 in Berlin.[1]) In diesem knapp fünf Jahrzehnte währenden Leben wurde aus dem Sohn einer armen Schneiderfamilie, der sein Wissen als Autodidakt erwerben mußte, jener Gelehrte, dessen Name schon zu Lebzeiten weit über die Grenzen seiner Wirkungsstätten berühmt geworden war.

So wurde LAMBERT schon 1753 Mitglied der helvetischen Gesellschaft, 1757 Korrespondent der Göttingischen Sozietät der Wissenschaften und 1759 besoldetes Mitglied der damals neu errichteten Churbairischen Akademie der Wissenschaften [1, 2]. Durch SULZERS und EULERS Protektion beim preußischen König Friedrich II. ging LAMBERT 1765 nach Berlin und wurde Mitglied der Königlich Preußischen Akademie der Wissenschaften. Hier arbeitete er bis zu seinem frühen Tode.

LAMBERTS große Leistungen finden wir vor allem in der Astronomie, der Mathematik und der Kartographie, deren wissenschaftlicher Begründer er ist. Durch seine Parallelentheorie in

---

1) Das Todesjahr LAMBERTS ist gleichzeitig das Geburtsjahr von GAUSS. M. STECK bringt in seiner Einführung zu LAMBERTS „Schriften zur Perspektive" [6] beide Gelehrte in unmittelbare Verbindung: „Was bei LAMBERT vielfach nur angedeutet und gedanklich erschaut ist, hat GAUSS auf Grund der neuen Methoden, die er sich zum Teil erst selbst schaffen mußte, voll ausgeführt und in Kunstwerken der Mathematik niedergelegt". Als Beispiele führt STECK u. a. an: den Ideenkreis der Entdeckung der nichteuklidischen Geometrie und ihrer Raumformen, LAMBERTS trigonometrische Darstellung des Imaginären bis zu GAUSS' Darstellung der komplexen Zahlen, LAMBERTS Kartenentwurfslehre bis zu GAUSS' Differentialgeometrie.

Verbindung mit dem Raumproblem schuf er die Grundlagen der nichteuklidischen Geometrie [3, 4].

Durch seine Arbeiten zur mathematischen Photometrie, insbesondere durch deren Systematisierung[2]), setzte er für die beobachtende Astronomie Maßstäbe, die sich auf allen Gebieten der astronomischen Beobachtungstätigkeit, wie der Photometrie oder der Spektrographie, direkt oder indirekt richtungsweisend bis in die Zukunft erwiesen haben [8]. Ferner befaßte er sich bei seinen astronomischen Arbeiten erfolgreich mit Kalender- und Jahrbuchfragen — so gründete er 1774 zusammen mit J. E. Bode das astronomische Jahrbuch (das spätere Berliner Astronomische Jahrbuch) —, mit Instrumentenbau, und in Wechselwirkung mit seinen mathematischen Forschungen förderte er die Beobachtung und Bahnbestimmung von Himmelskörpern.

Häufig werden als die bedeutendsten Arbeiten von Lambert seine „Photometrie", seine Arbeit über die Bestimmung der Kometenbahnen, die „Cosmologischen Briefe über die Einrichtung des Weltbaues" [7] und bezüglich seiner philosophischen Arbeiten das „Neue Organon" genannt und gelegentlich noch die „Freie Perspektive" hinzugefügt (siehe z. B. Wolf [5]).

In Wirklichkeit ist die Anzahl seiner bedeutenden Werke, die die Naturwissenschaft und Philosophie seinerzeit geformt und beeinflußt haben, weitaus größer. So erschienen von Lambert etwa 50 selbständige Werke, dazu noch viele Beiträge in wissenschaftlichen Zeitschriften, die häufig in gleicher Weise von ebenfalls richtungsweisender Bedeutung waren.

Gegenüber der oben genannten Tätigkeit Lamberts waren seine kosmologischen Vorstellungen, die er schon 1761, noch während seiner Münchener Zeit, in den „Cosmologischen Briefen" veröffentlichte, vom astronomischen Standpunkt aus gesehen, vielleicht mehr ein Nebenprodukt seiner wissenschaftlichen Tätig-

---

2) Häufig wird Lambert als der Begründer der mathematischen Photometrie angesehen. Fakt ist aber, daß bereits Kepler viel zu ihrer Begründung beigetragen hat. So ist z. B. das Lambertsche photometrische Grundgesetz schon bei Kepler mathematisch formuliert; aber auch zahlreiche andere Probleme, wie die Theorie der Refraktion, wurden von Kepler mathematisch behandelt, und zwar vor allem in seiner „Astronomiae Pars Optica" [12].

keit. Von LAMBERTS philosophischem Standpunkt aus, in Verbindung mit dem ihn zeit seines Lebens beschäftigenden „Raum-Zeit-Problem" sowie der Fragestellung nach der sich auf der NEWTONschen Mechanik und Dynamik begründenden Stabilität beliebiger kosmischer Systeme, sind die „Cosmologischen Briefe" auf keinen Fall als Nebenprodukt der LAMBERTschen Arbeit zu betrachten. Sie sind vielmehr ein notwendiger Bestandteil seiner naturphilosophischen Anschauungen. Solche waren aus Gründen, die weiter unten erläutert werden, seit Beginn des 18. Jahrhunderts häufig, wobei selbstverständlich die kosmologische Fragestellung eine dominierende Rolle spielte. Viele dieser Arbeiten waren für die weitere kosmologische Forschung irrelevant, häufig begründeten sie sich auch noch nicht auf die NEWTONsche theoretische Mechanik. Dies lag im wesentlichen daran, daß sich die von NEWTON begründete Physik von England her nur langsam in Europa ausbreitete. Hier ist der kritische Einfluß von LEIBNIZ bedeutend gewesen. Er war nämlich der Meinung, man müsse erst die Kosmogonie exakt und widerspruchsfrei entwickeln — was bis heute nicht möglich ist — und dann aus ihr die Himmelsmechanik ableiten. Die Himmelsmechanik benötigt aber zu ihrer Herleitung gar keine Kosmogonie, sondern nur die NEWTONschen Gesetze. Außerdem forderte LEIBNIZ, das Wesen der Gravitation zu ergründen, was ebenfalls unmöglich war. LEIBNIZ verlangte von der NEWTONschen Physik Aussagen, die sie explizit gar nicht machen konnte und die von Naturwissenschaft und Technik — und auch von der Kosmologie — vorerst gar nicht benötigt wurden. Deshalb wurde die NEWTONsche Physik eigentlich erst nach einem Besuch VOLTAIRES in England im Jahr 1727 in Frankreich und dem damaligen Deutschland bekannt gemacht. So war es möglich, daß auch SWEDENBORG sich in seinem kosmologisch-kosmogonischen Werk von 1734 „Die Prinzipien der Naturwissenschaften oder der neuen Versuche, die Phänomene der Welt philosophisch zu erklären" [9] in Unkenntnis der NEWTONschen Physik noch an die Wirbeltheorie von DESCARTES anlehnte.

Kosmologisch relevant waren im 18. Jahrhundert nur vier Werke. Einmal das eben genannte von LAMBERT. Ihm stand ebenbürtig die „Allgemeine Naturgeschichte und Theorie des Himmels" von KANT (siehe Einleitung VII) zur Seite. Dieses Werk hatte vor den „Cosmologischen Briefen" noch den unbestreitbaren Vorzug, daß es den Bau des Kosmos mit seiner Historizität verband. Auch entwarf KANT sein Bild vom physischen Kosmos nur mittels physikalischer und astronomischer Argumentationen, während LAMBERT dazu gleichberechtigt teleologische gelten ließ. Als Vorläufer zu beiden Werken ist WRIGHTS „An Original Theory" (siehe Einleitung VI) zu nennen. WRIGHT gebraucht aber noch viel mehr als LAMBERT theologische Argumente. Gegenüber den LAMBERTschen und KANTschen Kosmologien ist es mehr als eine Skizze zu betrachten. Die kosmologischen Werke HERSCHELS (siehe Einleitung VIII) sind als eine Fortsetzung der theoretischen Kosmologien von WRIGHT, KANT und LAMBERT in die Empirie anzusehen.

LAMBERT blieb während seines Lebens die Achtung und Anerkennung seiner Zeitgenossen nicht versagt. Auch KANT schätzte LAMBERT sehr. Dies kommt auch in dem geringen Briefwechsel [10] zum Ausdruck, den beide auf Betreiben LAMBERTS von 1765 an hatten (s. Textsammlg.). Aber die Achtung beruht auf Gegenseitigkeit, wie aus dem ersten Brief LAMBERTS vom 13. 11. 1765 hervorgeht. KANT bezeichnet in seinem Antwortbrief vom 31. 12. 1765 LAMBERT als

„das erste Genie in Deutschland, ... welches fähig ist, in derjenigen Art von Untersuchungen, die mich auch vornehmlich beschäftigen, eine wichtige und dauerhafte Verbesserung zu leisten".

Ihre hierarchischen Kosmologien stimmen in großen Zügen überein. Auch das geht aus dem Briefwechsel hervor. Jedoch hat KANT seine Gedanken einige Jahre früher dargelegt. LAMBERT bestätigt das in seinem ersten Brief an KANT. Die Prioritätsfrage schien von vornherein geklärt. Um so erstaunlicher ist dann 1791 das Schreiben von KANT an GENSICHEN, der mit Wissen von KANT einen authentischen Auszug aus dessen „Allgemeiner Naturgeschichte" als Anhang zu W. HERSCHELS „Über den Bau des Himmels" veröffentlichte, und das GENSICHEN zu dem Nachwort Veranlassung gab (hierzu siehe Textauszüge KANT). Dagegen hatte KANT noch 10 Jahre früher, am 8. 6. 1781, an JOHANN ERICH BIESTER [10] folgendes geschrieben:

„Meine *Naturgeschichte des Himmels* konnte wohl niemals vor ein Produkt des *Lambertschen* Geistes angesehen werden, dessen tiefe Einsichten der Astronomie sich so unterscheidend ausnehmen, dass hierüber kein Missverstand obwalten kann. Dieser betrifft allenfalls die Priorität der Entstehung meines schwachen Schattenrisses, vor seinem meisterhaften und von niemand erborgten Abrisse des kosmologischen Systems, dessen Aussenlinien freilich mit jenem leicht zusammentreffen konnten, ohne dass irgendeine andere Gemeinschaft, als die der Analogie mit dem Planetensystem, daran Ursache sein dürfte; eine Anmerkung, die der vortreffliche Mann in einem Briefe machte, womit er mich im Jahre 1765 beehrte, als ihm diese Übereinstimmung der Mutmassungen zufälligerweise bekanntgeworden war."

Sicherlich hatte KANT also gar nicht die Absicht, die Prioritätsfrage aufzuwerfen. Wahrscheinlich wollte er sich in dem Schreiben an GENSICHEN nur einiger Ungenauigkeiten bei ERXLEBEN und LICHTENBERG erwehren. Schließlich war die Naturlehre von ERXLEBEN durchaus dem deutschen Publikum bekannt.

Da LAMBERTS und KANTS Ausgangsposition, die vor allem in der NEWTONschen Physik zu sehen ist, übereinstimmte, waren sich auch ihre frühen Beiträge zur wenige Jahrzehnte vorher durch NEWTON begründeten Naturwissenschaft ähnlich. Aber schon in den beiden Werken zur Kosmologie — so sehr sie in sich viele gleiche Ideen bergen — zeigen sich die unterschiedlichen Eigenarten der beiden Verfasser. Dies gilt erst recht für die späteren Werke und hier wieder ganz besonders für die philosophischen. Während KANT seine gesamte Tätigkeit immer mehr auf die Philosophie verlagert, wird LAMBERTS Lebenswerk vorzugsweise „eine mit großer Umsicht und logischer Klarheit begründete Theorie der Naturforschung" (siehe BERGER [11]). Hier zeigt sich nun in vollem Umfange die Differenz zwischen KANTS und LAMBERTS Wirken. Während KANT der reine Theoretiker bleibt, ist LAMBERTS Theorie der Naturforschung, so weit wie das die Erkenntnis zuläßt, praxisbezogen. Theorie und Praxis sind bei ihm zwei Gesichtspunkte, die einander bedingen, deren Widersprüche zueinander er erkennt und die er doch unter Wahrung ihrer Eigenarten miteinander zu verbinden versteht. Insofern ist es unzweckmäßig, von einer Vorgängerschaft des einen vor dem anderen zu sprechen. Beide — LAMBERT und KANT — bewältigten in hervorragender und ihnen eigener Weise die zu ihrer Zeit anstehenden und prinzipiell lösbaren Probleme der Wissenschaft.

II. Die Newtonsche Physik als Grundlage der Kosmologien des 18. Jahrhunderts

Nun kann man fragen, was veranlaßte WRIGHT, KANT und LAMBERT, sich zu fast gleicher Zeit mit für den Entwicklungsprozeß der Kosmologie relevanten Vorstellungen zu befassen. Hier müssen wir nach den naturwissenschaftlichen und gesellschaftlichen Vorstellungen fragen, die vornehmlich die Anregungen zu einer solchen damals noch nicht sehr gebräuchlichen Thematik gaben. Nun stehen zwar die naturwissenschaftlichen Erkenntnisse und die gesellschaftlichen Verhältnisse miteinander in einer engen Wechselwirkung. Da jedoch der naturwissenschaftliche Erkenntnisprozeß jener Zeit stark von der Persönlichkeit ISAAC NEWTONS und dessen Begründung der theoretischen Physik geprägt wurde, so soll zunächst die naturwissenschaftliche Situation am Ende des 17. und am Anfang des 18. Jahrhunderts betrachtet werden.

In dieser Zeit, und zwar schon in der zweiten Hälfte des 17. Jahrhunderts, ging durch die Physik NEWTONS eine alte Epoche in der Beziehung des denkenden Menschen zur Natur zu Ende und eine neue wurde durch ihn begründet.[1]) Erst durch sein Werk gelangt die klassische Naturwissenschaft, die einen langen Weg von der frühesten Erkenntnis der Menschheit an durchgemacht hatte, zur Selbständigkeit. Ihr Einfluß auf die menschliche Gesellschaft nimmt schnell und ständig zu. Durch die Physik NEWTONS beginnt die Naturwissenschaft, zwar unter den bürgerlichen Bedingungen des 18. und 19. Jahrhunderts zunächst erst sehr zögernd, selbst Produktivkraft zu werden.

---

1) Den Einfluß der klassischen Naturwissenschaft auf die menschliche Gesellschaft beschreibt DIJKSTERHUIS [1] in seinem Bericht über NEWTON und dessen Begründung der klassischen Physik.

Auf dem Wege zur Begründung der Physik NEWTONS gibt es einige wesentliche Marksteine, die für die Entwicklung der Naturwissenschaft und insbesondere der Physik relevant sind. Sie sind ambivalent für die Entwicklung der frühen Kosmologie.

Solche Marksteine sind z. B. die revolutionierenden Erkenntnisse der Renaissance-Gelehrten NICOLAUS CUSANUS (1401—1464) und NICOLAUS COPERNICUS (1473—1543). Ihre kosmologischen Prinzipien führten zur ersten Relativierung der Stellung der Erde im Raume und begründeten gleichzeitig im Gegensatz zur peripatetischen Physik einen homogen und isotrop mit Materie erfüllten Kosmos. Bei COPERNICUS führte der Versuch, das antike Postulat nach Vollkommenheit und Harmonie in der Bewegung der Himmelskörper zu verwirklichen, letzten Endes zur Begründung des heliozentrischen Weltsystems und zu einer ersten physikalisch begründeten Theorie der Bezugssysteme [2].

Zwar hielt COPERNICUS bezüglich der Sterne noch an der „Stellarum Fixarum sphaera immobilis" fest [3, 4], doch war sich COPERNICUS andererseits bereits vollständig bewußt, daß die Sterne in sehr weiten und wahrscheinlich unterschiedlichen Entfernungen stehen, da man sonst Parallaxen nachweisen könnte. GALILEI [5] stellt 1610 im „Sternenherold" (Sidereus nuncius) fest, daß sich für ihn im Fernrohr die Milchstraße als eine große Anzahl von Sternen offenbart. Auch KEPLER überdachte einige kosmologische Probleme. Eines beschreibt er in seinem ersten Buche seines „Epitome" von 1618 [6], daß die Sonne eine ganz isolierte Stelle in einem leeren Raum im Inneren des Sternsystems hat, und setzt die Entfernungen der Sterne untereinander viel kleiner als ihre Entfernung von der Sonne an.

Bei ihm taucht der erste Gedanke einer ringförmigen Milchstraße auf, den wir dann etwa 150 Jahre später bei WRIGHT wiederfinden. Die Sonne setzt er nahe dem Mittelpunkt dieses Sternsystems, weil die Milchstraße ihm nahezu als ein größter Kreis erscheint. Die ganze Masse des galaktischen Systems nimmt KEPLER so verteilt an, daß ein Drittel der Masse auf die Sonne entfällt, ein zweites Drittel auf das Planetensystem und das letzte Drittel die gesamte Masse aller Sterne der Milchstraße darstellt. Der Abstand der dünnen sternbesetzten Kugelschale bzw. des Ringes der Milchstraße soll sich zum Abstand des damals äußersten bekannten Planeten, des Saturn, wie dessen Bahnradius zum Sonnendurchmesser oder etwa wie 2000:1 verhalten. Dadurch würde der Sonnendurchmesser den Sternen unter dem Winkel von einer zehntel Bogensekunde[2]) erscheinen (was selbstverständlich viel zu groß ist), während die Sterne infolge der geringen Masse viel kleiner als die Sonne sind und keinen Durchmesser zeigen können. KEPLER hält es allerdings für denkbar, daß die Sterne etwa der Sonne gleich groß sind und vielleicht auch von einem Planetensystem umgeben sind. Doch lehnt er es ab, diesem Gedanken nachzugehen, da das copernicanische System vorerst keine Möglichkeit gibt, etwas über die Physik der Sterne auszusagen.[3])

1665 erschien in Helmstädt von LUDOLPH GEORG LÜNDEN eine Schrift mit dem Titel „Discursus de Via Lactea" [19]. Sie ist als eine Zusammenfassung der wesentlichen Ansichten über die Milchstraße anzusehen, wobei LÜNDEN seine eigenen Vorstellungen mit beifügt. Diese beinhalten im wesentlichen, daß die Milchstraße aus einzelnen Sternen besteht. Da sie keine Parallaxen zeigen, deutet er ihre Entfernung als sehr groß, daher befinden sie sich an der „Himmelswölbung". Ähnlichkeiten mit KEPLERS Sternring treten hervor, obwohl KEPLER selbst nicht erwähnt wird.

Im Verlauf von über 100 Jahren wandelte sich nun zwar die kosmologische Vorstellung, insbesondere auch die vom Aufbau unserer Galaxis, recht wenig. Nur die Vorstellung über die Größe und Masse der Sterne änderte sich nach und nach, so daß HUYGENS [8] bereits in seinem 1698 veröffentlichten „Cosmotheoros" die Sterne der Sonne in jeder Hinsicht gleich setzte; allerdings muß man bedenken, daß inzwischen schon NEWTONS Gravitationstheorie eine Verteilung der Massen im Weltall, wie sie sich KEPLER vorstellte, als unmöglich erwies. Hier an dieser

---

[2]) Bei den von KEPLER gegebenen Verhältnissen der Abstände erscheint die Sonne in Wirklichkeit unter einem Winkel von $^1/_{20}$ Bogensekunde.

[3]) Hierzu siehe auch den Beitrag „Universum" von F. RISTENPART [7].

Stelle hat man den Beginn der klassischen Naturwissenschaft[4]) anzusetzen, deren wesentlicher Bestandteil vorerst die klassische Physik war, und auf dieser Basis konnten dann auch die ersten frühen Kosmologien entstehen. Prinzipiell ist der Einfluß NEWTONS auf diese Epoche der menschlichen Gesellschaft und ihrer Wissenschaft so groß, daß man nach DIJKSTERHUIS „seinen Bericht bei Newton beginnen und alles, was vor ihm getan wurde, als Vorgeschichte im Dunkel liegen lassen" könnte.[5]) NEWTON vollzog den Schritt zur Begründung der klassischen Theorie der Physik in der Synthese der durch GASSENDI er-

---

[4]) Selbstverständlich gibt es bei der Begründung der klassischen Naturwissenschaft ein weites Übergangsfeld, das mit der Begründung der modernen Naturforschung durch COPERNICUS beginnt. Hierbei überragt KEPLER in dieser vorNEWTONischen Periode andere große Geister dadurch, indem er seine Astronomie aus einer breiten Basis der Naturforschung seiner Zeit herleitete [15, 16, 17]. Damit trug schon KEPLER zu einer starken Verschmelzung von Astronomie und Physik bei (siehe z. B. seine Gedanken zu GILBERTS Magnetismus und über die Gravitationskraft [17]). Dies ist einer der Gründe, weshalb der Beginn der klassischen Physik bei NEWTON wesentlich durch die Astronomie beeinflußt wurde. KEPLER vertrat auch ganz entschieden den Standpunkt, daß sich die Naturwissenschaft an die Tatsachen zu halten hat und nicht an Dogmen. Unter den Dogmen verstand KEPLER aber nicht nur die theologischen, sondern auch die naturwissenschaftlichen, so z. B. das Dogma von der Kreisbewegung der Himmelskörper, an dem auch COPERNICUS noch festhielt. KEPLER formulierte zum ersten Mal eine auf mathematischen Gesetzen beruhende und in dynamischer Form angelegte Himmelsmechanik. Bereits in seiner ersten Schrift „Mysterium Cosmographium" sieht er in der Sonne die Quelle der Kraft, die den Bestand des Planetensystems garantiert, und erkennt auch, daß die Sonne nicht im Mittelpunkt des Systems steht. Für KEPLER war die Gravitationskraft bereits eine universelle Kraft. Leider formulierte er (wie DESCARTES) das Kraftgesetz so, daß die Gravitationskraft proportional $1/r$ geht (r = Abstand der Planeten von der Sonne; in Wirklichkeit $1/r^2$). KEPLER dachte also von Anfang an daran, eine physikalische Astronomie zu entwickeln. Seine Gesetze der Planetenbewegung sind der Erfolg dieser Bestrebungen. Das 2. und das 3. Gesetz zeigen hierbei auch den Dynamismus, mit dem KEPLER grundsätzlich seine physikalische Astronomie verband [18].

[5]) Diese Auffassung von DIJKSTERHUIS ist allerdings sehr extrem und wird der klassischen Naturwissenschaft nicht gerecht. NEWTON betont ausdrücklich, daß seine Lehre auf dem Wissen der Großen, die vor ihm lebten, aufbaut. Wirklich erst bei NEWTON beginnen, hieße COPERNICUS, KEPLER, GALILEI u. a. vergessen.

neuerten cusanisch-copernicanischen Raumauffassung in Verbindung mit der Erneuerung des EPIKURäismus und damit des Atomismus und in Verbindung mit KEPLERS Bewegungsgesetzen der Planeten und der experimentellen Physik GALILEIS sowie der kinematischen und dynamischen Begriffsbildungen von GALILEI und HUYGENS [10, 11].

Die zusammenfassende Darstellung von NEWTONS theoretisch-physikalischen Entdeckungen und die Begründung seines neuen naturphilosophischen Weltbildes geschah 1687 durch die von E. HALLEY veranstaltete Ausgabe von NEWTONS „Philosophiae naturalis principia mathematica" [9]. Die Ausbildung dieser klassischen Theorie der Physik, die NEWTON als „Naturphilosophie" bezeichnete, vollzog sich in der harten Auseinandersetzung mit der Lehre DESCARTES' und seiner Anhänger. Ursprünglich waren die Grundlagen der cartesianischen Physik durch die Entdeckung der exakten Gesetze des Stoßes elastischer und nichtelastischer Körper geschaffen worden.

Aber gerade die auf dem Boden der sich entwickelnden neuen Naturwissenschaft entstehenden atomistischen Anschauungen GASSENDIS und seine Vorstellungen über den absolut leeren Raum untergruben die Position der cartesianischen Physik und deren Kosmogonie, denn die Anerkennung eines leeren Raumes widerspricht grundsätzlich den Grundlagen dieser Physik [12].

Durch den enormen Beitrag, den NEWTON zur Entwicklung der klassischen Mechanik und Dynamik leistete, übte er einen bedeutenden Einfluß auf den Entwicklungsprozeß der gesamten mechanistischen Naturwissenschaft aus. Die theoretische Einteilung der Naturwissenschaft in einzelne Disziplinen, die besondere Eigenheiten ihrer Erscheinungen hervorheben, wie wir es z. B. in den Werken NEWTONS finden, berührten die grundlegenden Kategorien der Naturwissenschaft überhaupt, nämlich Materie, Bewegung, Raum, Zeit und Kausalität. NEWTON zergliederte damit die bisher einheitliche, in Bewegung befindliche Materie in eine Materie, der jede eigene, mit ihr unlösbar verbundene Bewegung fehlt, und in eine in bezug auf diese Materie äußerliche Bewegung, deren Ursache er als „Kraft" bezeichnet, und die von außen auf die Materie wirkt.

So erhielt NEWTON die Grundbegriffe seiner Mechanik: den Begriff des „Materie-Quantums", die Masse, deren wesentlichste Eigenschaft die „Trägheit" ist, und den Begriff der Kraft als der äußeren Quelle der Aktivität der Materie, durch die die Materie in Bewegung gebracht werden muß, bzw. durch die sie sich selbst bewegt. Hierbei ist die Masse in der NEWTONschen Physik eine konstante Größe, also unabhängig von ihrer Geschwindigkeit.

In gleicher Weise wurden von NEWTON auch die Begriffe Raum und Zeit analytisch zergliedert und nicht nur von Materie und Bewegung getrennt, sondern auch voneinander. Diese Existenzformen der Materie betrachtete NEWTON als objektiv existierend, so daß bei ihm solche Vorstellungen entstehen konnten, wie der absolute Raum und die absolute Zeit. Diese Vorstellungen wirkten sehr nachhaltig auf die Entwicklung der gesamten Physik ein. Mit ihnen befaßten sich die modernen Naturwissenschaften bis zum Beginn des 20. Jahrhunderts.

Die Grundlagen der NEWTONschen Mechanik bilden die drei axiomatischen Gesetze der mechanischen Bewegung von Massenpunkten sowie das Gesetz der universellen Gravitation. NEWTON gelangte streng mathematisch zu der Aussage, daß die Kraft der universellen Gravitation die Bewegung der Planeten bestimmt. Die Bedeutung dieser Entdeckung besteht darin, daß die Mechanik irdischer Massen durch die Mechanik der Himmelskörper ergänzt wurde und beide zu einer einheitlichen Wissenschaft von der mechanischen Bewegung der Körper vereinigt wurden. NEWTON konnte damit mathematisch exakt die peripatetische Physik ad absurdum führen und nachweisen, daß der gesamte Kosmos einheitlichen physikalischen Gesetzen gehorcht.

Die NEWTONsche Mechanik lieferte damit eine präzise und quantitativ ausgedrückte Formulierung der mechanischen Kausalität. Die Bewegungsgesetze, teilweise schon von GALILEI und dessen Schülern aufgestellt und nun von NEWTON formuliert, schufen prinzipielle Möglichkeiten, den zukünftigen Zustand eines mechanischen Systems vorauszusagen oder die Bewegung dieses Systems für die Vergangenheit exakt zu rekonstruieren. Hierbei war notwendig, den Zustand zu einem beliebigen Zeitmoment zu kennen sowie die äußeren Bedingungen (Kräfte), die auf dieses System wirken.[6])

Nur auf Grund einer solchen Kausalität waren ein halbes Jahrhundert später die Arbeiten von WRIGHT, KANT und LAMBERT zur Kosmologie möglich. Aber nicht nur für die Kosmologie, sondern für viele Gebiete der exakten Naturwissenschaften ergab sich hiermit eine Möglichkeit der exakten naturwissenschaftlichen Voraussage. Die Beschränktheit des mechanischen Determinismus konnte in dieser fruchtbaren Periode aufstrebenden naturwissenschaftlichen Denkens noch nicht erkannt werden. Die Erkennung dieser Beschränktheit vollzog sich etwa erst in der zweiten Hälfte des 18. Jahrhunderts, besonders durch KANTS naturphilosophische Vorstellungen in Verbindung mit seinem kosmologisch-kosmogonischen Denken.

NEWTONS Weltbild läßt sich etwa folgendermaßen darstellen: Der Kosmos besteht aus einer unendlichen Anzahl von diskreten, sich gegenseitig anziehenden, in mechanischer Wechselwirkung begriffenen Körpern. Die Bewegung dieser Körper ist mechanisch streng determiniert und vollzieht sich in einem leeren Raum, der absolut existent ist und in dem diese Wechselwirkungen untereinander in einer absoluten Zeit ablaufen. Nach TREDER [11] bedeutet die Uniformität der absoluten Zeit t bei NEWTON, daß der Zeitpunkt $t = t_0$, für den die Anfangswerte für die Bewegungsbahnen und damit für die Orte vorgegeben oder experimentell zu bestimmen sind, völlig gleichgültig ist. Mit diesen Anfangswerten wird damit durch die NEWTONschen Prinzipien sowohl die Vergangenheit als auch die Zukunft eindeutig bestimmt. Wegen dieser Symmetrie bezüglich der Zeitrichtungen ist für NEWTON die kosmogonische Fragestellung grundsätzlich ein Scheinproblem. NEWTON vertrat die deistische Ansicht, daß Gott als Schöpfer nach seinem Belieben die Anfangswerte für alle Materieteilchen des Kosmos vorgegeben hatte, wobei auch

[6]) Die Zusammenhänge zwischen der mechanistischen Naturwissenschaft und der NEWTONschen Physik einerseits und dem Kampf zwischen Materialismus und Idealismus in der Epoche der frühen bürgerlichen Revolution andererseits sind ausführlich im Band 1 der „Geschichte der Philosophie" dargelegt [13].

der Zeitpunkt dieser Vorgabe sowie die Ordnung der Materieteilchen für Gott beliebig möglich war. In LAMBERTS teleologischen Vorstellungen über den Aufbau und Zustand des Kosmos finden wir ähnliche Vorstellungen der Unhistorizität wieder.

In seiner Untersuchung zum Weltbild NEWTONS faßt DIJKSTERHUIS [1] dessen Gedanken aus der letzten Query der „Opticks“ [14] vom Jahre 1704 zusammen. In ihr bezeichnet es NEWTON als wahrscheinlich, daß Gott zu Anfang die Materie in festen, massiven, undurchdringlichen und beweglichen Teilchen gebildet hat, und daß alle Veränderungen, die sich in den stofflichen Dingen abspielen, aus dem Zusammenkommen und Auseinandergehen dieser permanenten Teilchen bestehen, die in dem leeren absoluten Raume Platz für ihre Bewegung finden.

Hier zeigen sich bei NEWTON bereits erste Anspielungen auf eine Selbstbewegung der Materie, wie sie KANT in seinem naturphilosophischen Werk „Allgemeine Naturgeschichte und Theorie des Himmels“ als Daseinsweise seiner Urmaterie vorausgesetzt hat. NEWTON fügt nun zu diesen rein atomistischen Annahmen noch eine in den Körpern befindliche vis inertiae hinzu, die er als passives Prinzip ansieht, wodurch die Körper in Ruhe oder Bewegung verharren und im Verhältnis der auf sie einwirkenden Kräfte Impulse aufnehmen. Die Gravitation sieht er als ein aktives Prinzip an, die noch wirken muß, damit der totale Impuls der Körper durch Reibung und unelastischen Stoß nicht abnimmt.

Bei der Überlegung über die Bewegung in den kosmischen Materiestrukturen, wobei sich NEWTON besonders auf das Planetensystem berufen muß, stellt er die Frage, wodurch solche Strukturen in Bewegung gesetzt worden sind. Grundsätzlich sah er die KEPLER-Bahnen als komplizierte Bewegungen an und teilte sie in zwei Komponenten auf, wobei die eine auf das Gravitationszentrum gerichtet ist und die andere tangential zur KEPLERbahn verläuft. Beide Bewegungen denkt er sich durch verschiedene Kräfte in Gang gesetzt. Die erste Kraft wirkt in der Richtung der auf der KEPLERbahn errichteten Normalen zum Gravitationszentrum hin und ist nichts anderes als die Gravitation selbst. Für die andere Kraft („Tangentialkraft“) kann NEWTON keine materielle Ursache angeben. Auch hier gelangt er zu dem deistischen Schluß, daß Gott von außen her die Tangentialbewegung eines Körpers verursacht hat. Dieser erste Anstoß, verbunden mit der Gravitationskraft, bewirken dann die KEPLER-Bewegung eines Himmelskörpers [12].

In NEWTONS Vorstellungen von der mechanischen Wechselwirkung der Körper untereinander ist bereits der Gedanke über die Repulsivkräfte enthalten, die er benötigt, damit unter dem Einfluß der universellen Gravitation der gesamte Kosmos durch einen totalen Kollaps nicht in sich zusammenbricht. Universelle Gravitation und Repulsion bedingen in ihrer dialektischen Wechselwirkung die Stabilität der kosmischen Materiestrukturen und damit die Selbstkonsistenz des Kosmos. Diese kosmologischen Vorstellungen NEWTONS finden wir bei KANT in mechanistisch vollendet durchdachter Form in seiner hierarchischen Kosmologie — und Kosmogonie — wieder.

NEWTONS kosmologische Vorstellungen, die wir als Anmerkung zu den Erklärungen in seiner „Philosophiae naturalis principia mathematica" finden, sind initiiert durch EUKLIDS Geometrie. Die Metrik des NEWTONschen absoluten Raumes ist daher eine euklidische. Daher bewirkt auch der physikalische Raum der klassischen Mechanik, daß nach dem NEWTONschen Trägheitsgesetz (der „Lex prima") sich die Körper auf euklidischen Geraden bewegen, solange keine äußeren Kräfte auf sie einwirken.

Alle diese kosmologischen Vorstellungen NEWTONS in Verbindung mit seiner klassischen Theorie der Physik, aus der sie letzten Endes hervorgegangen sind, sind nun anregend gewesen für die Entstehungsgeschichte der ersten wissenschaftlich begründeten Kosmologien. Diese begründen sich geradezu ausdrücklich auf die mechanischen Gesetze NEWTONS und der allgemeinen Gravitation sowie auf die verschiedenen Vorstellungen über die Wechselwirkungen und Bewegungen der verschiedenartigsten Materiestrukturen des Kosmos. Nur durch die NEWTONsche Begründung der klassischen Theorie der Physik war die Begründung der klassischen Theorie der Kosmologie erst möglich. Für die klassische Kosmologie und ihren Entwicklungsprozeß zur modernen Kosmologie ist die NEWTONsche klassische Theorie der Physik zwar nicht hinreichend, aber unbedingt notwendig.

Ohne NEWTONS Theorie hätte es keinen WRIGHT, KANT und LAMBERT gegeben und ebenso auch keinen WILHELM HERSCHEL, der uns den Übergang zur modernen astronomisch fundierten kosmologischen Forschung brachte.

III. Die gesellschaftliche und philosophische Grundlage der Newtonschen Physik

Fragt man nach den gesellschaftlichen Verhältnissen, die zu Lebzeiten NEWTONS in England herrschten, und den mit ihnen verknüpften philosophischen Positionen, so müssen zunächst die Auseinandersetzungen zwischen der jungen aufstrebenden Bourgeoisie und dem Feudaladel gesehen werden. Die politisch-ökonomische Auseinandersetzung fand in der 2. Hälfte des 17. Jahrhunderts von 1642 bis 1689 in Form der englischen bürgerlichen Revolution statt, während der die Bourgeoisie ihren Herrschaftsanspruch gegenüber dem Feudaladel verwirklichte und gegen Ende der Revolution durch ein Bündnis mit den fortschrittlichen Teilen des Feudaladels zugleich auch ihren Anspruch als herrschende Klasse gegenüber dem Proletariat geltend machte.

Zu NEWTONS Lebzeiten entstand also für die englische Bourgeoisie jene Situation, in der sie sich von einer fortschrittlichen revolutionären Klasse zur Ausbeuterklasse umwandelte. Diese gesellschaftliche Situation zeigt sich auch im philosophischen Denken jener Zeit. Solang die englische Bourgeoisie eine aufstrebende Klasse war und damit sogleich der Verbündete aller unterdrückten Klassen und Schichten in England, war ihre Philosophie eine materialistische. Dies war zwar kein konsequenter Materialismus, aber die Bereicherung, die die materialistische Philosophie durch GASSENDI in Frankreich erfahren hatte, machte sich auch die englische Bourgeoisie zu eigen, so daß wir zu NEWTONS Zeiten in England die Neubelebung atomistischer Naturanschauungen EPIKURS und DEMOKRITS vorfinden, was zu einer Belebung korpuskularer Naturanschauungen führte [1]. Genau auf solchen Anschauungen fundiert aber NEWTONS

Emanationstheorie des Lichtes sowie seine gesamte Vorstellung von der gegenseitigen Wechselwirkung der kosmischen Strukturen, die er als Massenpunkte approximierte. NEWTONs Physik ist daher die von dieser Philosophie implizierte Auslegung naturwissenschaftlichen Denkens auf die Wissenschaftsdisziplin der Physik und damit auf die Begründung der exakten Naturwissenschaften überhaupt [2]. Mit dem Empirismus, der gleichermaßen von dieser Philosophie impliziert wurde, ging eine wissenschaftliche Richtung aus, die dem Anliegen der jungen Bourgeoisie in ihrer Forderung am zweckmäßigsten war, alles untersuchen zu können, alles wissenschaftlich beschreiben zu können. Insofern ging der Herrschaftsanspruch der Bourgeoisie über das damalige gesellschaftliche Leben weit hinaus. Sie wollte Gesellschaft und Natur als eine Einheit sehen, die es gleichermaßen zu beherrschen galt.

Genau dieses Anliegen verwirklichte NEWTON in der Begründung seiner theoretischen Physik, indem seine Mechanik und das Gravitationsgesetz gleichermaßen gültig für Erde und Kosmos waren. Entsprechend dem Hauptanliegen seiner Gesellschaft war NEWTON der erste, der mathematisch exakt die naturgesetzliche Einheit von Himmel und Erde begründen konnte. Prinzipiell drücken die Kosmologien von WRIGHT, KANT und LAMBERT dieses gleiche Anliegen aus, wenn auch KANT und LAMBERT im damaligen Deutschland unter anderen gesellschaftlichen Bedingungen als NEWTON und WRIGHT in England arbeiteten.

NEWTON verband zeit seines Lebens eine gute Freundschaft mit seinem Landsmann, dem Philosophen LOCKE (1632—1704). LOCKE zählt bereits zu jenen Philosophen, bei denen sich ideologisch der Funktionswandel der Bourgeoisie bemerkbar machte.[1]) Man kann sogar sagen, daß er der führende Ideologe der englischen Revolution und des Kompromisses zwischen Bourgeoisie und Feudaladel auf Kosten der englischen Werk-

---

[1]) K. MARX schreibt dazu: „Als das wirkliche Ziel erreicht, als die bürgerliche Umgestaltung der englischen Gesellschaft vollbracht war, verdrängte LOCKE den Habakuk.“ [4].

tätigen war. Durch sein öffentliches Eintreten für die neu geschaffene englische konstitutionelle Monarchie erwarb er sich auch politisch einen bedeutenden Einfluß. LOCKE [3] vertrat einen unkonsequenten, philosophischen Materialismus. Er entwickelte den Empirismus BACONS (1561—1626) weiter und begründete die sensualistische Richtung in der Erkenntnistheorie. LOCKE räumt in seinem Materialismus der Psychologie einen dominanten Platz ein. Demnach stammt das gesamte Wissen nicht nur wie bei BACON aus der Erfahrung oder Empirie, sondern die Erfahrung steht ihrerseits in steter Wechselwirkung mit sinnlichem Material, also mit den Empfindungen. Außerdem war LOCKE einer der Begründer des Deismus, indem LOCKE einen Gott anerkannte, der die Möglichkeit für die Schöpfung der Welt besaß, ohne daß er nachfolgend wesentlich in das Getriebe der Welt eingreifen konnte. Bei der Betrachtung der Philosophie LOCKES zeigt sich nicht nur ihre Wirkung in bezug auf die Begründung der klassischen Physik, sondern zugleich auch die enge Wechselwirkung, in der beide zueinander stehen. Ein Beispiel hierfür ist der deistische Schöpfungsakt des Planetensystems, nach dem Gott nur noch Korrekturen zur Erhaltung des Systems zugestanden werden. Für LOCKE, der sehr unter der Einwirkung der NEWTONschen physikalischen und kosmischen Konzeption stand, waren solche kosmologischen Gedankengänge geradezu relevant für die Begründung seines Deismus.

Bei KANT finden wir ebenfalls diesen Deismus, jedoch benötigt KANT in seiner Kosmologie und Kosmogonie nicht mehr die eingreifende und regulierende Hand Gottes. Er stellt die Welt nur mittels mechanischer Prinzipien dar. Prinzipiell gilt das auch für LAMBERT. Bei ihm ist die Welt nach mechanischen Prinzipien aus Zweckmäßigkeitsgründen Gottes so beschaffen, wie sie ist. Auch er benötigt kein göttliches Regulativ.

Mit LOCKE war im wesentlichen, abgesehen von den Beiträgen TOLANDS (1670—1722), die materialistische Entwicklung der Philosophie in England abgeschlossen. Der inkonsequente Materialist LOCKE schuf mit seinem Sensualismus und seinem Deismus selbst die ideologische Voraussetzung für die Entwicklung des subjektiven Idealismus, dessen Hauptvertreter GEORGE BERKELEY (1685—1753) war.

IV. Lamberts philosophische und gesellschaftliche Position

Betrachtet man die gesamte sozialökonomische Situation in Europa gegen Ende des 17. Jahrhunderts und in der ersten Hälfte des 18. Jahrhunderts, so kann man feststellen, daß Deutschland gegenüber den Niederlanden, England und Frankreich ein zurückgebliebenes Agrarland mit einer nur wenig entwickelten Bourgeoisie war. Dies lag besonders daran, daß der Feudaladel die unumschränkte Macht besaß. Die durch ihn bedingte politische Zersplitterung bewirkte, daß die einzelnen Landesteile eine sehr unterschiedliche Entwicklung von Industrie und Handel besaßen. Das Vorhandensein von rund 300 selbständigen politischen Partikulargewalten hatte Deutschland in die ökonomische Isolierung geführt [1]. Doch endete gegen die Mitte des 18. Jahrhunderts jene wirtschaftliche Stagnation, die schon sehr früh mit dem Dreißigjährigen Krieg begonnen hatte.

In ihrer kritischen Einschätzung des Grundproblems der klassischen bürgerlichen Philosophie jener Zeit erläutert R. WAHSNER [2][1]), daß sich trotz der gegenüber den fortgeschrittensten kapitalistischen Staaten zurückgebliebenen Entwicklung der Produktivkräfte und politischen Verhältnisse in Deutschland nun doch eine allmähliche Auseinandersetzung zwischen dem absolutistisch-partikularistischen Regime und dem total religiös überformten Bewußtsein einerseits und dem progressiven rationalen Denken andererseits anbahnte. Dieses rationale Denken wurde von der von England zum europäischen Festland vordringenden NEWTONschen Mechanik (VOLTAIRE, siehe Einleitung I.) sowie der englischen und französischen Aufklärung gefördert, wie auch durch die Auseinandersetzung zwischen dem feudalen Herrschaftsanspruch und dem selbstbewußten Bürgertum. Nun rechnete zwar die deutsche Bourgeoisie mit der überlebten und die Entwicklung der Produktivkräfte hemmenden Gesellschafts-

[1]) Da LAMBERT von 1765 bis zu seinem Tode die Arbeiten an der Berliner Sternwarte wesentlich gefördert und geprägt hat, hat RENATE WAHSNER aus Anlaß des 275jährigen Jubiläums dieses Akademie-Observatoriums 1975 die philosophische Studie über LAMBERT angefertigt. Sie liegt dem Abschnitt IV dieser Einleitung zugrunde.

ordnung nicht so ab, wie gegen Ende des 18. Jahrhunderts die materialistische Aufklärung und die bürgerliche Revolution in Frankreich mit der feudalen Ordnung und der durch sie induzierten Geisteshaltung aufräumte. Jedoch beobachtete das geistige Leben die wissenschaftlichen und politischen Ereignisse seiner Umwelt mit einem lebhaften und aufgeweckten Interesse. Nach WAHSNER [2] erschien kaum ein bedeutendes Buch der französischen Aufklärung, das nicht bald darauf in deutscher Übersetzung zirkulierte. In Berlin fanden sich viele französische Gelehrte ein, so VOLTAIRE, LAMETTRIE und MAUPERTUIS, der sogar Präsident der Preußischen Akademie der Wissenschaften war [3].

Die nach Deutschland eindringenden materialistischen Elemente konnten jedoch die Vorherrschaft der idealistischen Philosophie nicht stürzen. MARX [4] sagt dazu, daß die Deutschen immer nur das dachten, was die anderen Völker in der Praxis getan haben. Er bezeichnete das deutsche Bürgertum als philosophische Zeitgenossen der Gegenwart, ohne daß sie ihre historischen Zeitgenossen sein würden. Danach wäre die deutsche Philosophie nur die ideale Verlängerung der deutschen Geschichte. Aber trotzdem beginnt im Gegensatz zu den zurückgebliebenen gesellschaftlichen Verhältnissen und letzten Endes durch sie begründet jene Periode revolutionärer ideeller Auseinandersetzungen, die als klassische deutsche Philosophie bezeichnet wird.

Zwar gehört LAMBERT nicht zu diesem Entwicklungsabschnitt des philosophischen Denkens. Er hat jedoch wesentlichen Anteil an deren Vorbereitung, und sein gesamtes Gedankengut ist von dieser Vorbereitungssituation geprägt.

In der klassischen deutschen bürgerlichen Philosophie setzte sich das progressive Denken des aufstrebenden Bürgertums fort. Es forderte von der Philosophie, die Möglichkeit rationaler Gestaltung von Natur und Gesellschaft durch den Menschen nachzuweisen und zu begründen, denn dies wurde als eine wesentliche Voraussetzung für die Verwirklichung von Freiheit und Menschenwürde angesehen. Nun war die philosophische Entwicklung im Deutschland des 18. Jahrhunderts vornehmlich eine Reaktion auf den englischen Empirismus. Während dieser die Existenz allgemeiner Begriffe leugnet, forderte geradezu die Entwicklung der klassischen bürgerlichen Philosophie seit ihrem Beginn mit BACON und DESCARTES die Verwirklichung rationalen Denkens mittels der Konstituierung allgemeiner Begriffe. Diese wurden als Gesetze der Vernunft betrachtet, nach denen die Wirklichkeit zu gestalten war. Prinzipiell war der in England entwickelte Empirismus der Versuch, das Grundproblem der klassischen bürgerlichen Philosophie vom Standpunkt der englischen Bourgeoisie des 17. und 18. Jahrhunderts zu lösen. Diese Bourgeoisie war zwar durchaus noch progressiv, hatte aber ihre Revolution schon hinter sich und damit ihre Ziele auch schon erreicht. Der Maßstab für den englischen Empirismus ist daher in der Mitte des 18. Jahrhunderts nicht mehr die Vernunft, sondern die Tatsache, daß die Gesellschaft, die seinen ideellen Elementen zugeordnet sein muß, schon seit längerer Zeit existent ist.

Diese Philosophie des Empirismus war deshalb unannehmbar für das französische Bürgertum, weil dessen Revolution noch bevorstand. Für die bürgerlichen Philosophen im rückständigen Deutschland war sie geradezu verhängnisvoll, denn sie implizierte, die Hoffnung auf eine vernünftige Entwicklung der menschlichen Gesellschaft aufzugeben. Der Kampf der klassischen bürgerlichen Philosophie in Deutschland gegen den Empirismus, wie ihn bereits LEIBNIZ führte, und die durch den Empirismus angeregte scharfe Kritik am Rationalismus war also nicht nur ein Streit um erkenntnistheoretische Fragen. Im ökonomisch rückständigen Deutschland konnte deshalb die Empirie kein Maß für die bürgerliche Entwicklung darstellen, da es hierfür überhaupt kein solches gab. Deshalb sollte die zukünftige Gesellschaftsordnung rational, d. h. mit den Mitteln der Vernunft, zu ergründen versucht werden.

Nun hat sich aber die in Deutschland vorherrschende rationalistische Entwicklungsrichtung der klassischen bürgerlichen Philosophie vor allem in Gestalt der LEIBNIZ-WOLFFschen Schule als unfähig erwiesen, die vorliegenden Probleme zu bewältigen. Das lag daran, daß der Rationalismus die objektive Realität nach dem Vorbild mathematischer und geometrischer Gedankengänge als von der Vernunft erzeugt ansah. Aus diesem Grunde behauptete z. B. CHRISTIAN WOLFF, daß jedes Gebiet der Wirklichkeit sowohl aus dem Verstande als auch durch a posteriorisches Wissen aus der Wahrnehmung konstruierbar sein sollte (nach WAHSNER [2]). Hierbei würde es sich zeigen, daß die empirische Wissenschaft jenes als Tatsache aufweist, was die rationalistische Wissenschaft aus den metaphysischen Begriffen ableitet. Eine solche These widersprach nun den Erfahrungen, die man mit der NEWTONschen Physik gemacht hatte, so daß es sich erwies, daß der Rationalismus mit seiner Vorstellung vom Raum als etwas Relativem nicht in der Lage war, die Prinzipien der Mechanik wissenschaftlich zu begründen. Aber besonders hieran hatte die aufstrebende deutsche Bourgeoisie ein unmittelbares Interesse, wurde doch die klassische Mechanik zur Entfaltung ihrer Produktivkräfte ebenso benötigt, wie zur theoretischen Begründung ihres Weltbildes und Herrschaftsanspruchs.

Unter diesem Aspekt müssen wir auch LAMBERTS Beitrag zu einer frühen Kosmologie sehen, so wie viele seiner anderen Arbeiten, insbesondere die aus seinen jüngeren Jahren. Sie zeigen letzten Endes die innere Auseinandersetzung LAMBERTS mit der NEWTONschen Physik einerseits und der WOLFFschen philosophischen Schule andererseits.

V. Lamberts „Cosmologische Briefe“

In seinen „Cosmologischen Briefen“ [1] kommt dieser Widerstreit zwischen der NEWTONschen Physik und der WOLFFschen Schule zum Ausdruck. LAMBERT verfolgt in ihnen die Absicht, die Welt als Ganzes zu erklären, deshalb stellt dieses Werk im wesentlichen eine Kosmologie dar. Gleichzeitig geht LAMBERT aber bis ins Detail auf den Aufbau des Planetensystems ein. Der Einfluß der WOLFFschen Schule ist klar erkennbar. LAMBERT argumentiert nicht nur mit den Mitteln der NEWTONschen Physik, sondern gleichberechtigt neben die dynamische Argumentation stellt er die teleologische. Für uns ist das heute zwar unverständlich, jedoch war das vor 150 Jahren ganz anders. Zu dieser Zeit spielte trotz der NEWTONschen Physik und der damit exakten Ausgangsbasis für die Astronomie die Frage nach dem Zweck oder Sinn der Welt noch eine bedeutsame Rolle. LAMBERT macht in der Vorrede zu den Briefen darauf aufmerksam und erklärt die Teleologie für eine Wissenschaft, die es noch aufzubauen gilt. Der Zweck der Teleologie sei es, das vollständige Lehrgebäude von den Absichten der Schöpfung aufzustellen und die Stufenfolge dieser Absichten zu ermitteln. Daraus will er den Schluß ziehen, welche Absicht die bedeutendere sei, welche die weniger bedeutende. Diese gesamte Zielstellung wird dem Grundproblem der klassischen bürgerlichen Philosophie gerecht. Um nämlich belegen zu können, daß der gesamte Kosmos rational, d. h. wissenschaftlich — und zwar zu jener Zeit mittels der Newtonschen Physik — erfaßbar ist, bedurfte es des Beweises der Wissenschaftlichkeit von Extrapolationsprinzipien. Deshalb versuchte Lambert auch zunächst das Planetensystem aufzuklären und daraus dann Schlüsse auf die Verteilung der Fixsterne und hieraus wieder auf den gesamten Aufbau des Kosmos zu ziehen. Untersuchungen zum Aufbau der Welt, die eine Grundlage für weitere Forschungen, und nicht nur für Spekulationen, boten, gab es zu Lamberts Zeiten nur wenige. Auch hatten sie kaum einen Zusammenhang miteinander. So wußte Lambert zunächst nichts von seinem Vorgänger Thomas Wright [2], seinem Zeitgenossen Kant [3], und auch die Arbeiten über die Eigenbewegung der Fixsterne von Halley [4] hat er wahrscheinlich nicht gekannt. Daß trotz allem die Ergebnisse der frühen kosmologischen Darstellungen so gut übereinstimmten, ist weniger ein Zufall, sondern beweist vielmehr, daß das gesellschaftliche Interesse an dem gesamten Zusammenhang der Welt gewachsen war und daß die naturwissenschaftlichen Bedingungen gegeben waren. Aus den gesellschaftlichen wie naturwissenschaftlichen Bedingungen ergab sich aber zudem die Berechtigung, das Gravitationsgesetz als allgemeines Bewegungsgesetz auf den gesamten Kosmos auszudehnen, und aus ihm auf den Aufbau des Kosmos im kleinen wie im großen zu schließen.

Für Lambert ist deshalb die Welt durch das Gesetz der Schwere ein zusammenhängendes System, das ihn berechtigt, mittels Analogieschlüssen von unserem Planetensystem auf das Sternsystem und darüber hinaus auf Zusammenhänge zu schließen, die unserer Erfahrung noch nicht zugänglich sind. Ähnlich wie Kant räumt auch Lambert ein, daß den allgemeinen Zusammenhang des Kosmos auch ein anderes Gesetz als das bekannte Gravitationsgesetz darstellen könnte. Er hielt es aber für absolut unmöglich, daß es keinen allgemeinen Zusammenhang gäbe. Dies entsprach der LEIBNIZschen Tradition, in deren Sinne auch LAMBERT unsere Welt für die vollkommenste aller Welten hielt. Das hieß jedoch, daß sie die vollkommenste der unter den gegebenen physikalischen Bedingungen möglichen Welten sei. LAMBERT sah die Vollkommenheit darin, daß die Welt gewissen abstrakten Idealen genügte, die eines Schöpfers würdig erschienen. Diese Ideale bestanden in Zwecken, so daß die Auffassung von der Welt notwendigerweise teleologisch war. Ein Beispiel sei hier genannt: Da die Welt die vollkommenste sei, kann es nicht in der Absicht des Schöpfers liegen, daß die bewohnt gedachten Planeten durch häufigen Einschlag von Kometen, die auch als bewohnt angenommen wurden, gestört werden. Zivilisationen könnten sonst nur kurze Zeit existieren. Gleichberechtigt stehen hier wieder die beiden Argumentationen LAMBERTS nebeneinander: Einmal ist das Planetensystem stabil, weil die NEWTONsche Dynamik und das Gravitationsgesetz wirksam sind, zum anderen ist es der Zweck, daß die Bewohner des Planetensystems in Ruhe ihr Dasein leben können.

R. WAHSNER [5] ist nun hier der Meinung, daß man LAMBERTS gesamte Argumentation nicht nur teleologisch-idealistisch auffassen soll. Vielmehr sollte man seine teleologische Auffassung, zumindest teilweise, auch als ein Synonym ansehen. „So kann es nicht in der Absicht des Schöpfers liegen“ kann man auch lesen als „so ist die Annahme unwahrscheinlich“. Was nämlich die Vollkommenheit der Welt betrifft, so drückt sich dieses in ihrer Harmonie aus, die darauf beruht, daß sie ein zusammenhängendes Ganzes auf der Grundlage eines allgemeinen Erde und Kosmos zusammenschließenden Naturgesetzes bildet. Es ist eine dynamische Harmonie, die dadurch entsteht, daß Planeten und Kometen durch kleine Verrückungen einander auszuweichen vermögen. Sie gewährleistet den Bestand des Planetensystems über große Zeiträume hinweg und gilt analog für den gesamten Kosmos. Die Welt ist in sich stabil und befindet sich in einem dynamischen Gleichgewicht.

LAMBERTS teleologische Beweise sind in Verbindung mit dem gegebenen naturwissenschaftlichen Erkenntnisstand so gestaltet, daß aus ihnen Hypothesen über den noch unbekannten Zustand der Welt abgeleitet werden können. Über die Richtigkeit solcher Hypothesen oder Schlüsse muß verständlicherweise die empirische Forschung entscheiden. Deshalb ist seine Vorrede zu den „Cosmologischen Briefen" auch so zu verstehen, daß uns die Teleologie in der Naturwissenschaft nicht nur die Allgemeinheit der Gesetze der Natur beweisen muß, sondern vornehmlich auch zu deren Auffindung beitragen sollte. WAHSNER vertritt deshalb die Ansicht, daß LAMBERTS Verherrlichung der Teleologie als ein etwas unbeholfener Versuch zu werten ist, eine Hypothesentheorie zu entwickeln, wie das bereits vor ihm namentlich CUSANUS und LEIBNIZ versucht haben. LAMBERT sah nämlich, daß die methodologischen Mittel der formalen Logik nicht ausreichen, um ein wissenschaftliches Gesamtbild der Welt zu zeichnen, daß andererseits aber sogenannte Wahrscheinlichkeitssätze in ihrer Bewertung der Meinung unterlagen, nicht wissenschaftlich strenge Beweise geben zu können. Um aber die Natur in ihrem Wesen wissenschaftlich zu erkennen, sucht er nach einem Weg, seine Aussagen von der Meinungsbewertung unabhängig zu machen, d. h., sie strengen wissenschaftlichen Kriterien zu unterwerfen. Durch enge Verknüpfung seiner Methodik mit der These von der allgemeinen Harmonie versucht er, diese Form zu finden.

LAMBERTS Teleologie fordert einen Zwecksetzer, einen Gott, der mit bestimmten Absichten handelt. Nun war zwar LAMBERT ein tief religiöser Mensch. Trotzdem ist R. WAHSNER der Meinung, daß er den Gottesbegriff in seiner Kosmologie vorrangig als Synonym für „hier weiß ich nicht weiter" benutzt. Danach ging er von der Existenz Gottes aus und entlehnte dieser Voraussetzung Motive und Argumente, die er mangels besserer für seine wissenschaftliche Forschung benötigte. Er bejahte Gott nur unter dem Gesichtspunkt, daß die objektive Realität vom Menschen rational erfaßt werden kann. Interessant und aufschlußreich ist in diesem Zusammenhang die Rolle, die er dem Zwecksetzer als absolutem Bezugssystem oder erstem Triebrad zuweist.

LAMBERT wandte sich mit seiner Beweisführung, wenn auch wahrscheinlich unbewußt, gegen einen linearen Fatalismus, nach dem der Aufbau der Welt nur durch einen Zufall so entstanden ist. Er sieht vielmehr den bestehenden Zustand als Ergebnis einer gesetzmäßigen Bestimmung. Lambert versteht aber die Welt nicht als einen gesetzmäßigen Prozeß. Würde Lambert nicht von der gesetzmäßigen Bestimmung als dem rationalen Kern ausgehen, dann wäre es ein wahres Wunder, daß er durch seine teleologischen Schlüsse zu Ergebnissen kam, die die naturwissenschaftliche Forschung erst 150 Jahre später bestätigte und wozu sie diese lange Zeit auch benötigte.

Durch verschiedene Beispiele ließe sich das belegen. Eines, das auch Karl Schwarzschild [6] in seinem Vortrag über Lamberts Cosmologische Briefe erwähnte, möge das veranschaulichen. Nach Lamberts oberstem Prinzip leben wir in der vollkommensten aller Welten.[1]) Deshalb muß infolge der teleologischen Gründe die Welt so aufgebaut sein, daß in ihr eine große Anzahl von Bewohnern leben kann, denen die moralische Pflicht zukommt, die Schöpfung zu verherrlichen. Vollkommenheit heißt also vor allem Bewohnbarkeit, und zwar nicht nur für uns Menschen, sondern auch für eine unendliche Anzahl von Zivilisationen. Das Planetensystem muß daher so dicht wie möglich mit Himmelskörpern ausgefüllt sein, um viele bewohnbare Plätze zu besitzen. Die Grenze für die Ausfüllung des Raumes ist nur dadurch gegeben, daß die Körper nicht zusammenstoßen dürfen, denn dies würde das organische Leben auf ihrer Oberfläche gefährden. Betrachten wir aber das Planetensystem, das Lambert, abgesehen von den äußeren Planeten Uranus, Neptun und Pluto, genauso sah, wie wir heute, so ist der Raum nur mit wenigen Planeten erfüllt. In Wirklichkeit herrscht also eine erschreckende Leere, und Wohnplätze des Lebens sind nur wenige vorhanden. Der von Planetenmassen erfüllte Raum ist kleiner als $1/10^{12}$ des gesamten Raumes, den das System einnimmt, auch wenn wir es wie zu Lamberts Zeiten schon in der Entfernung des Saturns abschließen. Dahingegen ist die Stabilität des Systems vollständig gesichert. Lambert leitet aus seinem Satze von der

[1]) Der Ausspruch, daß wir in der vollkommensten aller Welten leben, geht auf Leibniz zurück, von dessen teleologischen Vorstellungen Lambert stark initiiert war.

möglichen Bewohnbarkeit teleologisch ab, daß die kleinen gegenseitigen Störungen der Planeten nicht zu starken Änderungen ihrer Bahnen oder gar zu Zusammenstößen führen können. SCHWARZSCHILD sagt hierzu [6]:

„Es erforderte die Arbeit der besten Mathematiker in der Zwischenzeit die Errichtung des ganzen Gebäudes der Himmelsmechanik, um dasselbe kausal zu beweisen, um als direkte Folge aus dem Gravitationsgesetz abzuleiten, daß die Störungen sich nur sehr langsam summieren und daß wenigstens für viele Millionen Jahre die Veränderlichkeit der Planetenbahnen in enge Grenzen gebannt ist."

Die von LAMBERT erwünschte Raumausfüllung und Bewohnbarkeit des Planetensystems erreicht er nun auf eine merkwürdige Weise, nämlich mittels der Kometen. So nimmt er an, daß die Anzahl der Kometen mit der 2. Potenz der Entfernung ihrer Perihele zunimmt. Daß er nicht entsprechend dem Wachsen des Raumes die 3. Potenz benutzt, unterliegt nur der Voraussetzung, genügend Platz für die Bewegung der Planeten zu erhalten, damit das System ohne innere Stöße bestehen kann. Indem er von den sechs damals bekannten Kometen zwischen Sonne und Merkur ausgeht, erhält er bis zur Saturnbahn 3600 und nimmt aber an, daß die wirkliche Anzahl der Kometen mehrere Millionen beträgt. Auf Grund dieses teleologischen Schlusses summiert sich demnach die größte Anzahl der Kometen an den äußeren Grenzen des Planetensystems. Erst in jüngster Zeit haben Überlegungen über den Bau des Planetensystems zu dem Schluß geführt, daß an seiner Grenze in etwa 1 bis 2 Lichtjahren Entfernung unter Umständen Milliarden von Kometen anwesend sein könnten [7]. Auf Grund ihrer großen Zahl sieht LAMBERT die Kometen daher als die hauptsächlichsten Träger des Lebens, ja auch der Intelligenz an. Dies letztere folgt aus der science-fiction-Vorstellung, daß die Kometen auf ihren langgestreckten Bahnen an vielen Himmelskörpern vorbeiziehen, so daß sich für die Bewohner der Kometen die wunderbarste Gelegenheit bietet, das ganze System zu erforschen.

Bei der Klärung der Frage, ob die uns sichtbaren Sterne zu einem System angeordnet sind und wie ein solches System aufgebaut sein könnte, erwies es sich als Vorteil, daß LAMBERT nicht nur Theoretiker, sondern auch beobachtender Astronom war.

So hat er die Milchstraße wiederholt beobachtet und gelangte zu der Auffassung, daß sie eine Ansammlung von Sternen ist, die nur infolge ihrer großen Entfernung scheinbar so eng gedrängt beieinander stehen.[2]) In Wirklichkeit, so schließt LAMBERTS Teleologie, hat jeder dieser Fixsterne ein System bewohnbarer Planeten um sich, und für jedes dieser Planetensysteme trifft die Vorstellung über unser eigenes System zu. So muß jeder Stern möglichst weit von seinen Nachbarn entfernt sein, damit das Leben durch sie nicht in Gefahr gerät. Das heißt also, so wie er beim Planetensystem gewisse Abstände vorgab, damit es in ihm nicht zu Stößen zwischen den Himmelskörpern kommt, so erwartet LAMBERT in Analogie dazu, daß die Milchstraße ähnlich aufgebaut ist. Daß die Sterne sich scheinbar so eng zusammendrängen, liegt daran, daß sich in der Richtung des Milchstraßenringes das System viel weiter in den Raum hinaus erstreckt als senkrecht dazu. Unser Sternsystem ist demnach keine Kugel, sondern eine flache Scheibe. Ähnlich wie im Planetensystem ist auch unser Sternsystem in einer Ebene orientiert. KARL SCHWARZSCHILD sagt hierzu:

---

[2]) Ein Jahr vor Erscheinen der „Cosmologischen Briefe“ schnitt LAMBERT in der „Photometria“ [17] kosmologische Probleme an. So schreibt er im 6. Teil, Kapitel III:

„Nun wird zwar niemand leugnen, daß die Entfernungen der Fixsterne verschieden sind ... Denn woher kommt die *Milchstraße*? Meiner Ansicht nach ist das System der Fixsterne, welches wir erblicken, keineswegs kugelförmig, sondern vielmehr scheibenförmig und platt, und die Milchstraße halte ich sozusagen für die Ekliptik der Fixsterne ...

Wenn man nun alle diese Sterne, die das menschliche Auge zu erblicken vermag, in ein einziges System zusammenfaßt, so wird dasselbe doch keineswegs einfach, sondern aus unzähligen kleinen Systemen zusammengesetzt sein. Es werden alle diejenigen Sterne, welche außerhalb der Milchstraße liegen, und die größeren der in diesem Lichtstreifen selbst erglänzenden Sterne demjenigen System angehören, welches auch unsere Sonne umfaßt. Unter den anderen Systemen sind die uns näheren in der Milchstraße selbst vertheilt. Daß aber diese Vertheilung eine ungleichmäßige ist, folgt schon aus der unregelmäßigen Gestalt der Milchstraße, und eben deshalb erscheint dieselbe getheilt und verzweigt. Daß sich unsere Sonne nicht im Centrum des Systems befindet, schließe ich daraus, daß ein Kreis durch die Mitte der Milchstraße kein größter Kreis ist.“

„Das ist die Anschauung von dem linsenförmigen Fixsternsystem, die auch für uns heute noch fundamental ist und die LAMBERT durch einen einfachen teleologischen Schluß der Betrachtung des Sternhimmels entnimmt."

Den Durchmesser des Systems gibt LAMBERT mit ungefähr 6000 Lichtjahren an. Ähnlich KANT und HERSCHEL ist also auch LAMBERTS Milchstraßensystem gegenüber den wahren Dimensionen erheblich verkleinert. Da als Einheit die geschätzte Siriusweite benutzt wird, ist auch der LAMBERTsche Verkleinerungsfaktor adäquat dem KANTschen oder HERSCHELschen. Zunächst hat das für die LAMBERTsche Betrachtung des Kosmos kaum Bedeutung, da der Kosmos der Wirklichkeit entsprechend dargestellt wird. Die beobachtende Astronomie hat bis in die jüngste Zeit die Dimensionen wiederholt verändert. So z. B. erst um die Mitte dieses Jahrhunderts um den Faktor 2 infolge der BAADEschen Erkenntnis, daß es unter den veränderlichen Sternen vom Typ δ Cephei zwei Populationen mit unterschiedlichen Nullpunkten der Perioden-Helligkeits-Beziehung gibt. Hierbei zeigen die δ-Cephei-Sterne eine etwa viermal größere Intensität als die W-Virginissterne, die ursprünglich zur Verfälschung des Nullpunktes der Cepheiden beigetragen hatten.

Nun sagen relative Maßstäbe, wie die angenommene Siriusweite, zunächst viel über den Bau der Welt aus. Prinzipiell darf aber die Erkenntnis absoluter Maßstäbe nicht vernachlässigt werden. So besteht bei gegebener Dichte durchaus die Frage nach der absoluten Größe, da die Änderung des Gravitationspotentials φ entsprechend

$$\varphi \sim -\frac{fM}{r} \sim -4\pi f\bar{\varrho}r^2$$

(M = Masse, f = Gravitationskonstante, $\bar{\varrho}$ = mittlere Massendichte und r = Radius eines beliebigen kosmischen Systems) mit der Änderung der Dimension r quadratisch eingeht.

Bei der Betrachtung der Milchstraße fiel LAMBERT auf, daß sie eine wolkige Struktur zeigt. Deshalb sieht er nicht in ihr das dem Planetensystem übergeordnete System. Vielmehr sieht LAMBERT in diesen Fixsternwolken Untersysteme unserer Galaxis und nimmt an, daß wir zu einem solchen gehören (siehe 10. Brief).

Bei der Diskussion um die Stellung unserer Sonne im ihr übergeordneten System (13. Brief) greift LAMBERT auf das copernicanische Prinzip zurück, indem er erklärt, daß sich weder die Erde noch die Sonne an ausgezeichneten Orten im Sternsystem befinden.

Für LAMBERT gibt es für keinen Himmelskörper bzw. für kein System einen ausgezeichneten Ort im Kosmos. Dies ist einer der Gründe, weshalb er schließt, daß auch die Galaxis einem übergeordneten System angehört und dieses einem weiteren usw. Aber auch aus Gründen der NEWTONschen Dynamik und aus der universellen Gültigkeit des Gravitationsgesetzes gelangt er zu dem Schluß, daß der Kosmos aus einer unendlichen Folge von Systemen aufgebaut ist. Das übergeordnete System S_i enthält jeweils eine Anzahl N_i von Untersystemen S_{i-1}. Die Folge beginnt mit den einzelnen Himmelskörpern S_0. Erde und Mond (Planeten mit ihren Monden) bilden das System S_1, die Sonne mit den Planeten S_2 usw. Die Folge ist aus Gründen der Dynamik nach oben offen ($i \to \infty$). Ein nach oben begrenzter hierarchischer Kosmos würde entweder veröden (seine Mitglieder verdampfen) oder kollabieren, oder das Zentrum kollabiert und die Außenteile verdampfen.

TREDER [8] macht darauf aufmerksam, daß es der Vorzug der hierarchischen Kosmologie LAMBERTS ist, detaillierter ausgearbeitet zu sein als die von KANT, so daß sie mathematisch formulierbar ist. Bei dem Versuch, die Größen seiner Systeme abzuschätzen, gelangt LAMBERT zu der Annahme, daß die Abstände zwischen den Systemen i-ter Ordnung bedeutend größer sind als ihr Radius r_i, wobei mit den räumlichen Abmessungen auch die in den Systemen enthaltene Gesamtmasse M_i entsprechend anwächst. Ein solcher LAMBERTscher Kosmos hat dann gravische Selbstkonsistenz, wenn der Zusammenhang zwischen der Größe der Systeme und ihren Entfernungen so geordnet ist, daß die von SEELIGER verwandten (vereinfachten) Bedingungen ausreichend gelten:

$$\left.\begin{array}{ll} 4\pi\int \varrho^2\,\mathrm{d}r = M \to \infty & \text{für } r \to \infty, \\ 4\pi\int \varrho r\,\mathrm{d}r \to \sim \ln r & \text{für } r \to \infty, \\ 4\pi\int \varrho\,\mathrm{d}r \to \sim 1/r & \text{für } r \to \infty\ (\varrho = \text{Dichte}). \end{array}\right\} \quad (1)$$

Mit Hilfe des LAMBERTschen Kosmos bietet sich auch die Möglichkeit an, die kosmischen Paradoxien zu lösen. HALLEY hatte bereits zu Beginn des 18. Jahrhunderts auf das photometrische Paradoxon hingewiesen, und 1826 schrieb OLBERS in BODES Astronomischem Jahrbuch:

„Sind wirklich im ganzen unendlichen Raum Sonnen vorhanden. Sie mögen nun in ungefähr gleichen Abständen voneinander entfernt oder in Milchstraßensystemen verteilt sein, so wird ihre Menge unendlich, und dann müßte der ganze Himmel ebenso hell sein wie die Sonne."

Dies trifft nun zunächst auf den LAMBERTschen hierarchischen Kosmos zu, da dieser unendlich ist, wenn $i \to \infty$ geht.

Das Gravitationsparadoxon wurde in den Jahren 1894 und 1895 von C. NEUMANN und H. v. SEELIGER formuliert. H. v. SEELIGER [9] schreibt darüber, daß

„das NEWTONsche Gesetz auf das unermeßlich ausgedehnte Universum angewandt, auf unüberwindliche Schwierigkeiten und unlösbare Widersprüche führt, wenn man die im Weltall zerstreute Materie als unendlich groß ansieht."

Bei seinem Versuch, die Größe der Milchstraße, die Anordnung der „Nebel" im Raum und die kosmologischen Paradoxien für einen unendlich ausgedehnten Kosmos zu lösen, begründete in den Jahren 1908/1922 der schwedische Astronom CHARLIER [10, 11] den LAMBERTschen hierarchischen Kosmos neu. Er sagt hierzu:

„Zu LAMBERTS Zeit war es natürlich, daß man, um sich eine Vorstellung von dem Bau des Universums zu verschaffen, das Planetensystem als Modell benutzte. Wir wissen jetzt, daß diese Generalisierung nicht erlaubt ist. Für uns erscheint es mehr angemessen, dabei von der Milchstraße als Typus eines Systems von Himmelskörpern auszugehen. Indem man sonst den LAMBERTschen Grundgedanken beibehält, kommt man zum folgenden möglichen Bau des Universums, . . ."

CHARLIER weist auf die Lösungsmöglichkeit der aufgeworfenen Probleme — und damit auch der beiden Paradoxien — für einen unendlich ausgedehnten Kosmos hin, wenn folgende Relationen zwischen den Systemen des LAMBERTschen hierarchischen Kosmos gelten:

Die Masse M_i eines Systems S_i, das aus N_i Subsystemen S_{i-1} besteht, beträgt

$$M_i = N_i M_{i-1}. \qquad (2)$$

Im System S_i mit dem Radius r_i sind N_i Subsysteme mit dem Radius r_{i-1} enthalten. Die Bedingungen (1) werden hinreichend befriedigt, wenn

$$r_i \geqq N_i r_{i-1} \tag{3}$$

gilt.

Hierzu CHARLIER:

„Ist diese Relation erfüllt, so sind die von OLBERS und SEELIGER gefundenen Argumente gegen ein ins Unendliche ausgedehntes Universum nicht mehr stichhaltig. In einer so zusammengesetzten Welt können keine durch die Anziehung der kosmischen Systeme verursachten unendlich großen Geschwindigkeiten auftreten.“

Die mittlere Massendichte eines Systems S_i beträgt dann

$$\varrho \approx \frac{M_i}{r_i^3} \leqq \frac{N_i M_{i-1}}{N_i^3 r_{i-1}^3} \approx \frac{M_{i-1}}{N_i^2 r_{i-1}^3} \approx \frac{\varrho_{i-1}}{N_i^2}. \tag{4}$$

Aus (3) und (4) folgen dann die Dichteverhältnisse

$$\frac{\varrho_i}{\varrho_{i-1}} \leqq \frac{r_{i-1}^2}{r_i^2}, \tag{5}$$

d. h., in jedem endlichen Volumen $\sim r^3$ ist die Massendichte ϱ_i endlich. Sie konvergiert aber gegen Null, wenn beim Grenzübergang $i \to \infty$ geht.

Die LAMBERTsche Systemhierarchie des Kosmos wird insofern den realen Bedingungen gerecht, da die mittlere Massendichte des zur Zeit überschaubaren Kosmos $\bar{\varrho} \approx 10^{-31}$ g/cm³ beträgt.[3]) Außerdem sind für die Massendichten ϱ_i bei Systemen höherer Ordnung mit $i \gg 1$ die Distanzen zwischen den kosmischen Strukturen sehr groß, jedoch gilt für deren Dichte $\varrho \gg \bar{\varrho}$.

---

[3]) Bei der mittleren Massendichte ist allerdings kaum die Größenordnung gesichert, sonst wäre es mit ihrer Hilfe möglich, Aussagen über die Geometrie des Kosmos zu machen, d. h., man könnte entscheiden, ob der Kosmos „offen“ oder „geschlossen“ ist. Eine genaue Bestimmung der mittleren Massendichte $\bar{\varrho} \sim M/r^3$ ist aber wegen der nur abschätzbaren Masse M und der ungenau bekannten Dimensionen r großräumiger kosmischer Strukturen (z. B. der Metagalaxis) nicht möglich.

Bei der Diskussion um die Stabilität der kosmischen Systeme erwägt LAMBERT wiederholt zwei Möglichkeiten: Nämlich, ob es möglich sei, daß sich ein System von Körpern um das gemeinsame gravische Zentrum bewegen könne oder, daß entsprechend dem Analogieschluß, den er vom Planetensystem auf andere Systeme vollzieht, sich in jedem kosmischen System ein Zentralkörper befindet, der infolge seiner überwiegenden Masse die Dynamik des Systems gewährleistet. Diese Diskussion der beiden gravischen Möglichkeiten erstreckt sich bis zum Schluß seiner „Cosmologischen Briefe“ (siehe 20. Brief). Im ersten Fall gäbe es weder ein vergegenständlichtes erstes Triebrad noch einen absoluten Bezugspunkt. Vielleicht ist das auch die Begründung, daß LAMBERT dieser Variante weniger zuneigte. Vermutlich sah er ihre Konsequenz nicht nur für die gegenständliche Existenz Gottes, sondern auch für die gesamte Raumtheorie und fühlte sich nicht in der Lage, sie naturwissenschaftlich und philosophisch zu bewältigen. Deshalb hatte er grundsätzliche Zweifel, daß reine mathematische Punkte (die Massenmittelpunkte der S_i) die Stabilität der Systeme garantieren. Andererseits war sich LAMBERT durchaus im klaren, daß die Zentralkörper-Hypothese nicht notwendig mit der hierarchischen Kosmologie verbunden ist. Ähnlich KANT war er aber der Ansicht, daß die dynamische Stabilität seiner verschiedenen Systeme S_i nur durch die Existenz solcher Zentralkörper gesichert ist.

Die Diskussion um die Zentralkörper ist nicht nur kosmologisch interessant, sondern auch astrophysikalisch. Wegen der großen Masse und der enormen Größe dieser Körper nimmt LAMBERT an, daß sie physikalisch keine Sterne sind. Er ordnet eine Eigenstrahlung nur den Sternen zu. Seine dunklen supermassiven Zentralkörper besitzen daher andere astrophysikalische Eigenschaften als die Sterne.[4]) Die Masse eines solchen Körpers

---

[4]) Wir würden heute sagen, die mittlere Massendichte der Zentralkörper entspräche den Dichten der Atomkerne. AMBARZUMJAN [18] und seine Mitarbeiter begründeten die Vorstellung neu, daß für die Kosmogonie der verschiedenen kosmischen Systeme die Existenz überdichter und supermassiver Körper relevant wäre. Diese astrophysikalisch und mikrophysikalisch neu fundierten Ideen nehmen die kosmologischen Hypothesen von LAMBERT und KANT

kann LAMBERT verständlicherweise nicht angeben. Er macht nur einige Abschätzungen über ihre Größe, daß sie z. B. Millionen Sonnenmassen betragen würde, oder die Masse eines Zentralkörpers läge etwa in der Größenordnung der Gesamtmasse eines Systems. Wie TREDER und JACKISCH [12] nachweisen, ist der extremste Fall eine Abschätzung, wobei der Zentralkörper der Galaxis eine Masse beinhalten müßte, die bis zur Größenordnung aller Massen im heute überschaubaren Universum geht. Selbstverständlich ist sich LAMBERT bewußt, daß es solche Massenansammlungen nicht geben kann. Daher stellt er die grundsätzliche Forderung, der Zentralkörper sei so massereich, daß sein Gravitationsfeld alle Körper eines Systems erfaßt, so daß es ihm möglich ist, die Substrukturen des Systems in kreisähnlichen Kegelschnitten um sich herum zu führen.[5]) LAMBERT glaubte nun, einen solchen Zentralkörper entdeckt zu haben. Er hielt den Orionnebel für dieses Gebilde, und er ordnete ihn der Sternwolke zu, der auch unser Sonnensystem angehört. Auch nahm er an, daß er mit seinen einfachen Beobachtungsmitteln sich verändernde leuchtende Flecken auf der sonst dunklen Zentralsonne sah. Diese scheinbare Veränderlichkeit des Orionnebels, die von LAMBERT und anderen Beobachtern seiner Zeit wahrgenommen wurde, deutete er als Rotation dieses massiven Körpers. Die Suche nach Zentralkörpern ist auch einer der wesentlichsten Gründe, warum LAMBERT nicht wie KANT zu einer verallgemeinerten Weltinsel-Theorie kam. LAMBERT schwankte in der Beurteilung der physikalischen Natur und der kosmologischen Stellung der „Nebelsterne“, indem er sie

---

über Existenz und dynamische Bedeutung von Zentralkörpern in den Sternsystemen und ihren Subsystemen wieder auf. AMBARZUMJANS Vorstellungen über „Materie im Protozustand“ kann als physikalische Begründung der naturphilosophischen Hypothesen von LAMBERT über die speziellen physikalischen Eigenschaften sehr großer kosmischer Körper angesehen werden. Auch VOLTAIRE [19] vertrat 1752 in seinem philosophischen Roman „Mikromegas“ die Auffassung, daß mit der Quantität der Masse der Himmelskörper auch die Mannigfaltigkeit ihrer physikalischen Qualitäten anwachsen wird.

[5]) Nach LAMBERT besitzt jedes System S_i einen Zentralkörper Z_i, für dessen Masse $M_i(Z_i)$ gilt: $M_i(Z_i) \triangleq \Sigma M_{i-1}(S_{i-1})$.

einmal als extragalaktische Sternsysteme und zum anderen Mal als Zentralkörper seiner kosmischen Strukturen ansah.[6])

K. SCHWARZSCHILD machte hierzu eine Abschätzung, in der er zunächst annimmt, daß sich die Fixsterne mit einer durchschnittlichen Geschwindigkeit von 30—40 km/s gegen den gemeinsamen Schwerpunkt der uns benachbarten Sterngruppe bewegen, und diese Sterngruppe gleichzeitig das unserem Sonnensystem nächst höhere System sein soll. Nimmt man nun an, daß diese Bewegung eine Kreisbahnbewegung um ein gemeinsames Gravitationszentrum ist, das sich in einer Entfernung von etwa 2000 Lichtjahren befindet, dann müßte der dort gedachte Zentralkörper 130000000 Sonnenmassen beinhalten und bei gleicher Dichte wie die Sonne den 500 mal so großen Durchmesser haben. Der scheinbare Durchmesser würde dann nur 0″,01 betragen und der Zentralkörper auch im stärksten Fernrohr immer noch punktförmig erscheinen. Als hinreichend dunkler Körper müßte er sich im sichtbaren und kurzwelligen Spektralbereich sicher der Beobachtung entziehen. Auf Grund der klassischen Theorie des inneren Aufbaus der Sterne nimmt SCHWARZSCHILD an, daß der Zentraldruck im Inneren eines Sterns eine bestimmte Größe nicht überschreiten darf, da sonst die Atome instabil würden. Er vertritt deshalb die Auffassung, daß man die Dichte des Zentralkörpers von 130000000 Sonnenmassen auf 1/28000 der mittleren Dichte der Sonne verringern müßte, um seinen Zentraldruck unter die für die Atome kritische Grenze zu bringen. Dann hätte der Zentralkörper einen scheinbaren Durchmesser von 0″,25, und er wäre unter der Voraussetzung sichtbar, daß er nicht tatsächlich, wie LAMBERT vermutet, ein dunkler Körper sei. SCHWARZSCHILD gelangt auf Grund der zu seiner Zeit verfügbaren klassischen Astrophysik und der nur in einigen Ansätzen entwickelten Atomphysik zu dem Ergebnis, daß es die von

---

6) Die Erforschung der „Nebel" war tatsächlich sehr schwierig, da es galt, zwischen galaktischen Sternhaufen, Gas- oder Staubnebeln in der Galaxis und den extragalaktischen Sternsystemen (KANTS „Weltinseln" — Bezeichnung nach A. v. HUMBOLDT im „Kosmos", [20]) zu unterscheiden. Quantitativ überwiegen aber die extragalaktischen Sternsysteme die Anzahl aller anderen nebelförmigen Objekte.

LAMBERT vermuteten supermassiven dunklen Zentralkörper nicht geben kann. Selbstverständlich ist das von SCHWARZSCHILD ein richtiger Schluß: Ein System von Körpern braucht zu seiner Stabilität keinen gravitierenden Zentralkörper.

Systeme dritter Ordnung, wie sie LAMBERT in Form ganzer Fixsternkomplexe oder Sternwolken vermutet, existieren entweder nicht oder nur insofern, als sie als großräumige Unterstrukturen bei der Bildung der Spiralarme der Galaxis entstanden sind. Als LAMBERTS System dritter Ordnung würden wir heute eher die Sternhaufen bezeichnen. Bezüglich der Systeme vierter Ordnung, also der Galaxien, sind ebenfalls keine Zentralkörper notwendig. Jedoch haben die astrophysikalischen Forschungen der letzten 20 Jahre ergeben, daß in den Kerngebieten der Galaxien sternähnliche Kerne von etwa 10^7 Sonnenmassen und einem Durchmesser von etwa 30 Lichtjahren existieren. Ihr physikalischer Aufbau ist zur Zeit noch unbekannt. Es ist möglich, daß die sternähnlichen Kerne astrophysikalisch andere Eigenschaften aufweisen als die Sterne. Insofern wären sie den LAMBERTschen Zentralkörpern adäquat. Inwieweit es Galaxien gibt mit Kernen von so großer Masse oder bei gegebenem Radius mit so großer Dichte, daß ihre Radien innerhalb des EINSTEIN-SCHWARZSCHILDschen Gravitationsradius liegen, also „black holes“ sind, und dann tatsächlich den von LAMBERT vermuteten „dunklen“ Zentralkörpern entsprechen, ist bis heute noch nicht sicher nachzuweisen.

In der Mitte des vorigen Jahrhunderts griff MÄDLER [13] noch einmal das Problem einer Zentralsonne für die Galaxis auf. Auf Grund seiner Beobachtungen nahm er an, daß der Plejadenstern Alcyone dem Gravitationsmittelpunkt des ganzen Sternsystems am nächsten stehe. MÄDLER hat allerdings nicht behauptet, daß Alcyone oder auch die Plejaden durch ihre Masse das System stabil halten. Er wollte seine Zentralsonne nur als Bezugspunkt für die Beobachtung der Pekuliarbewegung der Sonne benutzen. Er ging übrigens bald wieder von dieser Hypothese ab.

Im 12. Brief diskutiert LAMBERT die Nachweismöglichkeit eines solchen Zentralkörpers, indem er vorschlägt, die Anomalien in den Bahnbewegungen der Planeten um die Sonne herauszufinden, die Bahnstörungen sein können, die durch den Zentralkörper verursacht werden. Er vermutet, daß man dann auch die Entscheidung treffen könne, ob die Sonne sich um einen Zentralkörper bewegt oder um den gemeinsamen Mittelpunkt der Schwere aller Fixsterne. Um 1783 verwirklichte W. HERSCHEL (siehe Einleitung VIII) diesen Beobachtungsvorschlag insofern, indem er die Apexbewegung der Sonne nachwies. Dies ist aber nur der Nachweis, daß sich die Sonne relativ zu den Sternen ihrer Umgebung bewegt. Der Schluß einer Bewegung um einen Zentralkörper ist mit HERSCHELS Methode nicht möglich.

Im 20. Brief, dem letzten seiner Cosmologischen Briefe, diskutiert LAMBERT noch einmal zusammenfassend über die Bewegung im Kosmos, die zur Selbstkonsistenz seiner Systeme und damit des gesamten Kosmos führen. LAMBERT verteidigt ganz entschieden die NEWTONsche Attraktion und damit auch die Bewegung der Körper in einem freien Raum. Er wendet sich dagegen, daß wir bei jeder Wirkung ein mittelbares oder unmittelbares Berühren voraussetzen müssen. Genauer betrachtet ist dies eine Diskussion gegen die Wirbeltheorie der Cartesianer, die eigentlich schon in der Antike, vor allem durch ANAXIMANDROS [14], begründet wurde und im 17. Jahrhundert von DESCARTES (siehe TREDER [15]) erneut aufgegriffen und physikalisch, wenn auch unrichtig, interpretiert worden war, und die zu LAMBERTS Zeiten ohne Kenntnis der NEWTONschen Gravitation SWEDENBORG [16] noch einmal aufleben ließ. LAMBERT sprach sich dagegen aus, daß man die Wirbelbewegungen der Himmelskörper brauche, um diese auf stabilen Bahnen in ihren Systemen zu erhalten. Seiner Meinung nach beinhaltet eine solche Theorie nur eine Verlagerung der Frage nach der Entstehung der Bewegung eines Körpers auf die Frage nach dem Ursprung der Wirbelbewegung. LAMBERT vertritt die NEWTONsche Auffassung, daß die Planeten ihre Zentrifugalkraft oder Geschwindigkeit haben, ohne daß man einer Wirbeltheorie bedarf. Nur leitet er nicht wie KANT die im Kosmos wirksamen Kräfte und Bewegungen aus der ursprünglichen Selbstbewegung der Materie und dem damit vorhandenen Anfangsimpuls ab. LAMBERT geht nicht wie KANT von physikalischen Anfangs- und

Randbedingungen beim Entwicklungsbeginn des heutigen Kosmos aus.

Trotzdem schließt er aus dynamischen Gründen, daß es im gesamten Kosmos keine absolute Ruhe gibt, so daß gleichermaßen alle Weltkörper, welchen kosmischen Systemen sie auch angehören mögen, in ständiger Bewegung sind. Da im Kosmos allgemeingültige Gesetze herrschen, werden sich analog zum Planetensystem durch „die kosmologischen Gründe der Bewegung“ die anderen Systeme gebildet haben. Hier erblickt man in LAMBERTS Gedankengängen einen schwachen kosmogonischen Zug; sonst lag ihm jeglicher Entwicklungsgedanke fern. Für LAMBERT ist nämlich wie für NEWTON jedes kosmogonische Problem ein Scheinproblem. Wird zum Zeitpunkt t_0 die Welt erschaffen, dann grundsätzlich so, daß größtmöglicher Bestand aller ihrer Glieder gewährleistet ist, insbesondere ihrer Bewohner. Da diese von vornherein an die vorgegebenen kosmischen Bedingungen angepaßt sind, ist eine Änderung der kosmischen Struktur unmöglich. Daher ist es für LAMBERT gleich, zu welchem beliebigen Zeitpunkt t_n die Welt betrachtet wird. Wegen seiner Bemerkung, daß die Zeit unendlich ist, ist auch t_n für $n = \infty$ möglich.

LAMBERT gelangt in den astronomischen Einzelfragen fast zu den gleichen Ergebnissen wie KANT. Bis dahin reichte sein im progressiven Sinne verwandtes teleologisches Prinzip noch aus. Begründer der wissenschaftlichen Kosmogonie aber wurde KANT. Indem KANT den Entwicklungsgedanken in die astronomischen Wissenschaften einführte, öffnete er der Naturwissenschaft den Weg zu ihrer weiteren Entwicklung. Es war der Beginn einer neuen Periode der Wissenschaften, die aber erst in unserem Jahrhundert voll zur Wirkung kommen sollte. LAMBERTS teleologisches Prinzip hatte dagegen keine Perspektive. Was ihm jedoch vorschwebte, Verwissenschaftlichung aller Gebiete und der Glaube an den Fortschritt der Wissenschaft, hat ihre Wirkung zu seiner Zeit nicht verfehlt.

VI. Thomas Wright of Durham und die „Original Theory"

KANT und LAMBERT beziehen sich in ihren kosmologischen Werken auf THOMAS WRIGHT OF DURHAM[1]), der 1750 „An Original Theory or new Hypothesis of the Universe" [2] veröffentlicht hatte. Beide haben nie das eigentliche Werk gelesen. KANT besaß nur eine Rezension aus der Zeitschrift „Freie Urtheile und Nachrichten zum Aufnehmen der Wissenschaften und Historie überhaupt" vom Jahre 1751. LAMBERT hatte die Arbeit WRIGHTs nur vom Hörensagen zur Kenntnis genommen. Diesem kosmologischem Hauptwerk WRIGHTs ging 1734 eine Arbeit voraus, die er unter dem Titel „The Elements of Existence or Theory of the Universe" veröffentlichte. In ihr trägt er erste Gedanken zur Morphologie der Milchstraße vor. Auf diese soll hier nicht weiter eingegangen werden, da ihr Inhalt weitgehend durch theologisch-beschauliche Vorstellungen bestimmt wird.

In „An Original Theory" geht WRIGHT der Vorstellung nach, daß der von WHISTON hervorgehobene NEWTON-Hinweis bezüglich der Unverträglichkeit eines endlichen statischen Sternsystems mit der universellen Gravitation einerseits und mit HALLEYS Entdeckung der Eigenbewegung der Sterne andererseits zu kombinieren ist. Daraus entwickelte WRIGHT sein Modell des um ein gemeinsames Gravitationszentrum nach den NEWTONschen Gesetzen rotierenden Sternsystems. Insgesamt gesehen schuf WRIGHT auf der Grundlage der NEWTONschen Physik eine Kosmologie, die man als unmittelbare Folge der NEWTON-

---

[1]) Der bemerkenswerte und etwas originelle Lebensweg von TH. WRIGHT, sein Wirken innerhalb der englischen Gesellschaft in Verbindung mit der wissenschaftlichen Tätigkeit wird von M. A. HOSKINS in seiner Einleitung zu einer Faksimile-Ausgabe der "Original Theory" dargestellt [1]. WRIGHT wurde 1711 in Byers Green bei Durham in Nordengland geboren. Er begann seine wissenschaftliche Laufbahn als Autodidakt, war Instrumentenmacher, Mathematiker, wissenschaftlicher und nautischer Schriftsteller sowie Hauslehrer und Hausfreund des englischen Hochadels. Er starb 1786. HOSKINS weist nach, daß auch W. HERSCHEL aus WRIGHTs Werk Anregungen für seine astronomischen Untersuchungen zum Bau der Welt — insbesondere der Milchstraße — erhalten hat.

schen Anschauungen von der allgemeinen Gravitation und der gegenseitigen physikalischen Wechselwirkung der Körper ansehen darf.

„An Original Theory“ ist aber auch eine Kombination von wissenschaftlichen (insbesondere astronomischen), philosophischen und moraltheologisch-erbaulichen Gedankengängen Wrights. Dadurch wird häufig der physikalisch-kosmologische Inhalt nicht völlig erkannt und der Wert des Werkes scheint herabgesetzt. Die merkwürdigen Gedankengänge Wrights sind sowohl aus der Geisteshaltung der englischen Gesellschaft um die Wende vom 17. zum 18. Jahrhundert wie auch aus der Aufklärungsphilosophie und ihrem popularisierenden Charakter zu verstehen. Die spezifisch englische Auslegung dieser Philosophie, in der von dem materialistischen Denken des frühen englischen Bürgertums nichts mehr zu spüren ist, führte dann bei Wright dazu, daß die theologische Seite, insbesondere teleologische Vorstellungen vom Wesen der Welt, einen viel breiteren Raum einnehmen als in den kosmologischen Werken seiner größeren Nachfolger Kant und Lambert.[2]) Wie diese geht Wright von der deistischen Voraussetzung aus, daß das gesamte Universum zu einem bestimmten Zeitpunkt durch ein göttliches Wesen geschaffen worden sei. Implizit wird das in „Original Theory“ durch „creation“ (Schöpfung, als Synonym für Welt, Weltall) ausgedrückt. Gleichermaßen spürt man im gesamten Werk den Gedanken der göttlichen Zweckmäßigkeit: Alles hat exakt seine Einordung in das universelle Geschehen, sogar bis hin zu den „Wohnstätten der Belohnungen und Strafen“ (4. Brief) oder der Möglichkeit der Seelenwanderung zur „Region der Unsterblichkeit“ (8. Brief). Die philosophisch-theologischen Ansichten Wrights entsprechen demnach den teleologischen Lamberts.

In der Newtonschen Mechanik finden alle physikalischen Ereignisse im euklidischen Raum statt. In den Kosmologien von Kant und Lambert ist daher die Metrik des Raumes

---

[2]) Treder [3] verweist in seiner Buchbesprechung zur Faksimile-Ausgabe von „An Original Theory“ auf die historischen Zusammenhänge, die zu Wrights Kosmologie geführt haben.

ebenfalls euklidisch. Das gilt auch für WRIGHTs Kosmologie. Die Unendlichkeit des euklidischen Raumes überträgt WRIGHT im 4. Brief auf das Universum, das er als unendlich und gestaltlos (im Sinne von ungefügig, gewaltig) ansieht und das mit einer unendlichen Anzahl von „Welten" (creations, gemeint sind Sterne mit ihren Planetensystemen) besetzt ist.

Zwar ist in neueren kosmologischen Vorstellungen wiederholt der Gedanke der Unendlichkeit des Raumes bzw. des Kosmos ausgesprochen worden, so z. B. im kosmologischen Prinzip des CUSANUS [4], für das sie inhärente Bedingung ist, oder in der kosmologischen Vorstellung des G. BRUNO [5], wozu die WRIGHTsche adäquat ist. WRIGHT beruft sich im 1. Brief seiner „Original Theory" auch ausdrücklich auf G. BRUNO und dessen Konzeption eines unendlichen Universums im unendlichen Raum. Letzten Endes führte WRIGHTs Synthese überlieferter und neuer physikalischer und kosmologischer Theorien zu seinem Unendlichkeitsbegriff bei Raum und Zeit und bezüglich der Häufigkeit der zu erwartenden kosmischen Strukturen, so zaghaft der Ansatz auf Grund der Gesamtstruktur des Werkes auch ist.

WRIGHTs Kosmologie befaßt sich im wesentlichen mit den Darlegungen über die Natur der Sterne sowie über den Aufbau der Milchstraße. Nur an wenigen Stellen seines Werkes geht er über die Milchstraße hinaus. Insofern bleibt er zwar in seiner kosmologischen Leistung weit unter KANT und LAMBERT, andererseits ist es sein großes Verdienst, als einer der ersten Wissenschaftler seiner Zeit sich auf der Basis der NEWTONschen Mechanik und Gravitation Gedanken über den wirklichen Aufbau der Milchstraße gemacht zu haben. WRIGHT ist in diesem Zusammenhang als der Erste anzusehen, der nicht nur spekulativ, sondern mit einer naturwissenschaftlichen Grundlage die Erforschung unseres Sternsystems einleitete. Auch hier bezieht WRIGHT die Vorstellung anderer hervorragender Denker in seine eigenen mit ein, z. B. die von GIORDANO BRUNO, CHRISTIAN HUYGENS, HALLEY, DERHAM, MILTON und andere, sowie auch die Meinungen antiker Philosophen zum Bau der Welt. Dadurch kann er sich einen guten Überblick nicht nur über kosmologische Problemstellungen bilden, sondern er ist auch in der Lage, sich Gedanken über den Aufbau und die Physik der Fixsterne, über Planetensysteme, die Bewohnbarkeit der Welten usw. zu machen.

So werden bei WRIGHT Gedanken von GALILEI und BRUNO impliziert, wenn er der Meinung ist, daß alle Sterne selbstleuchtende Körper wie unsere Sonne sind. Wenn er sich auch die Physik unserer Sonne zu seiner Zeit nicht erklären kann, so vertritt er doch die Meinung, daß die Sterne gleichermaßen physikalisch aufgebaut sind. Auf Grund eines teleologischen Analogieschlusses nimmt er im Sinne BRUNOs an, daß alle Sterne bewohnbare Planetensysteme, ähnlich wie unsere Sonne, besitzen. Deshalb gibt es unendlich viele bewohnbare Welten. WRIGHT vertritt auch die Meinung, daß die Sterne, da sie alle ähnlich unserer Sonne aufgebaut sind, uns nur deshalb von verschiedener Leuchtkraft erscheinen, weil sie zwar alle in sehr großen, aber doch unterschiedlichen Entfernungen von uns stünden. Auf dieser Annahme begründet er (siehe 5. Brief) eine einfache Entfernungsbestimmung, und mit ihrer Hilfe gelangt er zu einem stark verkleinerten aber maßstabgetreuen Modell der Galaxis.

Ähnlich wie COPERNICUS, auf den WRIGHT sich auch beruft, begründet er die Nichtmeßbarkeit der Parallaxen der Sterne mittels dieser großen Entfernungen und den zu seiner Zeit ungeeigneten astronomischen Meßinstrumenten. Daß die Sterne nur punktförmig erscheinen, liegt ebenfalls an ihren großen Entfernungen. Würde man alle Massen im Weltall, worunter er vor allem die Massen der Milchstraße versteht, zu einem „Haufen“ etwa gleicher Dichte wie die Sterne zusammenbringen[3]), dann würde auch diese konzentrierte Masse des gesamten, für WRIGHT denkbaren Kosmos, in genügend weiter Entfernung nur sternförmig erscheinen, ohne daß ein Durchmesser oder eine Parallaxe meßbar wären.

Bei der Untersuchung über den Aufbau der Galaxis führt WRIGHT zunächst eigene Beobachtungen an, wobei er die Breite der sichtbaren Milchstraße zu ungefähr 9° bestimmt und pro

[3]) Physikalisch ist hierunter kein Gravitationskollaps zu verstehen, wozu es bei einer derartigen Massenkonzentration kommen würde. WRIGHT stellt sich nur ein Zusammenrücken der Sterne zu einem neuen Körper vor, dessen mittlere Dichte etwa der eines durchschnittlichen Sternes entspricht.

Quadratgrad etwa 1200 Sterne schätzt. Auf diese Weise erhält er für das gesamte Areal der Milchstraße 3888000 Sterne. Dies klingt zwar sehr wenig gegenüber den wirklichen 10^{11} Sonnenmassen unserer Galaxis, jedoch weist WRIGHT darauf hin, daß auch alle wolkenartigen Gebilde der Milchstraße, in denen man keine einzelnen Sterne erkennen kann, in Wirklichkeit aus einer großen Anzahl von Sternen bestehen.

Bei der Diskussion um die räumliche Gestalt der Milchstraße kommt WRIGHT zunächst der wirklichen ziemlich nahe, indem er ein Modell konstruiert (siehe 7. Brief), das alle sichtbaren Sterne umfaßt und eine scheibenförmige Ausdehnung beinhaltet. Trotz dieser richtigen Deutung der Milchstraße zog WRIGHT aus zwei Gründen eine um das Gravitationszentrum rotierende Sternsphäre vor. Da bei WRIGHT das Gravitationszentrum nicht nur der gemeinsame Schwerpunkt des Sternsystems ist, sondern auch eine göttliche Kraftquelle und das moralische Zentrum der Welt, fordert er für alle Sterne einen genügend großen Abstand, damit dieses Zentrum vorerst unsichtbar bleibt. Zum anderen ist sich WRIGHT bewußt, daß die Rotationsgeschwindigkeit der Scheibe mit wachsendem Abstand vom Zentrum abnimmt, da er für deren einzelne Mitglieder KEPLERbewegung voraussetzt. Aus dynamischen Gründen nimmt deshalb WRIGHT in Analogie zum Saturnring die Milchstraße als einen ausgedehnten Ring von Sternen an. Da er auch Zweifel an dessen dynamischer Stabilität hat, diskutiert er, wiederum in Analogie zum Saturnring, die Möglichkeit von mehreren Ringen. Auch die Anordnung der Sterne in einer Kugelschale oder in mehreren ineinander geschachtelten Kugelschalen zieht er in Erwägung.[4]) Implizit enthält diese Argumentation die Frage nach der Gezeitenwirkung großer zentraler Massen.

Die Schwierigkeiten, die WRIGHT bei der Deutung der Struktur der Milchstraße hatte, sind darin zu suchen, daß er in seiner kosmologischen Theorie wesentlich mit theologischen Anschauungen argumentierte — eine Methode, gegen die sich KANT

---

[4]) In „Original Theory" demonstriert WRIGHT die Ringe und Kugelschalen auf den Tafeln XXV bis XXVIII, auf deren Abbildung wegen der geringen Aussage hier verzichtet wird.

entschieden wandte. Gegenüber der NEWTONschen Physik mußte sich das vorrangige teleologische metaphysische Argumentieren mit den Absichten und Zielen des Schöpfers bei allen kosmologischen Fragestellungen geradezu nachteilig auswirken. Bei der Frage nach der Struktur der Milchstraße wurde das offensichtlich. Demgegenüber traten Mängel im Erkenntnisstand des 18. Jahrhunderts zurück, z. B. daß WRIGHT genaue Beobachtungen zur Morphologie der Milchstraße fehlten, denn solche wurden erst gegen 1790 von W. HERSCHEL erarbeitet.

WRIGHTS kosmologischer Ansatz enthält noch die Vermutung, im Schwerpunkt der Milchstraße befände sich als gravisches Zentrum ein zentraler Körper, der für die Stabilität des Systems wesentliche Voraussetzung ist, also auch eine große Masse haben sollte (siehe 9. Brief). Doch darüber sagt WRIGHT explizit nichts aus, außer, daß er der Sonne überlegen oder eine ungeheure Kugel ist. Verständlich für WRIGHTS Zeit ist, daß seine Vermutungen über den physikalischen Zustand dieses Körpers völlig unsicher sind: Entweder ist er sternförmig oder erd(planeten-)ähnlich. Bedauerlicherweise zeigt sich auch hier — und das gilt für den 9. Brief schlechthin —, daß die Vorrangigkeit der religiösen Betrachtungen jedes Ausdiskutieren physikalischer Überlegungen unterbindet. Trotzdem legt hier WRIGHT erste Gedanken zur Theorie der Zentralkörper kosmischer Systeme dar, die nur wenige Jahre nach dem Erscheinen von WRIGHTS Kosmologie von KANT und LAMBERT entwickelt wurde.

WRIGHT beschreibt im 7. Brief eine einfache Hierarchie kosmischer Systeme, indem er die Bewegung des Mondes um die Erde, der Erde um die Sonne und die Bewegung der Sonne um das galaktische Zentrum anführt (Tafel XXI) und zu einer Verallgemeinerung in bezug auf die Bewegung der anderen Sterne der Milchstraße gelangt. WRIGHT gelangt zur Hierarchie durch einen einfachen Analogieschluß, für dessen physikalische Grundlage das Planetensystem dient. Selbstverständlich hat diese schwache „Kostprobe“ der Hierarchie kaum etwas mit ihrer späteren Begründung durch KANT und ihrer detaillierten Ausarbeitung durch LAMBERT gemeinsam.

Bei der Diskussion der Bewegung der Sonne um das galaktische Zentrum, die WRIGHT auf Tafel XXII erläutert, führt der Punkt *A* eine systematische relative Eigenbewegung gegenüber der Sonne *B* bzw. *D* durch. In Wirklichkeit entspricht dies der Pekuliarbewegung der Sonne relativ zu *A*, wobei *A* dann allerdings nicht mehr das Zentrum der Galaxis, sondern einen Stern (oder eine Sterngruppe) der Sonnenumgebung darstellt. Die tangentiale Komponente dieser Bewegung ergibt dann den Apex, nämlich den augenblicklichen Zielpunkt der Sonnenbewegung, der in der Richtung von *B* über *D* liegt. Erst W. HERSCHEL gelang es 1783, einen systematischen Bestandteil in den Eigenbewegungen von 13 Sternen festzustellen, woraus er auf eine Pekuliarbewegung der Sonne relativ zu diesen Sternen schloß. Wegen der geringen Anzahl der zur Beobachtung geeigneten Sterne konnte er sein Ergebnis noch nicht verbürgen.

WRIGHT macht im 9. Brief eine Bemerkung über „wolkige Flecken", die sich auf extragalaktische Sternsysteme bezieht, denn er vermutet in ihnen „Schöpfungen", die sich außerhalb der unseren Schöpfung (Milchstraße) befinden. Vor dieser Bemerkung legt WRIGHT dar, daß er sich das moralische Recht zu dieser Vermutung mittels des teleologischen Argumentes verschafft, daß die Größe des Werkes seinen Schöpfer verherrliche. Er ordnet die „wolkigen Flecken" auch insofern richtig als Sternsysteme ein, indem er vermutet, daß sie nur wegen der großen Entfernung nicht in einzelne Sterne aufzulösen wären. WRIGHTS Vermutung wurde wenig später von KANT in dessen „Allgemeiner Naturgeschichte und Theorie des Himmels" wiederholt und dynamisch begründet. LAMBERT gelangte in seinen „Cosmologischen Briefen" vor allem durch Überlegungen zur hierarchischen Struktur des Kosmos zum gleichen Ergebnis. Da WRIGHT die Konzeption der extragalaktischen Systeme, wie so vieles in seinem Buch, nur anschneidet, gilt heute als Begründer der „Weltinsel-Theorie" nur KANT allein, da nur er hinreichende — physikalische und evolutionäre — Gründe für die Existenz dieser Sternsysteme anführt.

Im 8. Brief diskutiert WRIGHT Zeit und Bewegung. Sein vorangehender Vergleich zwischen der unendlichen Ausdehnungsmöglichkeit des Raumes und analog dazu der der Zeit zeigt einmal mehr seine physikalische Ausgangsposition bei NEWTON. In der Koexistenz zwischen Zeit und Bewegung trägt

WRIGHT einen schwachen kosmogonischen Gedanken vor, mit dessen Hilfe und durch die Annahme, daß sich aus konstanten Naturgesetzen periodische Effekte ergeben, die man nachweisen kann, er geradezu diese Koexistenz beweisen möchte.

Die zu kosmogonischen Vorstellungen adäquaten Gedanken zeigen sich in WRIGHTS „Original Theory" auch an anderer Stelle, nämlich da, wo er offensichtlich der Meinung ist, daß die Natur in ihrer Erkenntnismöglichkeit unendlich ist, denn wie könnte sie uns sonst „*niemals* ohne einen hinreichenden Anhaltspunkt" lassen (siehe letzter Absatz 7. Brief). Ein Kosmos, der für die „Erkenntnispfade" des Menschen immer „hinreichende Anhaltspunkte" gibt, muß von unserer Sicht aus notwendigerweise ein Evolutionskosmos sein. WRIGHT bestätigt solche Gedanken nochmals im 9. Brief durch die Bemerkung, daß die Astronomen sich mit dem Erforschten niemals zufrieden geben würden. Es sei nicht abzusehen, wo wissenschaftliche Tätigkeit endet. Hier wird auch der Erkenntnisdrang der Menschen positiv eingeschätzt, sicherlich als Folge des dem zu WRIGHTS Zeit aufstrebenden Bürgertum eigenen Optimismus.

Die Bedeutung der „Original Theory" beruht aber nicht nur auf einigen für den Erkenntnisprozeß in der Kosmologie relevanten Ergebnissen, sondern, wie auch HOSKINS [1] nachweist, vor allem darin, daß WRIGHT ein wissenschaftliches Anliegen seiner Zeit erkannte, nämlich den Aufbau der Welt im Großen, den Kosmos, zu erforschen. Mit seiner Arbeit regte er drei unvergleichlich größere Geister — KANT, LAMBERT, W. HERSCHEL — an, die Struktur der Welt mittels der NEWTONschen Physik zu erforschen.

VII. Kants Kosmologie

KANT ist zwar mehr als der große — und meistenteils idealistische — Philosoph und Erkenntnistheoretiker bekannt. Trotzdem hat er sich, wenn auch häufig aus philosophischen Gründen, in seinen jungen Jahren überwiegend mit naturwissenschaftlichen Problemen befaßt. Von den beiden großen Denkern der neueren Zeit, die wie er Philosophen und Naturwissenschaftler waren, nämlich RENÉ DESCARTES und GOTTFRIED WILHELM LEIBNIZ, unterschied er sich dadurch, daß er nie naturwissenschaftliche Experimente durchführte oder in seine Gedankengänge mit einbezogen hat. Da KANT keine Mathematik gebrauchte, blieben seine naturwissenschaftlichen Forschungen im wesentlichen qualitativ. Gemeinsam ist ihnen, daß sie sich mit Untersuchungen über den Bau der Welt befaßt haben. Jedoch unterschieden sie sich wieder dadurch, daß DESCARTES und LEIBNIZ noch recht spekulative kosmologische Vorstellungen hatten, während KANT seine Kosmologie einzig und allein auf der NEWTONschen Mechanik und Dynamik aufbaute und unmittelbar aus dynamischen Prinzipien heraus zur ersten theoretisch begründeten Kosmogonie gelangte.[1]) Kosmogonie und Kosmologie bilden bei KANT eine dialektische Einheit: Die Struktur der Welt von der Schöpfung der „Urmaterie" an oder zu jedem beliebigen Zeitpunkt $t = t_0$ bedingt gleichzeitig die Entwicklung der Welt und damit ihre Historizität und damit auch fortgesetzt eine Neugestaltung des gesamten Kosmos.

KANTS 1755 erschienenes kosmologisch-kosmogonisches Hauptwerk nennt er deshalb zu Recht: „Allgemeine Naturgeschichte und Theorie des Himmels, oder Versuch von der Verfassung und dem mechanischen Ursprunge des ganzen Weltgebäudes nach NEWTONischen Grundsätzen abgehandelt". „Naturgeschichte" und „Theorie des Himmels" ordnet er im Titel noch einmal den „mechanischen Ursprung" bzw. die „Verfassung", den Zustand oder Aufbau des „Weltgebäudes" zu.

An die Stelle biblischer oder anderer religiöser Schöpfungsgeschichten setzt KANT die fortdauernde Entwicklung des gesamten „Weltgebäudes", des Kosmos als Ganzem. Hierin ist KANT nicht nur religiösen Texten, sondern z. B. auch DESCARTES überlegen. In dessen mechanischer Wirbeltheorie vollzog sich die Bildung der Planetensysteme einmalig und war dann für immer abgeschlossen.

---

[1]) Siehe hierzu auch das Nachwort von F. KRAFFT [1] zu KANTS „Allgemeiner Naturgeschichte und Theorie des Himmels": Analogie — Theodizee — Aktualismus, wissenschaftshistorische Einführung in KANTS Kosmogonie.

Historisch gesehen hat es in der Antike bereits kosmologisch-kosmogonische Vorstellungen auf der Grundlage eines naiven Materialismus gegeben[2]), wie z. B. bei LEUKIPPOS (480—420 v. u. Z.), DEMOKRITOS (460—370 v. u. Z.) und EPIKUROS (341 bis 270 v. u. Z.) sowie bei dem Römer LUCRETIUS CARUS (97 bis 55 v. u. Z.), der die Gedanken der antiken Atomisten und kosmologischen Denker in seinem Lehrgedicht „De rerum natura" [3] zusammenfaßte. KANT erwähnt das in seiner allgemeinen Naturgeschichte und Theorie des Himmels ausdrücklich. Er ist sich aber auch voll bewußt, welcher Unterschied zwischen seinen Vorstellungen und denen der Antike besteht.

NEWTON hatte in seinen „Prinzipien" [4] das naturwissenschaftliche Weltbild auf streng mathematischer Basis formuliert. KANT sah in der Kosmologie und Kosmogonie den notwendig physischen Teil dieses Weltbildes. KANT findet in NEWTONS Prinzipien jene allgemeinen Gesetze, die zur ursächlichen Bestimmung der Bewegung der Materie notwendig sind. Die NEWTONschen Prinzipien lassen aber die physikalischen Bedingungen offen, unter denen diese Gesetze wirken können. NEWTONS Gesetze sind demzufolge für beliebige Welten formuliert. Von dieser Tatsache ausgehend muß man KANTS Wirken so verstehen, daß er die NEWTONschen Gesetze der mathematischen Physik auf den gegebenen wirklichen Kosmos anwandte (siehe TREDER [5, S. 45]).

Nach TREDER ist KANTS methodologischer Ansatz dabei so formuliert, daß er wie NEWTON in seiner Mechanik die Gesetzlichkeit komplizierter Bewegungsvorgänge aus einfachen dynamischen Axiomen herleitet. Die komplexe Struktur des wirklichen Kosmos ist dann mit Hilfe dieser Axiome als das Ergebnis einfacher Anfangs- und Randbedingungen bei der Entstehung des Kosmos und als Folge der dynamischen Wirksamkeit der NEWTONschen Gesetze zu verstehen. Im Gegensatz zu NEWTONS Auffassungen ging KANT explizit davon aus, daß auf Grund

---

[2]) Siehe hierzu z. B. die entsprechenden Textauszüge sowie die Einleitung in „Griechische Atomisten" [2].

der NEWTONschen mathematischen Physik die Möglichkeit bestehen muß, mittels der dynamischen Grundgesetze die physikalischen Verhältnisse im Kosmos und damit dessen kosmologische Strukturen als Entstehung und Evolution aus sich selbst heraus zu verstehen.

So gelangt KANT auf Grund der von ihm gegebenen Einheit zwischen Kosmogonie und Kosmologie zu einer in sich konsistenten physikalischen Theorie des Kosmos und seiner Unterstrukturen.

Bei dieser Einstellung zu den NEWTONschen „Prinzipien" ist es verständlich, daß er sich gegen die Kritik an der NEWTONschen Naturphilosophie wandte, die die Cartesianer wie auch LEIBNIZ geübt hatten. Zwar hatten diese ebenfalls wie KANT ein naturwissenschaftliches Weltbild gefordert, das Physik, Kosmologie und Kosmogonie in sich vereinigt. Auch hatten sie bereits nach den Anfangs- und Randbedingungen des wirklichen Kosmos gefragt. Hier waren es besonders KANT und LAMBERT, die zeigten, daß erst NEWTON, im Gegensatz zu den Cartesianern und LEIBNIZ (s. Einl. I), die wahren dynamischen Gesetze formuliert hatte. KANT, der sich mit den unmittelbaren physikalischen Vorgängen im Kosmos befaßte, stützte sich in seiner Kosmologie (und Kosmogonie) außer auf NEWTONS Prinzipien noch auf andere, damals bereits bekannte astronomische Entdeckungen, bzw. kosmologische und kosmogonische Anregungen seiner Zeit. Hier wäre die schon genannte Kosmologie des THOMAS WRIGHT zu nennen, die KANT nur als Rezension kannte.

KANT war selbstverständlich WRIGHT insofern weit überlegen, als WRIGHT seine Kosmologie mit vielen Beschaulichkeiten theologischer Natur verband und mit diesen sogar argumentierte. KANT, der den wirklichen Kosmos nur mittels des NEWTONschen Dynamismus darstellte, mußte deshalb notwendigerweise ein entschiedener Gegner solcher Anschauungen sein. Dies unterscheidet KANT auch wesentlich von LAMBERT, der in seiner Kosmologie neben den dynamischen Argumentationen gleichzeitig auch noch teleologische Argumente gleichberechtigt benutzte. Andere astronomische Entdeckungen und Grundlagen, außer WRIGHTS Schrift, waren besonders die Entdeckung der Eigenbewegungen der Sterne durch E. HALLEY[3]) und die morphologischen Untersuchungen über die Gestalt der Himmelskörper von P. L. M. MAUPERTUIS[4]). Besonders diese beiden Grundlagen waren es mit, die KANT zur Begründung einer Theorie des Milchstraßensystems sowie zu seinen Gedanken über die Sternsysteme und damit über den Aufbau des Kosmos und über dessen mögliche hierarchische Struktur anregten.

KANT beginnt seine Kosmologie einleitend mit einer Erklärung der Prinzipien der NEWTONschen Naturphilosophie. Er erläutert hierin die Bewegungsgesetze NEWTONS und ihre notwendige Ergänzung durch das NEWTONsche Gravitationsgesetz. Alle in sich konsistenten Systeme im Kosmos beruhen auf dem Gleichgewicht zwischen Zentripetal- und Zentrifugalkräften. Dies ist nach KANT unabhängig von der Größe der Systeme. Würde eine der beiden Kräfte nicht vorhanden sein, so ergäbe sich entweder ein zentrifugales Auseinanderstreben der Materie unter kräftefreier Trägheitsbewegung, bzw. die Gravitation allein würde den zentripetalen Kollaps jeder kosmologischen Struktur bewirken. Für die Selbstkonsistenz des Kosmos und damit auch seiner Unterstrukturen ist nach NEWTONS dynamischen Gesetzen zumindest eine Attraktionskraft und eine Repulsivkraft[5]) notwendig. Dieser widerspruchsvolle Aufbau des

---

3) HALLEY fand 1718 die Eigenbewegung der Sterne als Positionsänderungen durch Vergleich antiker Sternkataloge (HIPPARCH, PTOLEMÄOS) und den zu seiner Zeit modernen Sternkatalogen. So stellte er eine Verschiebung der Örter von Sirius, Prokyon und Arktur gegenüber der Ekliptik innerhalb der Zeitdifferenz (fast 2000 Jahre) der genannten Kataloge fest. Bei Sirius gelang sogar die Feststellung der Positionsänderung gegenüber den Messungen von TYCHO BRAHE.

4) MAUPERTUIS hat von 1720 bis 1750 mehrfach Beiträge zur Gestalt rotierender Himmelskörper gegeben. U. a. unternahm er 1736 eine Expedition nach Lappland, die der Untersuchung der Erdabplattung diente. KANT beruft sich vor allem auf die Abhandlung „Über die Figur der Himmelskörper" von 1732, in der MAUPERTUIS auch über die „Nebelsterne" (heute größtenteils extragalaktische Sternsysteme) diskutiert, die er als Rotationsellipsoide darstellt.

5) Die Möglichkeit einer Repulsivkraft wird im Rahmen der NEWTONschen Kosmologie von E. A. MILNE (1935) diskutiert [6]. Auch die von EINSTEIN [15] in seiner Gravitationstheorie zunächst eingeführte kosmologische Konstante

Kosmos, insbesondere der Widerstreit der beiden universell wirksamen Kräfte, ist ein Höhepunkt vormarxistischer Dialektik [20]. Beide Kräfte werden von NEWTON und KANT als kosmische Zentralkräfte aufgefaßt. Entsprechend diesen Zentralkräften, den NEWTONschen Axiomen und der Masse und Ausdehnung der kosmischen Strukturen werden damit auch die in den kosmischen Unterstrukturen auftretenden mittleren Geschwindigkeiten und ihre morphologische Gestaltung gegeben. Insbesondere kann man sagen, daß die universelle Gültigkeit der NEWTONschen Gravitation der Grund dafür ist, daß der physische Kosmos eine einheitliche Struktur mit Strukturelementen besitzt, die unter gleichen dynamischen Bedingungen entstanden sind und damit auch analoge Strukturgrößen aufweisen. Ausgehend von der universellen Gültigkeit der allgemeinen Gravitation gelangt KANT zu ganz modernen Schlüssen. So schreibt er im 1. Teil der „Allgemeinen Naturgeschichte", daß die Gravitationskraft der Sonne oder die eines Sternes bis ins Unendliche reicht. Bei der näheren Betrachtung dieses Problems, insbesondere über das Aufeinanderwirken der Sterne in einem Sternsystem, macht er die spezifische und begründete Annahme, daß die Gravitationskraft eines kosmischen Körpers (in diesem Fall also eines Sternes) in unmittelbarer Wechselwirkung mit den Gravitationskräften der ihn umgebenden anderen Körper (bzw. Sterne) steht.

Bezüglich der universellen Wirksamkeit der Gravitation gelangt KANT wohl als erster zu einer nichtmechanischen Raumauffassung, indem er die Struktur des physikalischen Raums durch die in ihm wirkenden physikalischen Kräfte erklärt.[6]) Leider

---

ist als eine universelle Repulsion zu verstehen. Im singularitätsfreien kosmogonischen Modell von KLEIN und ALFVÉN (1966) stellt der Strahlungsdruck ein Äquivalent zur KANTschen Repulsivkraft dar. Die Wechselwirkung zwischen Gravitation und Strahlungsdruck, der als universelle kosmische, der Gravitation entgegengesetzte Kraft wirksam ist, ergeben in Abhängigkeit von der Zeit durch Zerstrahlung von Materie und Antimaterie den kosmologischen Zustand und die Kosmogonie der Metagalaxis [13].

6) KANT erklärt dies im 2. Teil, 7. Hauptstück, seiner „Allgemeinen Naturgeschichte und Theorie des Himmels" so: „Die Anziehung ist ohne Zweifel eine eben so weit ausgedehnte Eigenschaft der Materie, als die Coexistenz,

hat KANT diese Auffassung nicht weiter verfolgt, sondern sogar während seiner „kritischen" Schaffensperiode wieder verworfen. Insgesamt blieb er daher bei der euklidischen Raumauffassung, die auch den NEWTONschen Ansichten zugrunde lag. Da die analogen Strukturelemente des Kosmos, und das sind, von Zufallsbedingungen bei der Entstehung dieser Elemente abgesehen, im wesentlichen alle, eine notwendige Folge der Axiome der NEWTONschen Dynamik sind, so sind sie aus nur wenigen Daten deduzierbar. Durch die Anregung, die KANT bei WRIGHT zu finden glaubte, nahm er die Milchstraße als ein Sternsystem „von Millionen oder Hunderte von Millionen von Sternen" an, das er ebenfalls wie sein Vorgänger auf Grund des NEWTONschen Dynamismus als linsenförmig ansah. KANT zog hier den Analogieschluß aus denselben kosmologischen Gründen, aus denen er sich den Aufbau des Sonnensystems dachte, indem ein rotierendes System von Millionen Sternen, das sich um ein Schwerezentrum bewegt, notwendigerweise sehr flach sein muß, da alle Strukturelemente des Systems untereinander im Zustand der „kleinsten Wechselwirkung" sein müssen. Den optischen Anblick der Milchstraße deutete KANT in der uns nun längst geläufigen Weise als Blick von einem Stern aus in Richtung zur Hauptebene des Systems.

Entsprechend der KANT bekannten KEPLERbewegungen der Himmelskörper und der von HALLEY entdeckten Eigenbewegungen der Sterne, schloß er auf eine differentielle Rotation des gesamten Sternsystems, als Folge der Abhängigkeit der Rotationsgeschwindigkeit von der Entfernung vom Milchstraßenzentrum. Daß die astronomisch festgestellten Eigenbewegungen nach HALLEY und BRADLEY so klein sind, erklärte KANT aus der großen Dimension des Sternsystems und den daraus folgenden großen Abständen zwischen den einzelnen Sternen.

---

welche den Raum macht, indem sie die Substanzen durch gegenseitige Abhängigkeiten verbindet, oder, eigentlicher zu reden, die Anziehung ist eben diese allgemeine Beziehung, welche die Theile der Natur in einem Raume vereinigt: sie erstrecket sich also auf die ganze Ausdehnung desselben, bis in alle Weiten ihrer Unendlichkeit."

Die Abschätzungen, die KANT über die Größe des Milchstraßensystems gibt, sind so angelegt, daß sie auch heute nach Kenntnis der wahren Größenverhältnisse insgesamt in einem adäquaten Verhältnis zu diesen stehen. So z. B. schätzt KANT den Radiusvektor der Sonne vom Milchstraßenzentrum auf einige Tausend Lichtjahre und ihre Revolution um das Milchstraßenzentrum auf einige Millionen Jahre; die Anzahl der Sterne im Sternsystem auf viele Millionen oder auch auf Hunderte von Millionen Sonnen.

Hierbei ist erstaunlich, und das entspricht nicht nur einem spekulativen Drang seiner Zeit, sondern vielmehr der Verallgemeinerung der NEWTONschen Physik auf die Kosmogonie unseres Sonnensystems, daß KANT unsere Sonne und ihr Planetensystem nur als Zustand eines Planetensystems schlechthin ansieht. Deshalb kommt er zu dem Schluß, daß alle kosmologischen Strukturen, wie z. B. die Sterne, ein System von Körpern bilden müssen, daß folglich jede Sonne, also jeder Stern, ein solches Planetensystem besitzt. Infolge der Allgemeingültigkeit der NEWTONschen Dynamik ist das Planetensystem für die Sonne notwendig und damit zugleich notwendig für jeden anderen Stern.

Auf Grund seiner Erkenntnis über das Milchstraßensystem und der Diskussionen, die MAUPERTUIS, HALLEY, HUYGENS und früher schon HEVELIUS über nebelhafte Sterne geführt haben, insbesondere aber über die schon genannte Arbeit von MAUPERTUIS, gelangt KANT zu der quantitativ richtigen Annahme, daß alle diese Gebilde ähnlich unserem Milchstraßensystem „Weltinseln“[7]) sind, die als notwendige Konsequenz der NEWTONschen Dynamik denselben strukturellen Aufbau wie das Milch-

---

[7]) Der Ausdruck „Weltinsel“ für große, zu unserer eigenen Galaxis adäquate Himmelskörper wurde wohl erstmals von A. v. HUMBOLDT im „Kosmos“, Band III, benutzt. HUMBOLDT vertritt wie GALILEI, DOMINICUS CASSINI und JOHN MICHELL [7] die Annahme, daß sich alle Nebelflecken bei Steigerung der optischen Leistung der Fernrohre in Einzelsterne auflösen lassen. Durch seine Annahme, daß die Nebelflecken dann sehr fernen Sternhaufen entsprechen würden, unterstützt er die Weltinsel-Theorie. HUMBOLDT hat sicher nicht recht, wenn er behauptet, KANT und LAMBERT hätten die Nebelflecken als „sternlose Nebelmassen“ angesehen, stattdessen fordern deren hierarchische Kosmologien geradezu selbständige Sternsysteme.

straßensystem besitzen. KANT ist damit der erste, der exakt die Existenz von Sternsystemen begründet. Selbstverständlich sind nicht alle „Nebelsterne" extragalaktische Sternsysteme. Quantitativ überwiegen aber die Sternsysteme die galaktischen Gasnebel erheblich.[8]) Die Unterscheidung zwischen galaktischen Sternhaufen, galaktischen Gas- oder Staubnebeln und den extragalaktischen Weltinseln war aber lange Zeit so schwierig, daß die Unterscheidung, ob ein „Nebelstern" eine „Weltinsel" ist oder nicht, genau genommen erst um 1925 durch HUBBLE [8] gelang, der sich ausdrücklich auf KANT beruft.[9]) Daß hierbei die früheren Beobachter (z. B. zu Zeiten KANTS) die Galaxien als verschiedenartig gestaltete nebelhafte Rotationsfiguren ansahen, erklärte KANT einmal durch die enorme Distanz zwischen den Weltinseln, die viel größer ist als die zwischen den Sternen, und zum anderen durch die Größe dieser Systeme selbst, so daß sie bei den großen Entfernungen trotzdem nicht als punktförmige Sterne erscheinen, und ferner noch durch die zufällige Orientierung ihrer Rotationsachsen zur eigenen Galaxis, wodurch die morphologisch verschiedenen Strukturen entstehen.

Aus der universellen Gültigkeit der NEWTONschen Gravitation folgert KANT in Form eines Analogieschlusses nun weiter, daß nach denselben dynamischen Gesetzen, nach denen sich die Begleitersysteme, wie z. B. die Planetensysteme, und die Weltinseln bilden, zur Selbstkonsistenz des Kosmos weitere dynamisch zusammenhängende Systeme notwendig sind. KANT nimmt hier die erst in diesem Jahrhundert entdeckten und besonders durch ZWICKY u. a. untersuchten Galaxienhaufen vorweg. Weiterhin folgert KANT, daß diese Galaxienhaufen aus dynamischer Begründung heraus nicht die letzten Struktureinheiten des

---

[8]) Im zur Zeit überschaubaren Kosmos wird die Anzahl der Sternsysteme auf mehrere 10^{11} geschätzt. Demgegenüber fällt die Anzahl der wolkenartigen Strukturen („galaktische Nebel") der interstellaren Materie kaum ins Gewicht.

[9]) In [8], S. 21 und 22, werden Textstellen aus den letzten Seiten des 1. Teiles der „Allgemeinen Naturgeschichte ..." zitiert, in denen KANT wegen der großen Entfernung der Sternsysteme die geometrische und morphologische Situation bei der Erforschung darlegt.

Kosmos sein können, sondern daß es auf Grund der Universalität der Gravitation und des NEWTONschen Dynamismus notwendig ist, eine unendlich hierarchische Folge von Struktureinheiten beim Aufbau des Kosmos anzunehmen. Die Systeme niederer Ordnung sind dann jeweils Elemente des Systems der nächsten Ordnung usw. Die Dimensionen der Systeme und ihre Abstände voneinander sowie die Zeitperioden ihrer Bewegung wachsen mit der Ordnungszahl der Struktureinheit in entsprechenden Proportionen an.

Zum 1. Teil (dem kosmologischen Teil) der „Allgemeinen Naturgeschichte und Theorie des Himmels" gibt KANT im 7. Kapitel des 2. Teils, der „Von der Schöpfung im ganzen Umfange ihrer Unendlichkeit, sowohl dem Raume, als der Zeit nach" handelt, eine Ergänzung. Er formuliert nämlich hier die Fragestellung, die er von LUCRETIUS und NEWTON übernommen hat, nach den Möglichkeiten und Bedingungen einer Selbstkonsistenz des nach mechanischen (NEWTONschen) Prinzipien aufgebauten Kosmos (siehe TREDER [9]). Auf Grund des vorher Gesagten über Universalität von Dynamik und Gravitation im Kosmos gelangt KANT notwendigerweise zu dem Resultat, daß eine Selbstkonsistenz nur dann möglich ist, wenn der Kosmos räumlich und zeitlich unendlich ist. LUCRETIUS und NEWTON hatten einen möglichen Kollaps des Kosmos als zeitliche Grenze seiner Existenz angesehen. KANTS Meinung hierzu ist, daß alle Unterstrukturen des Kosmos, ganz gleich welcher Größenordnung, aufgrund des allmählichen Verlustes an Bewegung infolge Umwandlung von Bewegungsenergie in Wärme, einen Gravitationskollaps erleiden müßten. Für jedes derartige System bestünde dann keine Stabilität mehr. Da die kinetische Energie abnimmt, würden die Bahnen um das gravische Zentrum immer enger.

Als notwendige Bedingung für einen unendlichen Kosmos, in dem die NEWTONsche Gravitation universell wirksam ist, nahm KANT nach einem nur einen „Augenblick" andauernden Zustand der homogenen Verteilung der kosmischen Massen durch eine zufällige Störung in einem lokal begrenzten Gebiet des Kosmos eine geringe Inhomogenität an. Diese definiert zunächst bei ihm ein Zentrum des Kosmos (im Sinne eines Schwerezentrums), obwohl selbstverständlich der unendliche

Raum keinen ausgezeichneten Ort besitzt. Nach TREDER [5] läßt sich KANTS Vorstellung über die kugelsymmetrische Dichteverteilung der kosmischen Massen analytisch so darstellen, daß bei ihr die Gesamtmasse

$$M = \int_V \varrho \, dV \quad \text{für} \quad V \to \infty \leftrightarrow M = 4\pi \lim_{r \to \infty} \int \varrho r^2 \, dr$$

der Welt unendlich groß ist, die Schwankungen des Gravitationspotentials φ gegenüber einem kosmischen Mittelwert $= \bar{\varphi}$:

$$\overline{\varphi - \bar{\varphi}} \sim r^2 \bar{\varrho}$$

aber über beliebige Entfernungen r beschränkt bleiben. Massendichte ϱ und Schwerkraft wachsen, gemäß diesen Vorgaben von KANT, mit der Annäherung an das „Zentrum" des Kosmos, und andererseits ist jedoch

$$\lim_{r \to \infty} \varrho, \varphi = 0 .$$

In KANTS kosmologisch-kosmogonischer Vorstellung entstehen daher Sterne und Sternsysteme zunächst in der Nähe dieses „Zentrums". Danach pflanzt sich dieser Kondensationsprozeß wie bei einer „Kettenreaktion" in immer weitere Entfernungen fort, wobei die Entstehung der älteren Sternsysteme jeweils Anlaß für die Bildung neuer übergeordneter Strukturen ist usw. Kosmologisch sieht der Raum um dieses Zentrum dann so aus, daß am Ort des Zentrums sich die kosmischen Strukturen der Hierarchie $n \gg 1$ befinden und dort die ersten Systeme bereits kollabieren, während sich in einem unendlichen Prozeß in wachsender Distanz von diesem Zentrum immer erneut weitere und damit junge Sterne, Sternsysteme sowie andere kosmische Überstrukturen bilden. Nach KANT ist damit der Prozeß der Entwicklung und damit der kosmologischen Gestaltung des Kosmos niemals abgeschlossen.

KANTS dynamische Konzeption der Evolution des Kosmos enthält im Ansatz im wesentlichen das, was um 1900 zuerst KELVIN und dann J. JEANS über die kosmogonische Bedeutung der Gravitationsinstabilitäten herausgearbeitet haben. KANTS Ideen schließen aber auch eine sich erst seit ein paar Jahrzehnten durchgesetzte Erkenntnis ein, daß die Entstehung der Sterne und Sternsysteme nicht ein einmaliges Geschehen während des „Urzustandes" des heute überschaubaren Kosmos ist, sondern einen noch heute und sicherlich auch in aller Zukunft stattfindenden Prozeß darstellt.[10])

KANT sieht auch den Kollaps der verschiedenen kosmischen Strukturen nicht als endgültiges Ende ihres Entwicklungsprozesses an. Statt dessen wird die Unendlichkeit des Kosmos und der in ihm enthaltenen schweren Massen garantieren, daß der Gravitationskollaps der kosmischen Strukturen selbst die Bewegung der Massen durch Auslösung von Expansionsvorgängen[11]) neu anstößt und damit die Möglichkeit zur Entwicklung neuer Strukturelemente gibt. Hier wird KANT von manchen Kritikern vorgeworfen, daß sein Kosmos eigentlich kein Evolutionskosmos mehr sei, da kosmologisch gesehen sich immer wieder nur die vorhergehenden Strukturen aufbauen würden. Dies ist eine Fehlinterpretation der Ansichten KANTS. Prinzipiell entwickeln sich nämlich bei ihm alle kosmischen Systeme nur quasi-zyklisch. Nach der KANTschen Kosmologie (und Kosmogonie) verändern sich räumlich und zeitlich ständig die kosmischen Strukturen. Hat einmal ein System einen Gravitationskollaps durchlaufen, dann findet seine Neubildung in einer sich ständig verändernden kosmischen Umwelt statt. Daher entwickelt sich auch der Kosmos als Ganzes, nach dem von KANT in seiner Kosmologie angeführten unendlich fortschreitenden Prozeß.[12])

---

10) LAPLACE gelangt 1796 in seiner „Exposition du système du monde" [10] zu ähnlichen Gedankengängen, indem er die Entstehung der Sterne aus verdichteten Nebeln erklärt. Von W. HERSCHEL beobachtete „Nebel mit leuchtenden Kernen" sieht er als die Geburtsstätten zukünftiger Sterne an.

11) V. A. AMBARZUMJAN und seine Mitarbeiter am sowjetischen Observatorium Bjurakan haben seit etwa zwei Jahrzehnten eine Vorstellung entwickelt, die implizit diesen Teil der KANTschen Kosmogonie enthält. Die Kosmogonie der kosmischen Strukturelemente wird vornehmlich durch Expansionsvorgänge und damit Fraktionierung überdichter und supermassiver, bis heute aber nicht entdeckter Körper bestimmt [11, 12].

12) Im Gegensatz zu der KANTschen Auffassung vertritt J. JEANS die Irreversibilität der thermodynamischen Entwicklung des Kosmos mit dem Maximum der Entropie als Endzustand nach CLAUSIUS (siehe z. B. [14]).

Hier zeigt sich wieder in KANTS Naturphilosophie die Einheit zwischen Kosmologie und Kosmogonie. Die räumliche Hierarchie kosmischer Systeme hat ihr Äquivalent in der Hierarchie kosmogonischer Prozesse. In KANTS Kosmos, der für ihn den realen Kosmos repräsentiert, ist kein kosmisches System physikalisch und historisch für sich völlig abgeschlossen. Vielmehr ist jedes System auch Element eines größeren Systems, in das es durch die Gravitationswechselwirkungen und den Strahlungsaustausch eingekoppelt ist, d. h. aber, daß auch jedes lokale Ereignis zugleich Ereignis für einen größeren Raumabschnitt ist. Die Entwicklung der Systemelemente beeinflußt die Raumstruktur und die Evolution des Gesamtsystems, während umgekehrt die Entwicklung eines Systems die sich ändernden physikalischen Bedingungen erzeugt, unter denen sich wiederum dessen Systemelemente entwickeln. Raum und Zeit bedingen im KANTschen Kosmos einander in dialektischer Wechselwirkung. Will man ein in sich konsistentes Bild vom Kosmos erwarten, dann muß die Welt als Ganzes, als Prozeß gesehen werden. Universalität und raumzeitliche Persistenz der dynamischen Gesetze kann sich nur in einem räumlich und zeitlich unendlichen Evolutionskosmos durchsetzen, dessen kosmologische Strukturen die dynamischen Gesetze in historischer Form realisieren (siehe auch TREDER [9]).

VIII. W. Herschels theoretische und empirische Untersuchungen zum Bau der Welt

LAMBERT benutzt für die Berechnung der Ausdehnung seiner kosmischen hierarchischen Strukturen die Parallaxe des Sirius, die er aus photometrischer Vergleichung dieses Sterns mit der Sonne erhält.

MICHELL [1] gebraucht für seine Untersuchungen über die Struktur der Milchstraße ebenfalls die Parallaxe des Sirius. Er findet sie unter photometrischer Zwischenschaltung des Saturns zu $\pi_s < 1''$. Je nach der um 1760 gemessenen Größe des Sirius findet MICHELL für die Sterne 6. Größe ein Intensitätsverhältnis von $I_s/I_6 \approx 4 \cdot 10^2$ bis $1 \cdot 10^3$.

Diesen würden Parallaxen entsprechen von

$$0''.05 \geqq \pi_6 \geqq 0''.03\,.$$

Aufbauend auf dieser photometrischen Untersuchung behauptet nun MICHELL[1]), daß die Anhäufung der Sterne zu Sternbildern und anderen Strukturen am Himmel keine Zufallserscheinungen sind, obgleich die Zuordnung der Sterne zu Sternbildern sicherlich stark von menschlicher Willkür abhängt. Bei augenscheinlichen Sterngruppen scheinen deren Mitglieder auf jeden Fall physisch zusammenzugehören. Das heißt aber, MICHELL nimmt solche Sterngruppen am Himmel als Unterstrukturen der Galaxis an. Er beweist dies zunächst an Doppelsternen, wie α^1 und α^2 Capricorni, für die er eine Wahrscheinlichkeit $p = 1/80$ errechnet, daß ihre Nähe an der Sphäre nur das Ergebnis einer zufälligen Verteilung sei. Für die 6 hellsten Plejadensterne beträgt diese Wahrscheinlichkeit nur $p = 1 \cdot 10^{-6}$. Auf Grund solcher Untersuchungen über das Verhältnis der optischen zu den physischen Doppelsternen hält es MICHELL für sehr wahrscheinlich, daß auch die Sonne zusammen mit $350 < n < 10^3$ Mitgliedern einen physischen Sternhaufen in der Galaxis bilden. MICHELL ist damit einer der ersten, der die kleineren Unterstrukturen der Galaxis, wie Doppelsterne und Sternhaufen, sowohl durch Beobachtungen wie auch durch theoretische Interpretation zu ergründen versuchte.

W. HERSCHEL führt nun unter anderem ähnliche Untersuchungen wie MICHELL aus. RISTENPART [3] bemerkt dazu und zu den kosmologischen Arbeiten von KANT und LAMBERT[2]):

---

[1]) HERSCHEL [2] verweist in seiner Diskussion der kosmischen Strukturen ebenfalls auf MICHELLs statistische Untersuchungen (S. 145).

[2]) In einer historischen Studie über die Natur der Spiralnebel [16] bezeichnet J. D. FERNIE die „Spekulationen" SWEDENBORGS, KANTS und LAMBERTS als klein gegenüber HERSCHELS Werk. Dies ist aber eine Fehlinterpretation der Arbeiten von KANT und LAMBERT, da diese in ihren sämtlichen Details auf der NEWTONschen Physik aufbauen, also gar nicht spekulativ sind. Diese Arbeiten wegen einiger beschaulicher Textstellen als spekulativ zu bezeichnen, hieße, den wirklichen Inhalt nicht verstanden zu haben. Außerdem ist es immer schwierig, rein theoretische Arbeiten (wie die von KANT und LAMBERT) mit empirisch-theoretischen (HERSCHEL) zu vergleichen. Beide befaßten sich zwar mit demselben Forschungsgegenstand, jedoch sind die Forschungsmethoden verschieden.

„Und doch bei aller theilweisen Anerkennung, die wir den Ansichten der genannten haben zollen können, welch ein Unterschied zwischen ihnen und dem nächsten in der Reihe der Erforscher des Weltgebäudes, WILHELM HERSCHEL, dem Astronomen von Slough. Jene combinirten bekanntes zu theils nur geistvollen, theils richtigen Hypothesen. Dieser stellte zum ersten Male umfangreiche Beobachtungsreihen an, um auf Grund solcher neu gewonnenen Thatsachen ein weit sichereres Gebäude aufzuführen und schuf sich die dazu nöthigen Instrumente mit eigener Hand."

Unter dem hier genannten „Gebäude" verstand man lange Zeit — so im wesentlichen auch bei RISTENPART — die Milchstraße. Die Tatsache, daß die Erforschung der Struktur des Kosmos eng mit der Entwicklungstheorie der kosmischen Objekte verbunden ist, ist leider ein Stück unseres astronomischen Erkenntnisprozesses, der auch im 19. Jahrhundert noch auffallend langsam voranschritt. Dabei stellten sich die Vertreter des kosmischen Evolutionsgedankens kein ad-hoc-Ziel; sie versuchten vielmehr zu erklären, welche Eigenschaften und Prozesse der physikalischen Materie immanent sind, um die Strukturen des realen Kosmos zu erzeugen. D. B. HERRMANN [4] erklärt hierzu:

„So ist es auch nicht zufällig, daß Struktur und Entwicklung bei KANT in einem Werk in enger gegenseitiger Bezugnahme untersucht werden; und es ist nur folgerichtig, wenn der erste Empiriker der Struktur des Weltalls, F. W. HERSCHEL, gleichzeitig auch als der erste Empiriker des Entwicklungsgedankens in der Astronomie auftritt."

Bei seinem Vorhaben, den Bau des Universums zu ergründen, ging HERSCHEL zunächst daran, sich ein genaues Bild von der Verteilung der Sterne an der Sphäre zu verschaffen. Da sich HERSCHEL bewußt war, daß sich aus einer solchen Verteilung nichts über die räumliche Struktur des Sternsystems aussagen läßt, hatte er den richtungsweisenden Gedanken, die scheinbaren Helligkeiten der Sterne bei seinen Messungen mit zu berücksichtigen. Er ging dabei von der zu seiner Zeit üblichen Annahme aus (wie z. B. auch WRIGHT), daß die absoluten Helligkeiten der Sterne im wesentlichen gleich seien, so daß die scheinbaren Helligkeiten proportionale Beziehungen zu den Entfernungen der Sterne haben. HERSCHEL wurde damit zum Begründer der Stellarstatistik, die sich im 20. Jahrhundert mit ganz ähnlichen Methoden den von ihm gestellten Fragen erneut zuwandte, selbstverständlich jetzt mit dem neuesten Erkenntnisstand, insbesondere auch, was die absoluten Helligkeiten der Sterne anbelangte.

Die von HERSCHEL angewandte Methode, die er „Stern-Aichungen" (star-gaugings) nannte, bestand darin, daß er die Anzahl der Sterne bestimmte, die sich während einer vorgegebenen Zeit durch das Gesichtsfeld von 15′14″ Durchmesser seines 18,7-inch-Spiegels (Brennweite 20 Fuß, entsprechend 6,1 m) bewegten. Die Grundidee, die HERSCHEL später selbst als lückenhaft erkannte, war die: Falls die Sterne alle gleichförmig im Raum verteilt sind, und falls das angewandte Fernrohr bis zur äußersten Grenze des Milchstraßensystems vordringt, so sind im Gesichtsfeld des Fernrohrs alle darin sichtbaren Sterne in einem Kegel enthalten, dessen Spitze im Auge liegt und dessen Öffnungswinkel eine Konstante ist, und zwar gleich dem Durchmesser des Gesichtsfeldes. Die Höhe der Kegel wird aber sicherlich veränderlich sein, wenn man nicht annehmen will, daß das Milchstraßensystem zufällig eine Kugel ist, in derem Zentrum sich die Sonne befindet. Die Anzahl der infolge der Voraussetzung gleichförmig in einem solchen Kegel verteilten Sterne würde der 3. Potenz seiner Höhe bzw. der Entfernung der Kegelquerschnitte proportional sein. Somit ergibt die Methode der „Stern-Aichungen" mit dem nach verschiedenen Stellen der Sphäre gerichteten Teleskop die Entfernung der Grenzen des Milchstraßensystems an der beobachteten Stelle. Nun entspricht das Gesichtsfeld des von HERSCHEL benutzten Spiegelteleskops dem 833000. Teil der gesamten Sphäre. Jedoch selbst in der Zone, wo HERSCHEL ausschließlich beobachtete, nämlich zwischen —30° und 45° Deklination, wären über 500000 Gesichtsfelder erforderlich gewesen, um die gesamte Zone beobachten zu können. HERSCHEL begnügte sich deshalb mit etwa 3400 Stichproben, die er in 683 Mitteln vereinigte, indem er nahestehende Felder zusammenzog. Ein Mangel haftete vielleicht diesen Stichproben von vornherein an, da sie von HERSCHEL nicht äquidistant angelegt waren. Die Beschränkung auf die genannte Zone erschien HERSCHEL ausreichend, da sie sowohl den galaktischen Nordpol wie die Milchstraße selbst in guter Ausdehnung enthält. HERSCHEL beschreibt seine Methode ausführlich in der Aufgabe, die er seinen „Stern-Aichungen“ in seiner zweiten Arbeit in „Über den Bau des Himmels“ [2] nachstellt. Die Theorie hierzu begründet er aber bereits in der ersten Arbeit von [2].

Die Gestalt der Milchstraße untersucht HERSCHEL nun in einem Schnitt, der 35° gegen den Himmelsäquator geneigt ist, und seine Knoten mit ihm bei der Rektaszension $\alpha = 8{,}3$ Stunden $= 124^\circ\!,5$ und $\alpha = 20{,}3$ Stunden $\triangleq 304^\circ\!,5$ hat. In diesem Schnitt liegen im wesentlichen die Sternbilder Eridanus, Lepus, Monoceros, Hydra, Leo, Coma Berenice, Canes Venatici, Bootes, Corona Borealis, Herkules, Aquila, Aquarius und Piscus Austrinus. Die entsprechenden Radiusvektoren, d. h. die dritten Wurzeln der Anzahl der Sterne in den betrachteten Kegeln, trägt nun HERSCHEL in seiner bekannten Abbildung 4 (hier Abb. 7) vor, die diesen etwa zur Milchstraßenebene senkrechten Schnitt der Galaxis wiedergibt. Die Sonne hat HERSCHEL ungefähr in der Mitte des Systems angeordnet, was bei ihm aber nur eine Frage des Standortes des Beobachters war. HERSCHEL wandte sich grundsätzlich gegen die Auffassung, die Sonne würde einen ausgezeichneten Ort in der Galaxis einnehmen, wie bereits in der ersten Arbeit von [2] (siehe Textauszug S. 259 diskutiert.[3])

Ähnlich wie bei WRIGHT, KANT und LAMBERT erscheint auch bei HERSCHEL das Modell der Milchstraße als ein verkleinertes Ebenbild der Wirklichkeit. HERSCHEL bestätigt zum erstenmal empirisch die Scheibenstruktur des Milchstraßensystems. Er begründet die uns heute geläufige Tatsache, daß das Milchstraßensystem keine glatte diskusförmige Scheibe ist. Seine Abbildung läßt vielmehr erkennen, daß die Milchstraße ein strukturiertes und mit Armen versehenes System ist. HERSCHEL begründet das bereits in seinem ersten Werk [2] anhand der Abbildung 16 (hier Abb. 6). Er setzt zunächst Parallelebenen voraus und erläutert an ihnen, was ein Beobachter wahrnimmt, der von einer

[3]) Trotzdem gab es zu HERSCHELS Zeiten bis in die erste Hälfte des 19. Jahrhunderts immer noch Diskussionen über die Zentralsonne der Galaxis. So verstand z. B. MÄDLER [8] unter diesem Begriff jenen Fixstern, der dem gravischen Zentrum der Galaxis am nächsten steht, ohne es infolge seiner geringen Masse selbst zu sein. MÄDLER wollte vielmehr die Zentralsonne zur Beobachtung der wahren Bewegungen im Sternsystem benutzen.

Ebene zur anderen blickt. Sodann wendet er diese Verallgemeinerung auf Sternschichten an, die unregelmäßig begrenzt sind und nach verschiedenen Richtungen in den Raum reichen.

Die Dimensionen des Systems gibt HERSCHEL in Siriusweiten an. Dieses Entfernungsmaß, das HERSCHEL mit 40000 Durchmesser der Erdbahn annimmt, war in der damaligen Astronomie sehr gebräuchlich, da absolute Fixsternentfernungen infolge der immer noch fehlenden trigonometrischen Parallaxen unbekannt waren. Die Siriusweite von 8,8 Lichtjahren war also auch noch zur Zeit HERSCHELS die astronomische Einheitsentfernung. Die Längsachse des Sternsystems in der HERSCHELschen Abbildung 4 beträgt 850 Siriusweiten, die dazu senkrechte kleine Achse 155, so daß sich ein Verhältnis der beiden Achsen von 11:2 ergibt. Die größte Entfernung von der Sonne bis zur Grenze des Systems liegt in der Richtung des Sternbildes Adler, wo die beiden Milchstraßenarme sich 497 bzw. 420 Siriusweiten in den Raum erstrecken. Erst 220 Siriusweiten von der Sonne entfernt vereinigen sich die beiden Äste zur Scheibe. Auf der entgegengesetzten Seite ist die Grenze der Milchstraße im Großen Hund nur 352 Siriusweiten entfernt. Der Durchmesser des Systems entspräche dann etwa 7500 Lichtjahren. Das heißt, es ist gegenüber der uns heute bekannten Wirklichkeit auf $^1/_{13}$ verkleinert. Das Verhältnis der beiden Achsen entspricht aber durchaus unseren heutigen Vorstellungen.

Doch HERSCHEL genügte dieses Ergebnis nicht. Er hatte auch die Grenzen seiner Methode erkannt, deshalb baute er sie schrittweise weiter aus. Das Ergebnis ist zum Teil noch in der zweiten und dritten Arbeit von [2] enthalten sowie in 10 weiteren Abhandlungen, die er zwischen 1791 und 1818 veröffentlichte. So entwickelte er „das Prinzip der Lichtgleichstellung". Um die scheinbare Helligkeit der Sterne mit hinreichender Genauigkeit messen zu können, beobachtete er mit zwei Spiegelteleskopen, von denen er sich zuvor vergewisserte, daß sie einen vorgegebenen Stern gleich hell abbilden. Bei definierter Abblendung des einen Spiegels suchte HERSCHEL dann Sterne, deren Helligkeit mit der anderer im unabgeblendeten Spiegel übereinstimmte. So konnte er mittels dieser Methode Intensitätsbestimmungen durchführen (siehe Beschreibung bei D. B. HERRMANN [4]). Verständlicherweise war diese Methode der Sternphotometrie noch viel aufwendiger als das bloße Abzählen der Sterne. Nun konnte HERSCHEL bei seinen späteren Eichungen die Sterne nach Helligkeitsklassen abzählen.

In seinen weiteren Arbeiten erkannte HERSCHEL, vor allem seit ihm auch sein 40füßiges Teleskop zur Verfügung stand, daß er weder die Sterne als gleichförmig verteilt annehmen dürfte, noch daß er mit seinen Fernrohren bis zu den Grenzen der Milchstraße vordringen könnte. Schon in seinem Teleskop von 20 Fuß Brennweite war er auf mehrere Stellen in der Milchstraße gestoßen, bei denen es ihm nicht gelang, sie in einzelne Sterne aufzulösen. Auch für das größere Teleskop blieben diese Stellen unauflösbar. HERSCHEL schloß daraus, daß seine Fernrohre nicht in der Lage waren, den Raum bis zu jenen Sternen zu durchdringen. Das Milchstraßensystem ist in seiner größten Ausdehnung so groß, daß selbst in seinem größten Fernrohr die einzelnen Sterne sich nicht voneinander lösen ließen. HERSCHEL gelangt deshalb zu der Abschätzung, daß die weitesten Gebiete des Milchstraßensystems, die noch auflösbar sind, etwa 600 Siriusweiten von uns abstehen. Die unauflösbaren Gebiete liegen dann noch hinter dieser Grenze.

HERSCHEL befaßte sich auch mit der Frage der Bewegung der Sonne um das Schwerezentrum der Milchstraße. Er war daher auch der erste, der sich empirisch mit der Rotation unseres Sternsystems befaßte. LAMBERT hatte schon in seinen „Cosmologischen Briefen“ die Vermutung ausgesprochen, daß sich unsere Sonne mit einer großen Anzahl demselben Haufen angehörender Sterne um einen gemeinschaftlichen Schwerpunkt drehen würde. Die Folge wäre dann, daß sich die wirklichen Bewegungen der Sterne mit den wirklichen Bewegungen unserer Sonne kombinieren werden und so die in den Beobachtungen sich zeigenden scheinbaren Bewegungen der Fixsterne als deren Eigenbewegungen entstehen. Aus einem systematischen Anteil der Eigenbewegungen könne man dann auf die Pekuliarbewegung der Sonne schließen. LAMBERT vermutete auch, daß es möglich sei, bei genügend großer Dauer der Beobachtung die Richtung anzugeben, nach der sich die Sonne bewegt. HERSCHEL gelang es 1783 [6], einen systematischen Bestandteil in den Eigenbewegungen der Sterne festzustellen, aus dem er auf eine Pekuliarbewegung der Sonne in Richtung zum Sternbild Herkules, dem sogenannten Apex, schloß. Da ihm nur 13 Sterne zur Verfügung standen, war das Ergebnis noch nicht sehr gesichert.

Herschels Verdienst ist nun aber nicht nur die Erforschung der Milchstraße. Bereits seine ersten Arbeiten sowie auch noch seine letzten Arbeiten befassen sich mit dem Aufbau des Kosmos im Großen und mit der Evolution der kosmischen Strukturen. Herschel setzte seine großen Teleskope zur systematischen Durchmusterung des Himmels nach „Nebelflecken" ein, von denen er bis zum Jahre 1802 in seinen Verzeichnissen 2508 Objekte katalogisiert hatte [9]. Dies ist für die damalige Zeit außerordentlich viel, wenn man bedenkt, wie schwerfällig seine Teleskope zu bewegen waren, und daß er das Problem als erster großer Empiriker anfaßte. Das Material, das bislang von früheren Astronomen erarbeitet worden war, erscheint dagegen sehr spärlich. So umfaßt der von Ch. Messier zusammengestellte Katalog nur 103 dieser Objekte (siehe z. B. Vehrenberg [10]). Herschel stellte nun sofort fest, daß sich die Nebelflecken in vielfältigen Formen darstellten. Über ihre physikalische Struktur konnte mittels visueller Beobachtungen wenig ausgesagt werden: Viele Nebelflecken hatten die Gestalt von Rotationsfiguren, manche erschienen irregulär, andere stellten Sternhaufen dar. Zwischen ihnen schien es Übergangsformen zu geben. Herschel klassifizierte nun diese Nebelflecken nach ihrer morphologischen Struktur, insbesondere auch, ob man noch Sterne in ihnen erkennen konnte, d. h., ob sie also ferne Sternhaufen waren oder ob sie nebelhafte Gebilde darstellten, wie z. B. Sternsysteme oder galaktische Nebel. Auf Grund einer früheren Abschätzung in seiner zweiten Arbeit [2] gelangt er zu der Aussage, daß die Entfernung eines Nebelfleckes, in dem man keine Sterne mehr erkennen kann, in mindestens 6000 bis 8000 Siriusweiten angenommen werden muß, oder mit anderen Worten, die uns nächsten extragalaktischen Sternsysteme würden dann mindestens in rund 50000 bis 70000 Lichtjahren Entfernung stehen. Damit gelangt Herschel entsprechend seiner Größenangaben über unsere Galaxis auch zu einer verkleinerten Darstellung des uns umgebenden Kosmos, wobei der Verkleinerungsfaktor etwa dem des Milchstraßensystems entspricht.

HERSCHELS Kosmos ist nun im wesentlichen eine Sternhaufenwelt. Schon die Milchstraße dachte er sich ganz im LAMBERTschen Sinne aus Sternhaufen aufgebaut. Die extragalaktischen „Nebel" waren für ihn ferne Milchstraßensysteme, die aber ebenfalls wie Sternhaufen aufgebaut waren. In seiner dritten Arbeit [2] befaßt sich auch HERSCHEL mit den Fragen, welche Kräfte es sind, die den Kosmos in sich konsistent machen. Er gelangt wie seine Vorgänger LAMBERT und KANT zu dem gleichen Schluß, nämlich, daß es die kosmischen Zentralkräfte Attraktion und Repulsion sind, die die Selbstkonsistenz des Kosmos bewirken. HERSCHEL gelangt demzufolge auf empirischem Wege zu ganz erheblichen Teilaspekten der auf der NEWTONschen Physik basierenden KANTschen und LAMBERTschen Theorien. So ist es auch zu verstehen, daß der deutschen Übersetzung seines Werkes „Über den Bau der Welt" [2] als Anhang ein authentischer Auszug aus KANTS „Allgemeiner Naturgeschichte und Theorie des Himmels" beigefügt wird. Dieses Werk KANTS, das bis zu diesem Zeitpunkt fast unbekannt geblieben war, gelangte damit zum erstenmal in die Öffentlichkeit.

Die Klassifikation seiner „Nebelflecken" hat HERSCHEL im Laufe der Untersuchungen mehrere Male abgeändert. Er verfolgte dabei das Ziel, eine solche Anordnung zu finden, die es ermöglichte, die morphologischen Merkmale als natürliche Entwicklungsfolge dieser Objekte zu sehen. HERSCHEL war nämlich der festen Überzeugung, daß die kosmisch verschiedenen Strukturen nicht nur eine Widerspiegelung der natürlichen kosmischen Hierarchie, etwa im Sinne LAMBERTS, sind, sondern daß es sich hier gleichermaßen um Objekte handelt, die uns verschiedene kosmische Evolutionsstufen repräsentieren. Kosmische Hierarchie einerseits und kosmische Evolution andererseits waren für HERSCHEL ganz im Sinne KANTS adäquate Bestandteile eines in sich konsistenten Kosmos. Vielleicht stand HERSCHEL in seiner Kosmologie LAMBERT etwas näher als KANT, aber in seiner Kosmogonie war er auf jeden Fall KANT näher als LAMBERT. Um verfolgen zu können, warum der Kosmos so aufgebaut ist, wie wir ihn heute wahrnehmen, welche Evolution zu den heutigen Strukturen führt, teilte HERSCHEL in dem 1802 veröffentlichten Nebelkatalog [9] die beobachteten Objekte in 12 Klassen. Anfangs stehen die Einzelsterne, ihnen folgen Doppel- und Mehrfachsterne, dann Sterngruppen in der Reihenfolge fortschreitender Verdichtung bis zu Sternhaufen, dann die Nebel, in denen er, wie eben gesagt, große Sternhaufen oder Systeme von Sternhaufen ähnlich unserem Milchstraßensystem vermutet, und an den Schluß werden die Nebelsterne und die planetarischen Nebel gesetzt, die noch heute wegen ihres scheibenähnlichen Aufbaus den von HERSCHEL geprägten Namen (Planetary Nebulae) besitzen. Ähnlich KANT nimmt HERSCHEL diese Klassifikation als Stadien fortschreitender Entwicklung an, ist sich jedoch nicht sicher, wie er die Nebelsterne und planetarischen Nebel einzuordnen hat. Da er die universelle Gültigkeit der NEWTONschen Dynamik voraussetzt, diskutiert er die kosmische Wirkung der Zentralkräfte Attraktion und Repulsion. So gelangt er zu dem sowohl kosmologisch wie kosmogonisch wichtigen Schluß, daß sich unter ihrer Wirkung die Einzelsterne zu mehrfachen und dann zu Gruppen zusammenschließen, um später einen Sternhaufen mit zunehmender Verdichtung zu bilden. In der durch die Gravitation bedingten enormen Konzentration der Sterne in den großen kosmischen Strukturen, wie z. B. dem Milchstraßensystem, deutet sich zugleich das Ende solcher Objekte (ähnlich wie bei KANT) an. HERSCHEL diskutiert auch die Möglichkeit der Bildung kosmischer Strukturen durch den Zerfall sehr massereicher Körper, wie z. B. großer Sternsysteme. Dies sind dynamisch interessante Schlüsse, die zeigen, daß HERSCHEL sich die Struktur des Kosmos durch dessen innere Widersprüche zwischen Attraktion und Repulsion entstanden denkt und darin auch die Historizität des Kosmos sieht. Erst in der jüngsten Zeit ist die Hypothese von der Fragmentation supermassiver kosmischer Körper wieder durch AMBARZUMJAN [7] aufgenommen worden.

Aus der von HERSCHEL auf empirischem Wege gewonnenen statistischen Verteilung der verschiedenen Körper (Sterne, Sternhaufen, extragalaktische „Nebelflecken") im Weltraum sowie der Wechselwirkung der Zentralkräfte folgert HERSCHEL ein aus Sternen bestehendes extragalaktisches Medium zwischen den Sternsystemen. Auch mit dieser Hypothese eilte er seiner Zeit weit voraus. Erst in der Mitte dieses Jahrhunderts wurde die Suche nach intergalaktischer Materie erneut aufgenommen und z. B. von ZWICKY [12] und HOFFMEISTER [13] die Anwesenheit von Gas und Staub im Innern von Galaxienhaufen oder in der Nähe von Galaxien als wahrscheinlich angesehen.

HERSCHEL untersuchte eine Anzahl Sterne, die von Nebeln umgeben waren [11] und die er miteinander in einem physikalischen Zusammenhang sah. Deshalb gelangte er zu der Feststellung, daß es zwischen den Sternen im Milchstraßensystem offenbar fein verteilte Materie gibt. Seine Folgerung war, daß ein Stern sich aus der Verdichtung solcher nebelförmigen Materie entwickeln könnte und damit die interstellare Materie der Urstoff für die Bildung der Sterne sei.

Leider gab es während des 19. Jahrhunderts nur wenige Astronomen, die HERSCHELS Wegen folgten. Eine direkte Weiterführung der Sterneichungen für den südlichen Himmel nahm sein Sohn JOHN HERSCHEL[4]) vor [15]. W. STRUVE[5]) führt auf der Grundlage besseren Beobachtungsmaterials nach W. HERSCHELS Methode umfangreiche Untersuchungen über den Bau des Himmels durch. Noch während HERSCHEL seine gesamte Kosmologie ausarbeitete, publizierte P. S. LAPLACE [14] 1796 seine berühmte Kosmogonie, in der er auch die Möglichkeit der Entstehung von Sternen durch Verdichtung interstellarer Materie vermutet. Nach D. B. HERRMANN [4] hat LAPLACE in seiner Kosmogonie bereits Resultate W. HERSCHELS verarbeitet und verallgemeinert.

Insgesamt gesehen hat HERSCHEL mit seinen Ideen zur Kosmologie und Kosmogonie nur wenig Anerkennung in seiner Zeit gefunden. HERSCHELS Gedanken eilten den Möglichkeiten der damaligen Forschung weit voraus. Die zeitgenössische Astronomie steckte tief in den Unternehmungen der klassischen Astronomie. Die Mechanik der Bewegung der Himmelskörper war bedeutend

---

[4]) J. HERSCHEL katalogisierte in [15] 2307 von ihm aufgefundene Objekte. J. L. E. DREYER führte J. HERSCHELS Werk weiter und gab 1888 den „New General Catalogue of Nebulae and Clusters of Stars“ heraus.

[5]) Eine erste Anmerkung über diese Arbeiten macht W. STRUVE in der Einleitung zu seinem „Catalogus novus stellarum duplicium 1827“.

naheliegender. Solche Forschungen bewegten sich ganz auf dem Boden der Mathematik und der klassischen Mechanik. Somit war die Astronomie in der bürgerlichen Gesellschaft des frühen 19. Jahrhunderts adäquates Glied zur technischen Mechanik der Wirtschaft, und die Förderungen von ihrer und von staatlicher Seite blieben nicht aus.

„So wurden Himmelsmechanik und Positionsastronomie zu den beherrschenden Teildisziplinen der Astronomie an der Wende zum 19. Jahrhundert, während die Fragen der Struktur und Entwicklung des Weltalls einstweilen noch Randprobleme blieben" (D. B. HERRMANN [4]).

Auch waren die Gedanken HERSCHELS in bezug auf die zeitgenössische Forschung sehr progressiv. Deshalb gab es kein gesellschaftliches Interesse an einer Durchsetzung des Evolutionsgedankens. Überall, wo der Feudaladel noch seine Machtpositionen besaß, versuchte er diese mit dem Hinweis zusammenzuhalten, die einmal geschaffene Welt sei ewig unveränderlich. Nun sollte sogar ganz wie in KANTS Theorie die göttliche Weltschöpfung im Großen durch die der physikalischen Materie immanenten Kräfte entstanden sein und sich unter dem Einfluß ihrer Gesetze in einem ständigen Prozeß befinden, der den realen Kosmos und seine Strukturen so gebildet hat, wie wir ihn sehen, und zugleich ihn aber auch ständig verändert.

Literatur

Literatur zu Einleitung I

[1] Leben und Tod Johann Heinrich Lambert's. In: Skizzen aus dem Leben und Karakter großer und seltener Männer unserer und älterer Zeiten. Quedlinburg und Blankenburg 1785. Es ist dies die wahrscheinlich von G. CHR. LICHTENBERG verfaßte LAMBERT-Biographie, die hier anonym abgedruckt ist und sich auch in [6] befindet.

[2] A. HARNACK, Geschichte der Königlich Preussischen Akademie der Wissenschaften zu Berlin. 1. Band, 1. Hälfte. Berlin 1900.

[3] K. BOPP, Lamberts Stellung zum Raumproblem und seine Parallelentheorie in der Beurteilung seiner Zeitgenossen. Sitzungsberichte der bayrischen Akademie der Wissenschaften, math.-naturwissensch. Klasse, 1914.

[4] P. STÄCKEL, Die Theorie der Parallellinien von Euklid bis auf Gauß. Leipzig 1895.

[5] R. WOLF, Geschichte der Astronomie. München 1877.

[6] J. H. LAMBERT, Schriften zur Perspektive. Herausgeg. von M. STECK. Berlin 1943.

[7] J. H. LAMBERT, Cosmologische Briefe über die Einrichtung des Weltbaues. Augspurg 1761.

[8] J. H. LAMBERT, Photometria sive de mensura et gradibus luminis, colorum et umbrae. 1760. Deutsch herausgeg. v. E. ANDING, Lambert's Photometrie. Leipzig 1892.

[9] E. SWEDENBORG, Principia rerum naturalium sive novorum tentaminum phaenomena mundi elementaris philosophice explicandi. Dresden u. Leipzig 1734. Davon Auszüge und Erläuterungen von M. NYRÉN, Über die von Emanuel Swedenborg aufgestellte Kosmogonie. In: Vierteljahrsschrift der Astron. Gesellsch. **14**, 80 (1879).

[10] I. KANT, Briefwechsel von Immanuel Kant in drei Bänden. 1. Band. Herausgeg. v. H. E. FISCHER. München 1912.

[11] P. BERGER, Johann Heinrich Lamberts Bedeutung in der Naturwissenschaft des 18. Jahrhunderts. Dissertation Universität Hamburg 1957.

[12] J. KEPLER, Astronomiae Pars Optica. 1604.

Literatur zu Einleitung II

[1] E. J. DIJKSTERHUIS, Die Mechanisierung des Weltbildes. Berlin, Göttingen, Heidelberg 1956.
[2] G. JACKISCH, Copernicus und die Newtonsche Mechanik. Colloquia Copernicana. Bd. IV, 219. Ossolineum 1975.
[3] NICOLAI COPERNICI TORINENSIS. De Revolutionibus orbium celestium. Libri VI. Norimbergae apud JOH. PETREIUM. MDXLIII. Ed. J. MÜLLER, Leipzig 1965.
[4] N. COPPERNICUS, Über die Kreisbewegungen der Weltkörper. Übersetzt u. m. Anmerkungen v. C. L. MENZZER. Thorn 1879.
[5] G. GALILEI, Sidereus nuncius. Venedig 1610.
[6] J. KEPLER, Epitome Astronomiae Copernicanae. 1618. In: Opera Omnia. Bd. VI. Ed. CH. FRISCH. Frankfurt und Erlangen 1866.
[7] W. VALENTINER, Handwörterbuch der Astronomie. Bd. IV. Leipzig 1902.
[8] CHR. HUYGENS, Kosmotheoros. Den Haag 1699.
[9] I. NEWTON, Philosophiae naturalis principia mathematica. (1687, 1713, 1726). Bd. I u. II (ed. A. KOYRÉ u. L. B. COHEN). Cambridge 1972.
[10] G. JACKISCH, Die Bedeutung Isaac Newtons für die Astronomie. Astronomie in der Schule, **14**, 8 (1977).
[11] H.-J. TREDER, Beitrag über Newton im Lexikon über Philosophen. In Erscheinung begriffen.
[12] G. JACKISCH, Einige wissenschaftliche und erkenntnistheoretische Aspekte der Zeit Isaak Newtons und ihre Auswirkungen bis in die Gegenwart. In: Nicolaus Copernicus. Herausgegeben von J. HERRMANN. Akademie-Verlag Berlin 1973.
[13] M. A. DYNNIK u. a., Geschichte der Philosophie. Bd. 1. Kapitel 5/6. Berlin 1959.
[14] I. NEWTON, Opticks. Dover Publications, Inc. 1952. Nachdruck der 4. Auflage von 1730.
[15] J. KEPLER, Harmonices Mundi. Linz 1619.
[16] J. KEPLER, Prodromus Dissertationum Cosmographicarum, continens Mysterium Cosmographium. Tübingen 1596.
[17] J. KEPLER, Astronomia Nova. 1609.
[18] H.-J. TREDER, Copernicus und die Ansätze zu einer Himmelsmechanik bei Kepler und Descartes. In: Nicolaus Copernicus. Akademische Festschrift aus Anlaß der 500. Wiederkehr des Geburtstages von Nicolaus Copernicus. Berlin 1973.
[19] W. VOSS, Eine ältere Schrift über die Milchstraße. Die Sterne **4**, 54 (1924).

Literatur zu Einleitung III

[1] G. JACKISCH, Einige wissenschaftliche und erkenntnistheoretische Aspekte der Zeit Isaak Newtons und ihre Auswirkungen bis in die Gegenwart. In: Nicolaus Copernicus 1473—1973. Herausgeg. v. J. HERRMANN. Berlin 1973.
[2] G. JACKISCH, Einige physikalische und erkenntnistheoretische Aspekte der Arbeiten Isaac Newtons. Astronomie in der Schule, **11**, 53 (1974).
[3] M. A. DYNNIK u. a., Geschichte der Philosophie. Bd. 1. Berlin 1962.
[4] K. MARX, Der achtzehnte Brumaire des Louis Bonaparte. In: K. MARX/FR. ENGELS, Ausgew. Werke in 6 Bd. Bd. II, S. 310. Berlin 1974.

Literatur zu Einleitung IV

[1] M. A. DYNNIK u. a., Geschichte der Philosophie. Bd. 1, Berlin 1962 u. Bd. II, Berlin 1960.
[2] RENATE WAHSNER, Die philosophische Position Johann Heinrich Lamberts. In: Sternzeiten 1. Akademie-Verlag Berlin 1977.
[3] A. HARNACK, Geschichte der Königlich Preußischen Akademie der Wissenschaften zu Berlin. Bd. I. Berlin 1900.
[4] K. MARX, Zur Kritik der Hegelschen Rechtsphilosophie (Einleitung). In: K. MARX/F. ENGELS, Ausgew. Werke in 6 Bänden. Bd. I. Berlin 1974.

Literatur zu Einleitung V

[1] J. H. LAMBERT, Cosmologische Briefe über die Einrichtung des Weltbaues. Augspurg 1761.
[2] TH. WRIGHT OF DURHAM, An Original Theory or new Hypothesis of the Universe. London 1750.
[3] I. KANT, Allgemeine Naturgeschichte und Theorie des Himmels. Königsberg 1755. Herausgeg. v. F. KRAFFT, München 1971.
[4] E. HALLEY, On the Change of the Latitudes of some of the principal Fixed Stars. Philosoph. Transact. 1718.
[5] RENATE WAHSNER, Die philosophische Position Johann Heinrich Lamberts. In: Sternzeiten 1. Akademie-Verlag Berlin 1977.
[6] K. SCHWARZSCHILD, Über das System der Fixsterne. Leipzig und Berlin 1909.

[7] P. Ahnert, Die Zahl der Kometen. In: Kalender für Sternfreunde 1976. Herausgeg. v. P. Ahnert. Leipzig 1975.
[8] H.-J. Treder, Elementare Kosmologie. Akademie-Verlag Berlin 1975.
[9] H. v. Seeliger, Über das Newtonsche Gravitationsgesetz. Astron. Nachrichten **137**, No. 3273 (1895).
[10] C. V. L. Charlier, Wie eine unendliche Welt aufgebaut sein kann. Meddelande fran Lunds Astronomiska Observatorium. No. 38 (1908).
[11] C. V. L. Charlier, How an infinite world may be built up. Meddelande fran Lunds Astronomiska Observatorium. No. 98 (1922).
[12] H.-J. Treder, G. Jackisch, Friedrich Engels und die Geschichte der „black holes". Wissenschaft und Fortschritt, H. 2 (1975).
[13] J. H. Mädler, Untersuchungen über die Fixsternsysteme. 1. u. 2. Teil. Mitau und Leipzig 1847 und 1848.
[14] K. Praechter, Die Philosophie des Altertums. Darmstadt 1958.
[15] H.-J. Treder, Copernicus und die Ansätze zu einer Himmelsmechanik bei Kepler und Descartes. In: Nicolaus Copernicus, Akademische Festschrift aus Anlaß der 500. Wiederkehr des Geburtstages von Nicolaus Copernicus. Berlin 1973.
[16] M. Nyrén, Über die von Emanuel Swedenborg aufgestellte Kosmogonie. Vierteljahrsschrift der Astron. Gesellschaft. **14**, 80 (1879).
[17] J. H. Lambert, Photometria nive de mensura et gradibus luminis, colorum et umbrae. 1760. Deutsch ed. v. E. Anding. Leipzig 1892.
[18] V. A. Ambarzumjan, Probleme der modernen Kosmogonie. Akademie-Verlag Berlin 1976.
[19] F. M. A. de Voltaire, Sämtliche Romane und Erzählungen. 1752. Bd. I u. II. Leipzig 1964.
[20] A. v. Humboldt, Kosmos. Entwurf einer physischen Weltbeschreibung. Bd. 3. Stuttgart und Augsburg 1850.
[21] A. Harnack, Geschichte der Königlich Preußischen Akademie der Wissenschaften zu Berlin. Bd. 1. Berlin 1900.
[22] R. Wolf, Handbuch der Astronomie, ihrer Geschichte und Litteratur. Bd. 1 u. 2. Zürich 1890/92.
[23] E. von der Pahlen, Lehrbuch der Stellarstatistik. Leipzig 1937.

Literatur zu Einleitung VI

[1] M. A. Hoskins, Einleitung zu [2]. Dazu von Th. Wright „The Elemente of Existence or a Theory of the Universe", 1734. London, New York 1971.

[2] THOMAS WRIGHT, An Original Theory or New Hypothesis of the Universe. London 1750.
[3] H.-J. TREDER, Buchbesprechung zu „An Original Theory". Deutsche Literaturzeitung **92**, 961—962 (1971).
[4] R. ROMPE, H.-J. TREDER, Nicolaus von Cues als Naturforscher. DAW, Vorträge und Schriften, H. 97. Berlin 1965.
[5] GIORDANO BRUNO, Zwiegespräche vom unendlichen All und den Welten. Gesammelte Werke, Bd. 3. Übersetzt, erläutert und herausgeg. v. L. KUHLENBECK. Jena 1904.

Literatur zu Einleitung VII

[1] IMMANUEL KANT, Allgemeine Naturgeschichte und Theorie des Himmels. Mit einem Nachwort und dem Nachdruck der Rezension von WRIGHTS „An Original Theory" in „Freye Urtheile und Nachrichten zum Aufnehmen der Wissenschaft und Historie überhaupt" herausgegeben von FRITZ KRAFFT. München 1971.
[2] FRITZ JÜRSS, REIMAR MÜLLER, ERNST GÜNTHER SCHMIDT, Griechische Atomisten. Leipzig 1973.
[3] TITUS LUCRETIUS CARUS, De rerum natura — Über die Natur der Dinge. Herausgegeben von H. DIELS, eingeleitet von A. EINSTEIN, 2 Bände, Berlin 1923 und 1924.
[4] NEWTON, ISAAC, Philosophiae Naturalis Principia Mathematica. Die ersten drei Auflagen von 1687, 1713 u. 1726. Deutsche Übersetzung von J. PH. WOLFERS, Berlin 1872.
[5] H.-J. TREDER, Elementare Kosmologie, WTB, Bd. 154, Akademie-Verlag Berlin 1975.
[6] H. VOGT, Außergalaktische Sternsysteme und Struktur der Welt im Großen. Leipzig 1960.
[7] ALEXANDER VON HUMBOLDT, Kosmos. Entwurf einer physischen Weltbeschreibung. Band III, Stuttgart und Augsburg 1850.
[8] EDWIN HUBBLE, Das Reich der Nebel. Braunschweig 1938. Der englische Originaltitel lautet: The Realm of the Nebulae (1. Auflage 1936).
[9] H.-J. TREDER, Kant und die Begründung der Kosmologie, Kosmogonie und kosmischen Physik auf Newtonscher Grundlage. In: Revolution der Denkart oder Denkart der Revolution. Herausgegeben von M. BUHR und T. I. OISERMAN. Berlin 1976.
[10] P. S. LAPLACE, Betrachtungen über das Weltsystem und über die zukünftigen Fortschritte der Astronomie. 1796. Übersetzt nach der 4. Auflage von 1813 von A. LAMPA. In: Deutsche Hausbücherei, Bd. 152—153, ed. A. LAMPA, Wien 1925.

[11] V. A. AMBARZUMJAN, Probleme der modernen Kosmogonie. Übersetzung der 2. Auflage (russisch) von 1972. Akademie-Verlag Berlin 1976.
[12] V. A. AMBARZUMJAN, Über Entwicklungsprozesse im Universum. Spektrum, H. 10, S. 14 (1975).
[13] H. ALFVÉN, Kosmologie und Antimaterie. Frankfurt/M. 1969.
[14] J. JEANS, The Universe Around Us (1929). Deutscher Titel: Sterne, Welten und Atome. Stuttgart, Berlin 1931.
[15] A. EINSTEIN, Grundzüge der Relativitätstheorie. 5. Aufl. (1. Aufl. 1922). Berlin 1977.
[16] E. HALLEY, On the change of the latitudes of some of the principal fixed stars. Philosophical Transactions. 1718.
[17] R. WOLF, Handbuch der Astronomie, ihrer Geschichte und Litteratur. Bd. I und II. Zürich 1890/93.
[18] R. WOLF, Geschichte der Astronomie. München 1877.
[19] J. H. v. MÄDLER, Geschichte der Himmelskunde von der ältesten bis auf die neueste Zeit. Bd. I. Braunschweig 1873.
[20] RENATE WAHSNER, Die philosophische Bedeutung von Kants kosmogonischen Vorstellungen. Astronomie in der Schule. **11**, 8 (1974).

Literatur zu Einleitung VIII

[1] J. MICHELL, Philosoph. Transactions. Vol. LVII, 234 (1767).
[2] W. HERSCHEL, Über den Bau des Himmels. Königsberg 1791. Enthält HERSCHELS Werke: Account of some Observations tending to investigate the Construction of the Heavens, Philosoph. Transact. Vol. LXXIV, p. 437 (1784). On the Construction of the Heavens, Philosoph. Transact. Vol. LXXV, p. 213 (1785). Catalogue of a second Thousand of new Nebulae and Clusters of Stars; with a few introductory Remarks on the Construction of the Heavens, Philosoph. Transact. Vol. LXXIX, p. 212 (1789) (der Katalog wurde weggelassen und nur die Bemerkungen gedruckt). Deutsche Übersetzung von G. M. SOMMER. Sämtliche Publikationen W. HERSCHELS sind enthalten in J. L. E. DREYER, The Scientific Papers of Sir William Herschel. Vol. I and II, London 1912.
[3] F. RISTENPART, Universum. In: Handwörterbuch der Astronomie. Herausgeg. v. W. VALENTINER, Bd. IV. Leipzig 1902.
[4] D. B. HERRMANN, Geschichte der Astronomie von Herschel bis Hertzsprung. Berlin 1975.

[5] W. HERSCHEL, Catalogue of One Thousand new Nebulae and Clusters of Stars. Philosoph. Transact. Vol. LXXVI, p. 457 (1786).

[6] W. HERSCHEL, On the proper Motion of the Sun and Solar System; with an Account of several Changes that have happened among the fixed Stars since the Time of Mr. Flamsteed. Philosoph. Transact. Vol. LXXIII, p. 247 (1783).

[7] V. A. AMBARZUMJAN, Über Entwicklungsprozesse im Universum. Spektrum **6**, 14 (1975).

[8] J. H. MÄDLER, Untersuchungen über die Fixsternsysteme. 1. Teil. Die partiellen Systeme. Mitau und Leipzig 1847. 2. Teil. Das allgemeine System. Mitau und Leipzig 1848.

[9] W. HERSCHEL, Catalogue of 500 new Nebulae, nebulous Stars, planetary Nebulae, and Clusters; with Remarks on the Construction of the Heavens. Philosoph. Transact. 1802, p. 477.

[10] H. VEHRENBERG, Mein Messier-Buch. Düsseldorf 1966.

[11] W. HERSCHEL, On Nebulous Stars, properly so called. Philosoph. Transact. Vol. LXXXI. p. 71 (1791).

[12] F. ZWICKY, The Coma Cluster of Galaxies. Publ. of the Astron. Soc. of the Pacific **63**, 61 (1951).

[13] C. HOFFMEISTER, Über eine intergalaktische Absorptionswolke. Zeitschr. f. Astrophysik **55**, 46 (1962).

[14] P. S. LAPLACE, Betrachtungen über das Weltsystem und über die zukünftigen Fortschritte der Astronomie. Übersetzt und herausgegeben von A. LAMPA in: Deutsche Hausbücherei, Bd. 153, Wien 1925.

[15] J. HERSCHEL, Observations of Nebulae and Clusters made at Slough 1825—33. London 1833.

[16] J. D. FERNIE, The historical Quest for the Nature of the Spiral Nebulae. Publ. of the Astron. Soc. of the Pacific **82**, 1189 (1970).

Herrn Prof. Dr. H. LAMBRECHT und Herrn Prof. Dr. Dr. H.-J. TREDER bin ich für die wohlwollende Förderung dieser Arbeit und die damit verbundenen zahlreichen Diskussionen zu großem Dank verpflichtet.

Textsammlung

JOHANN HEINRICH LAMBERT

Cosmologische Briefe über die Einrichtung des Weltbaues

Augsburg 1761

Cosmologische Briefe
über die
Einrichtung
des
Weltbaues
Ausgefertigt von
J. H. Lambert.

Augspurg
Bey Eberhard Kletts Wittib.
1761.

Abb. 2.
Titelblatt der „Cosmologischen Briefe“

Vorrede

Eine gedoppelte Absicht hat mich veranlaßt, diese Sammlung Cosmologischer Briefe über die Einrichtung des Weltbaues heraus zu geben, die ich deswegen hier anzuzeigen für nöthig erachte, weil sie nothwendig nach der verschiedenen Gedenkensart der Leser bey denselben verschiedene Eindrücke machen müssen, je nachdem ihnen die darinn vorgetragenen Sätze und besonders ihre Beweise, mehr, oder minder einleuchten werden. Ich hatte in dem Hauptstücke der *Photometrie*, welches von dem Lichte und Abstande der Fixsterne handelt, gelegentlich angemerkt, wie ich glaube, daß man sich die Austheilung derselben durch den Weltraum am vernünftigsten vorstellen könne.[1]) Die vornehmsten Betrachtungen darüber zoge ich in die Kürze zusammen, und begnügte mich, sie in einzeln Sätzen und ohne Beweise vorzutragen, welche man doch um desto mehr von mir fordern konnte, weil die Meynung, die ich angabe, unerwarteter ware, und als eine Folge von mehreren Schlüssen angesehen werden konnte.

So emsig die neuern Astronomen sind, die Weltkugel unseres Sonnensystems in Ordnung zu bringen, und jedem Cometen seine Laufbahn anzuweisen, und seine künftige Rückkehr vorher zu bestimmen, so wenig hat man es noch gewagt, etwas wahrscheinlicheres über die Ordnung und Anlage der Fixsterne zu finden. Was man hiebey gethan, ist, daß man suchte auszumachen, wie weit der nächste derselben von der Sonne entfernt seye. Es ist unstreitig, daß man hieraus noch lange nicht auf die Ordnung schliessen kann, die sie unter sich haben. Die Ausmessung ist hiebey unzureichend, und man muß nothwendig allgemeinere Betrachtungen darüber anstellen, welche zwar keine Geometrische Schärfe haben, aber dennoch zu einem höhern Grad der Wahrscheinlichkeit können gebracht werden.

Diese Betrachtungen machen den Innhalt von den letzten Briefen dieser Sammlung. Sie dehnen sich auf die Einrichtung des ganzen Weltgebäudes aus. Die erstere Briefe sind zu einzelern Theilen desselben, und besonders zur Bestimmung der Anordnung der Weltkugeln in unserm Sonnensystem gewiedmet, welches uns theils jezt schon bekannter ist, theils durch künftige

Observationen noch mehr bekannt werden wird. Die Absicht, so ich dabey hatte, geht dahin, daß ich zeigte, daß die Cometen lange nicht so fürchterlich seyen, als man sie seit einiger Zeit ausgeben wollte, daß unser Sonnensystem nicht so öde seye, als man es wegen Mangel genugsamer *Observationen* glauben möchte, und endlich, daß die Cometen den Planeten an Würde, wo nicht vorgehen, doch im geringsten nichts nachgeben.[2])

Ich weiß, daß ich bey allem deme viele neue Gedanken, und über dieß mit einer zureichenden Dreistigkeit vortrage, ungefehr eben so, als wenn diese Dreistigkeit das, was den Beweisen an Schärfe abgeht, ergänzen sollte. Dieses war aber meine Meynung nicht. Ich gebe zu, daß das meiste von dem, was ich sage, nur einen gewissen Grad von Wahrscheinlichkeit hat. Diese aber habe ich mich mit gutem Vorbedachte, bemüht, so weit zu treiben, als es möglich ware. Ich kehrte jede Sache auf alle Seiten um, um von jeder derselben, neue Gründe zu ihrer Unterstützung zu suchen, und den Beweisen trachtete ich alle Manigfaltigkeit zu geben, und sie der Gewißheit so nahe zu bringen, als es sich thun liesse. Ich untersuchte, was zur völligen Gewißheit gehörte, und legte die Gründe zusammen auf die Wagschal, um zu sehen, wie viel ihnen am völligen Gewichte noch abgienge. Ich betrachtete sie wiederum in Absicht auf die Leser, und erforschte, wie viel mir jeder nach seiner Gedenkensart einräumen würde. Dieses ist alles, was ich mit Sätzen thun konnte, die nur wahrscheinlich waren. Aber ich bemühte mich, es zu thun, um mir einen Vorrath von wahrscheinlichen Beweisen aufs künftige zu sammeln, den ich gerne noch grösser haben möchte. Hier ist nun meine zweyte Absicht.

Ich habe mich seit vielen Jahren schon damit beschäftigt, daß ich so wohl von meinen eigenen als anderer ihren Erfindungen, nicht leicht eine vorbey liesse, da ich nicht gesucht hätte, die Kunstgriffe und Regeln, so dabey vorkommen, zu *abstrahiren*, und mir eine Sammlung davon zu machen, die ich künftig als Anmerkungen und Zusätze zur Vernunftlehre und Erfindungskunst heraus zu geben gedenke. Hierunter gehört auch ein Theil, der den *Argumenten* gewiedmet ist, in so ferne diese den *Demonstrationen*, die nach aller Strenge bewiesen, entgegen gesetzt sind, und als unzureichende Beweise angesehen werden können. Es ist unnöthig, hier ihre verschiedenen Arten, und wie weit jede derselben reicht, anzuführen. Hingegen werden mir in erst bemeldter Sammlung die Beyspiele davon desto nützlicher seyen.

Es ist für sich klar, daß gegenwärtige Briefe, einen ziemlichen Vorrath dazu angeben. Man hat in Absicht auf die Vernunftlehre des Wahrscheinlichen schon längsten gewünscht, daß die, so viel mit wahrscheinlichen Dingen umgehen, Regeln und Beyspiele dazu anschaffen möchten. Ich befinde mich in dem Falle nicht, daß ich solche geben könnte, die nachgehends im Gemeinen Leben könnten gebraucht werden. Da aber das gemeine Leben den Reichthum der wahrscheinlichen Gründe nicht erschöpft, und viele derselben auch in den Wissenschaften noch zurücke bleiben, wo man lauter Gewisheit haben sollte, so geben diese Briefe Stoff zu einer gewissen Gattung derselben an, welche um desto mehr nach aller Schärfe geprüft zu werden verdient, weil die *Teleologie* uns in der Naturlehre nicht nur die Allgemeinheit der Gesetze der Natur beweisen muß, sondern auch fürnehmlich zu Erfindung derselben dienen sollte.[3])

Diesen letztern Nutzen hat der Herr von *Leibniz* schon angemerkt, und in dem Beweise von dem Gesetze der Stralenbrechung ein Beyspiel davon zu geben gesucht. Der Herr von *Maupertuis* bemühte sich ebenfalls alle Gesetze der Bewegung aus der *Teleologie* zu beweisen.[4]) Überhaupt ist es unstreitig, daß es in der Welt mehr als ein *maximum* und *minimum* geben muß. Es ist nur zu bedauren, daß die Untersuchung derselben noch ehender eine blose *Glaubenssache* ist, dabey jeder sich das Recht vorbehält, seinen Beyfall nach seiner Willkühr einzurichten, und daß die Besorgnis der Ausnahmen der Allgemeinheit der Teleologischen Sätzen in so ferne Abbruch thut, daß man sie lieber durch die Erfahrung bestätigt wissen, und vor dem Sehen nicht getrost glauben will. Diese Schwürigkeit drückt die meisten Beweise, deren ich mich in diesen Briefen bediene, daß sie nicht wie die Geometrischen, den Beyfall abnöthigen, sondern es dem Leser überlassen, ob er sie des Beyfalls würdig finden werde. Viele Vordersätze, deren ich mich in den Beweisen bedient, sind von den Absichten der Schöpfung hergenommen, und folglich *teleologisch*. Mann kann ihre Allgemeinheit auf eine gedoppelte Art in Zweifel ziehen. Einmal kann man fragen, ob sie nicht nothwendig eine sehr starke Einschränkung leyden, und wenn auch dieses nicht ist, ob es nicht einzele Fälle giebt, wo andere Absichten eine Ausnahm daran machen. Das Lehrgebäude von den Absichten der Schöpfung ist noch lange nicht so vollständig, daß man jede einzele Absicht mit den übrigen vergleichen, ihre *Subordination* veste setzen, die Einschränkungen und Ausnahmen bestimmen, und daher auch jede vorkommende Fälle daraus beurtheilen könnte. So lange dieses nicht ist, wird sich jeder Leser ein unumschränktes Recht anmassen, von *teleologischen* Beweisen so viel einzuräumen und zu verwerfen, als es ihme gefällt. Man wird in dem 6ten und 8ten Briefe Betrachtungen finden, die hieher gehören. In jenem wird die Beschaffenheit einer vollständigen und strenge erwiesenen *Teleologie*, in diesem aber das Recht untersucht, das sich jeder Leser nach seiner besondern Gedenkart anmaßen kann, an der hierinn beschriebenen Einrichtung des Weltbaues zu zweifeln.

Eine Hauptschwürigkeit, die den *teleologischen* Beweisen anhaftet, ist die Endlichkeit der Welt. So groß und ausgedehnt dieselbe auch seyn mag, so wird sie dadurch auf endliche Zahlen eingeschränkt, und von der Unendlichkeit der göttlichen Absichten fällt dadurch die Helfte weg. Ihre Summe kann nur der Zeit nach als unendlich angesehen werden, weil sie sich durch die Ewigkeit erstrecken, und daher dem Unendlichen immer näher kommen, ungeacht sie es nie erreichen. Dem Raume nach verhält es sich anderst. Das Ganze hat hier seine Schranken, welche der Allgemeinheit der *teleologischen* Sätze in so ferne Abbruch thun, daß man immer die Bedingung hinzusetzen muß: *So weit das Weltgebäude reicht.* Dadurch aber kann man sie so unumschränkt nicht vortragen, und es ist leichte zu erachten, daß dieses Anlaß giebt, an der Zuverläßigkeit ihrer Anwendung zu zweifeln. So z. Ex. wenn man die Bewohnbarkeit der Welt als eine Hauptabsicht der Schöpfung ansehen, und Schlüsse daraus herleiten will, so kann man sie nicht ohne die so gar merkliche Einschränkung annehmen, daß die bewohnbare Plätze auf irgend eine endliche Zahl müssen gesetzt werden. Man muß immer diese Absicht nur so vortragen: *So weit das Weltgebäude reicht, ist es bewohnt.* Es ist unstreitig, daß der Beweiß dieses Satzes schwerer wird, als wenn man an der Absicht weder Ausnahme noch Einschränkung annehmen könnte.[5])

Ich kann nicht sagen, ob in allen *teleologischen* Beweisen, die in diesen Briefen vorkommen, eine so genaue Behutsamkeit gebraucht worden, weil ich die meisten Vordersätze schlechthin als gemein vorgetragen habe, wie man es bey wahrscheinlichen Beweisen zu thun gewöhnt ist, um ihnen alle Stärke zu geben. Man kan sie demnach als *locos communes* ansehen, dergleichen man in dem gemeinen Leben häufig gebraucht. Diese Form habe ich ihnen ohne Bedenken lassen können, weil überhaupt die ganze Form der Beweise darnach eingerichtet ist. Die schärfere Untersuchung jeder Arten dieser Beweise verschiebe ich in die vorhin versprochene Anmerkungen über die Vernunftlehre, ungeacht verschiedene derselben bereits in diesen Briefen auf die Probe gesetzt werden.

Was ich dermalen hierüber sagen kann, ist, daß ich Beweise von solcher Art aufgesucht habe, *die in ähnlichen Fällen schon öfters gelungen sind.* Man kann die Lehre von den *Antipoden*, die von dem Umlaufe der Erde, die Gedanken des *Seneca*[6]) von den Cometen, und seine Weissagungen hierüber, die Lehre von den Einwohnern der Planeten, und mehrere dergleichen hieher rechnen, die die Erfahrung entweder bereits bekräftigt und *apodictisch* gewiß gemacht, theils zu einem noch höhern Grad der Wahrscheinlichkeit gebracht hat. Man sollte gedenken, daß Beweise von solcher Art, deren jeder für sich betrachtet, zu schwach ist, alle aber zusammen genommen, eine einleuchtende Stärcke haben, eine besondere Art von Gewisheit ausmachen, die zwar von der *geometrischen* verschieden, aber nichts desto weniger eben so gewiß ist, und vielleicht beruht der Unterschied dieser Gewisheit nur darauf, daß man solche Beweise noch nicht in ihre gehörige Form bringen, die Stärke eines jeden noch nicht berechnen, und daher auch noch nicht sehen kann, ob ihre Summe ein ganzes ausmacht, welches die völlige Gewißheit erfordert. Dieses unbestimmte kann allein genug seyn, um einen Beweis, der mehr als zureichend, oder gar vielfach wäre, als unzureichend, oder wenigstens als zweifelhaft ansehen zu machen.

Um den *teleologischen* Gründen, deren ich mich bedient habe, ein mehreres Ansehen zu geben, habe ich nicht unterlassen, auch solche Folgsätze, daraus herzuleiten, die die Erfahrung bereits gelehrt hat. Man kann als ein unerwartetes Beyspiel hieher rechnen, was in dem 6ten und 7ten Briefe über die Beschaffenheit, Lage und Anzahl der Planeten und Cometenbahnen gesagt wird, wo ich aus der grösten möglichen Bewohnbarkeit und geschickten Ausweichen der Weltkugeln in unserm Sonnensystem, und daher aus *teleologischen* Gründen, auf eine nothwendige Art herleite, daß es viel mehr Cometen als Planeten geben, und überdiß die Planeten in gleicher Fläche liegen, und die obern Planeten weiter von einander abstehen müssen, just so, wie es uns die Erfahrung lehrt.

Indessen sind nicht alle Gründe die ich gebrauche, bloß *teleologisch*. Das Gesetz der Schwere, welches ich durch die ganze Welt ausdehne, giebt mir solche an, die auf eine viel nothwendigere Art schliessen. Der Abstand der Fixsterne von einander in dem 12ten Briefe, und das Ausweichen der Planeten und Cometen in dem 3ten Briefe wird daraus hergeleitet. Nur muß ich in Ansehung des letztern hier noch erinnern, daß der Beweis, der daselbst über die Frage vorkömmt, ob sich ein Comet jemals in den Mond hätte verwandeln können, Kürze halber so vorgetragen wird, als wenn die Erde in einem Puncte ihrer Bahn stehen geblieben wäre, welches man unstreitig nicht annehmen kann. Der Mond beschreibt in seinem wahren Laufe eine *Cycloidallinie*, in welcher er sich nicht viel geschwinder bewegt, als die Erde. Bey dem Neumonde ist seine Bewegung so gar langsamer.[7]) Da hingegen der Lauf eines Cometen, wenn er so weit von der Sonne weg ist, als die Erde, fast um die Helfte geschwinder ist, und da im Heranrücken gegen die Erde diese Geschwindigkeit nothwendig hätte müssen grösser werden, so ist es unmöglich, daß er hätte hängen bleiben, und die Erde immerfort begleiten können, wie es der Mond thut. Eben so ist der Mond in einem Beharrungsstande, in welchen kein Comet hätte kommen können, weil das Mittel, einen Cometen in die *Cycloidallinie* des Mondes zu bringen, schlechthin ins Unmögliche fällt, und sich ohne ein wirkliches Wunder nicht gedenken läßt. Dieses ware hier anzumerken, um zu zeigen, wie der wahre Beweis hätte eingerichtet werden müssen.

Was ich ferner aus den gebrauchten *teleologischen* und andern

Gründen herleite, habe ich mich bemüht so weit zu treiben, daß das meiste davon früher, oder späther durch die Erfahrung und genaue *Observationen* wird erörtert werden können. Hieher gehört, was ich von der Anzahl der Cometen sage, welche ich grossentheils mit Vorbedachte so ansehnlich machte, als es sich thun liesse, um zu zeigen, daß man allerdings Ursache habe, diese Weltkörper aus ihrem ehmaligen geringen Ansehen, darein sie *Aristoteles* und seine Anhänger gesetzt, hervor zu ziehen, und sie ein für allemale in ihrer wahren Würde zu betrachten, zumal da ich zeige, daß sie zur Bewohnbarkeit des Sonnensystems viel nothwendiger und dienlicher sind, als die Planeten, und überdiß eine grössere Manigfaltigkeit in den Abwechslungen haben, und daher nicht nur zur Vollständigkeit, sondern auch zur Vollkommenheit des Sonnensystems, dieses Theils des ganzen, das meiste beytragen. Es ist genug, wenn man aus allem, was ich von ihrer Anzahl sage, nur so viel zugiebt, daß dieselbe sehr ansehlich seyn müsse, und das Licht und die Wärme der Sonne recht sehr genützt werde. Die wirkliche Bestimmung wird den künftigen Zeiten vorbehalten seyn, wenn die Halleysche Tafel,[8]) die ich den häufigen Anmerkungen darüber mehr Licht zu geben, beyzufügen nützlich erachtet, zu einem vollständigen Register derjenigen wird gemacht werden, die wir auf unserer Erde zu Gesichte bekommen. Von diesen wird man sodann auf die schliessen können, die weiter von der Sonne wegbleiben, als das sie uns jemals sichtbar werden könnten, deren Anzahl ich wenigstens 40. mal grösser setze, wenn auch kein *Perihelium* weiter von der Sonne entfernt bleibe, als *Saturn*, der äusserste der uns sichtbaren Planeten.

In der letztern Helfte dieser Briefe habe ich mich vorzüglich bemüht, dem Weltbaue eine ansehnliche Grösse zu geben, und besonders hierinn scheint eine ziemliche Dreistigkeit den Mangel schärferer Beweise zu ersetzen. Ich kann es dem Leser ganz anheim stellen, wie viel er davon zugeben will, zumal, wenn sich nicht jemand die Mühe nimmt, die vorgeschlagenen *Observationen* und Berechnungen vorzunehmen, oder wenn diese Bemühung fruchtlos seyn sollte. Biß dahin finde ich dennoch keinen Grund, diese gewagte Gedanken ganz zu verwerfen, so sehr sie noch eine blose Glaubenssache seyn mögen, und theile die uns sichtbaren

Fixsterne ohne Bedenken in besondere System ein, die zusammen genommen, die Milchstrasse ausmachen. Diese stellt mir ein ganzes System vor, welches vermuthlich noch zu mehrern andern gehört. Da ich indessen die Sache nur als wahrscheinlich angeben kann, und überdiß die zweifelhaftere Stücke unbestimmt lasse, so bleibt allerdings noch ein weiteres Feld zu neuen Muthmassungen, die jeder Leser, der sie der Untersuchung nicht unwürdig achtet, nach Belieben weiter treiben kann.

Hiezu gebe ich in den letzten Briefen solche Anlässe, die ich Anfangs selbsten nicht vermuthet hatte, weil ich bey dem 14ten Briefe stehen zu bleiben gedachte, und die bis dahin vollendete Arbeit einige Zeit hatte liegen lassen. Von der wirklich beobachteten Verrückung in der Lage der Fixsterne unter einander ware mir nichts bekant. Ich hatte sie nur aus allgemeinen Gründen hergeleitet, die ich in dem 10ten und folgenden Briefen anbringe. Man wird finden, daß diese Gründe fast eben die sind, aus welchen man bereits schon mehrere Sätze in der Astronomie erwiesen, oder doch wenigstens zu einem einleuchtenden Grade der Wahrscheinlichkeit gebracht hatte. Man trug sie allgemein vor, und ich konnte auch nichts finden, wodurch ihre Allgemeinheit eingeschränkt würde. Um desto mehr vergnügte es mich, als ich erfuhre, daß die daraus geschlossene Verrückung der Fixsterne, wenigstens bey vielen durch die Erfahrung bekräftigt worden, und Herr *Prof. Mayer*, der sich mit dieser Entdeckung, wie mit allen andern, die wir ihme zu danken haben, viele Ehre machet, selbst an der Allgemeinheit und Gültigkeit der völligen *Induction* nicht zweifelt.[9])

Da diese Bestätigung früher eingetroffen, als ich es selbsten vermuthet hatte, so verleitete sie mich meine bis dahin ungezwungen auf einander folgende Schlüsse, ausführlicher zu entwickeln, um zu sehen, was sie etwann noch mehr aufdecken würden, wenn ich sie in gleicher Allgemeinheit beybehielte, und die *Analogie* weiter fortsetzte.

Hier werde ich es der völligen Willkühr der Leser überlassen, zu urtheilen, ob ich mir selbsten eine *Deductionem ad absurdum* errichtet habe, wenn die auch hiebey vorgeschlagenen *Observationen*, wozu ich dermalen weder Zeit noch Anlaß habe, nicht nach meiner Vermuthung ausfallen sollten?

Was ich noch vor der angegebenen Prüfung darüber denke, habe ich im 20ten Briefe in kurze Artikel zusammen gezogen, und werde jedem Leser vollkommen anheim stellen, was er davon zugeben, oder weglassen will, weil es vor der Erfahrung schlechterdings eine Glaubenssache ist, und das Unglaubliche darinn nicht auf die Unmöglichkeit, sondern bloß auf das Unerwartete und Ungewöhnte fällt. Wären die Erfahrungen bereits angestellt, so würde ich entweder weggelassen, oder genauer erwiesen haben. So aber finde ich nichts ungewöhnliches dabey, wenn ich auf eine künftige Prüfung hin, eine Meynung wage, und die dadurch veranlaßte Fragen aufwerfe, welche die Erfahrung beantworten kann. Sie sind ohne dem von der Art, daß ihre Beantwortung, wie sie auch ausfallen mag, zu fernern Untersuchungen Anlaß geben wird.

Sätze die nur wahrscheinlich gemacht werden, unterscheiden sich von solchen, die nach aller Schärfe erwiesen sind, vorzüglich dadurch, daß man sich bey den letztern selten genöthigt sieht, an Beantwortung der Einwürfe zu gedenken, als welche mehrentheils nur aus einem Misverstande herrühren, da hingegen bey den erstern die Vorbeugung und Beantwortung der Einwürfe mehr zu sagen hat, weil öfters der ganze Beweis eines wahrscheinlichen Satzes darauf beruht, daß man zu zeigen sucht, es lasse sich nichts, oder wenigstens nichts Erhebliches dawider einwenden. Ein richtig erwiesener Satz hängt mit den übrigen Wahrheiten nothwendig und zureichend zusammen, bey den wahrscheinlichen ist der Zusammenhang entweder nicht ganz nothwendig, oder er ist unvollständig, oder wenigstens zeiget sich nichts das ihn Umstosse. Sollten sie genauer abgewogen werden, so muß man entscheiden, was zum vollständigen Beweise noch fehle, wenn man diesen auf die bequemsten und leichtesten *Data* bringt, und sodann, ob dieses fehlende mehr, oder minder beträchtlich seye, und wie ferne man es ohne strengern Beweis zugeben könne?

Werden die Sätze, so in der letzten Helfte dieser Briefe von allen Seiten betrachtet werden, auf diese Wagschal gelegt, so ergiebt sich leicht, daß sie von verschiedenem Gewichte sind. Besonders ist der von der Centralbewegung der Fixsterne so gut als vollständig erwiesen, weil er auf der Erfahrung, auf den ersten

Gesetzen der Bewegung, und auf der Erhaltung des Weltbaues beruht. Die Erfahrung zeigt, daß wirklich eine Bewegung da seye. Die Erhaltung des Weltbaues schleußt die geradlinichte Bewegung aus, und die Grundsätze der *Mechanic* nebst dem Gesetze der Schwere macht sie vollends *central.*[10])

Der andere Hauptsatz, daß nemlich die Milchstrasse in kleinere Systemen von Fixsternen eingetheilt und diese durch merkliche Zwischenräume von einander abgesöndert seye, läßt sich allerdings nicht so strenge erweisen. Was dabey fehlt, ist daß wir diese Systemen nicht von allen Seiten her, sondern nur aus einem einigen Gesichtspuncte sehen, in welchem sich zwar die Milchstrasse von den übrigen Theilen des Himmels deutlich abgeschnitten, und hin und wieder in kleinere Theile abgesöndert zeigt. Allein, eben dieses sollte sich auch zeigen, wenn wir sie von andern Seiten her ansehen könnten. Da aber dieses nicht angeht, so muß die Lücke in dem Beweise durch anderweite Betrachtungen ausgefüllt werden, so weit es angehen kann.[11])

Den dritten Hauptsatz habe ich nicht anders als eine Aufgabe vortragen können, und sehe die Auflösungen davon als noch sehr unvollständig an. Es fragt sich nemlich, ob Cosmologische und Mechanische Gründe es zulassen, daß ein System von Fixsternen sich nur um seinen Mittelpunkt der Schwere bewege, oder in diesem, wie in denen von den kleinern Systemen, Körper von zureichender Masse seyn müssen? Die mechanische Gründe beruhen auf dem Gesetze der Schwere, die Cosmologische aber auf der Erhaltung und einfachen Ordnung des ganzen. Bejaht man diese Frage, so kann man das Ungeheure, das über alle Einbildungskraft hinaus geht, nicht wohl vermeyden, und wird es zugeben müssen, so bald die Frage bejaht werden muß. In diesem Fall hat man auch ein näheres, wiewohl nicht ganz vollständiges Recht auf die *Autopsie* zu dringen. Kann aber die Frage nicht nothwendig bejaht werden, so bleibt die Sache schlechterdings dahin gestellt, weil das Gegentheil an und für sich nicht nothwendig gemacht werden kann, da die kleinere Systemen *Exempla in contrarium* enthalten. Und die Einbildungskraft, welche dabey etwas zu ungeheures findet, hat das angemaßte Recht, ihr Gebiet als Grenzen des Striches der Wahrheiten auszugeben, längst schon und in weit wichtigern Stücken verlohren. Es scheint, sie bleibe im grossen wie in kleinen zurücke.

Was ferner wahrscheinliche Sätze noch mißlicher machen kann, ist, wenn man sie so heraus bringt, daß es so wohl die Gründe, worauf man bauet, als auch das, so man damit verbindet, eine blose Glaubenssache ist. Dieses macht sie noch überdiß hypothetisch, weil man voraus setzen muß, die gebrauchten Gründe werden sich mit der Zeit erweisen lassen, oder wenigstens ohne viele Wiederrede als glaubwürdig angenommen werden. Es ist leicht zu erachten, daß der erst erwöhnte dritte Hauptsatz von dieser Art ist. Er kann nur bedingnisweise untersucht werden, weil er die beyden erstern als vollkommen richtig erwiesen voraus setzt. Wird z. Ex. die Eintheilung der Fixsterne in Systemen noch nicht zugegeben, so kommt die Frage, ob die Systemen in ihrem Mittelpuncte einen Körper von zureichender Masse haben, gar nicht vor, und noch viel weniger wird die Frage vorkommen, ob diese Körper, als welche zusammen ein grösseres System ausmachen würden, wiederum einen noch grössern Körper in ihrem Mittelpunkte haben müssen?

So sehr demnach diese Fragen dahin gestellt scheinen, und seyn mögen, so sehr können sich Leser, welche das Ganze in diesen Briefen genauer untersuchen wollen, über die Dreistigkeit verwundern, daß ich diese Fragen der Ordnung nach vorgetragen habe, als wenn alles voraus gesetzte bereits unwiderleglich, und durchaus schon angenommen wäre. Ich hätte können inne halten, und bey den ersten stehen bleiben, biß sie wären vollends ausgemacht worden, und vielleicht werden viele urtheilen, daß ich es hätte thun sollen. Allein, ich glaubte den Lesern mehr Aufrichtigkeit schuldig zu seyn, ihnen, was ich selbst voraus sahe, anzuzeigen, und die Fragen, so in einer Reyhe von selbsten auf einander folgen würden, voraus anzuzeigen. Die letztern sind unstreitig noch am weitesten zurücke, sie mögen aber allerdings dienen, die erstern der Untersuchung würdiger zu machen. Ueberdiß nimmt der Grad der Wahrscheinlichkeit und Glaubwürdigkeit derselben nur stuffenweise ab, und auch aus diesem Grunde fande ich weniger Ursache sie irgend abzubrechen. Ich habe sie demnach vollends fortgesetzt. Sie können nicht anderst als der Ordnung nach untersucht und ins reine gebracht werden, und ehe die erstern bejaht sind, scheint es überflüssig, sich über die letztern zu zanken. Werden sie alle bejaht werden können, so haben wir einen vollständigern Lehrbegriff von der Einrichtung des Weltbaues, und diesen habe ich vorausgesetzt, daß er richtig seye, in den drey letzten Briefen gesucht, in seiner vollständigsten Harmonie vorzustellen. Sind hingegen die Fragen nicht zu bejahen, so fällt das Lehrgebäude mehr, oder minder weg, und es bleibt uns das Vergnügen, es werde noch ungleich harmonischer seyn, nur daß wir es nicht kennen, und es mühsamer finden müssen.

In Ansehung des ganzen Weltbaues scheinen wir dermalen das zu seyn, was vor Zeiten *Pythagoras*, *Philolaus*, *Aristarchus*, *Nicetas* und andere griechische Weltweisen in Absicht auf unser Sonnensystem waren. Sie wagten Muthmassungen darüber, die sie theils aus Gemächlichkeit, theils aus Mangel genugsamer *Observationen* nicht ganz ausführten. Vielleicht war auch das sogenannte Ptolomäische System noch nicht bekannt genug, daß man zureichende Gründe hätte daraus hernehmen können, es umzustossen. *Alphonsus*[12]) schiene schon mehr Anlaß zu haben, darüber ungedultig zu werden, doch ohne daß ihm einfiele, die Sache ganz umzuwenden. Dieses ware dem unsterblichen *Copernico* vorbehalten, und *Kepler* und *Newton* müssen es vollends ins reine bringen. Wir erwarten noch die *Copernicus*, *Keplers* und *Newtons* für den ganzen Weltbau, und können uns eine ähnliche Vorherverkündigung entwerfen, wie sie *Seneca* in Absicht auf die Cometen getroffen hat. Es steht dahin, ob die Erfüllung früher eintreffen werde?

Ich hätte gewünscht, die Betrachtungen in diesen Briefen zu einem zweyten Theile der *Fontenellischen Gespräche von mehr als einer Welt* zu machen, wenn ich ihnen in dem Vortrage die so schätzbare Lebhaftigkeit hätte geben können, und die sinnreichen Einfälle mir eben so fliessend und reich gewesen wären. Wie ferne das, was ich über den Weltbau sage, im Grunde als eine Fortsetzung der Fontenellischen Gedanken dienen kann, wird jeder Leser, wenn er die *Wirbel*, die *Fontenelle* so gern gebrauchte, wegläßt, leicht beurtheilen können. Wie vielmal mehr, als eine Welt wird man hier finden, wenn man Legionen einräumt, die nur um unsere Sonne sind, wenn jeder Fixstern so viele hat, wenn die Milchstrasse ein ungezähltes Heer, nicht bloß von einzeln Fixsternen, sondern von ganzen Systemen ist, wenn endlich die ganze Milchstrasse selbsten, noch zu unzählbaren andern Milchstrassen, oder Systemen von gleicher Art gehört?

So weit werden unstreitig die Fontenellischen Betrachtungen zu einer gewissen Vollständigkeit gebracht, wenn man je nicht weiter gehen, und dieses Heer von Milchstrassen, als einen einzeln Theil von einem noch grössern System ansehen will, welches mit dem unendlichen verglichen noch immer klein seyn wird. Weiter werde ich die Einbildungskraft nicht ausdehnen, die mir ohnehin zu enge ist, als daß ich sie gegen derjenigen, die dem Herrn von Fontenelle[13]) so lebhafte Vorstellungen angabe, abmessen sollte. Ich bleibe in engern Schranken, und habe aus diesem Grunde mich lieber der Brief-form, als der Gespräche bedient, weil ich viele Betrachtungen auf eine an einander hängende Art vortragen mußte, und besonders in denen Beweisen, die etwas schärfer seyn sollten, das Trockene nicht vermeyden konnte.

Erster Brief

Werden Sie es wohl glauben, mein Herr! daß ich nach Durchlesung der Schriften, die Sie mir angegeben haben, um etwas übler daran bin, als vorher nie? Ich hoffte, meine Neugierde über die Laufbahn der Planeten und Cometen vollkommen zu stillen, und wünschte mir zum voraus Glück dazu, daß ich nunmehr auch bald aus Gründen wissen würde, wie es zugehe, daß die letztern zu gesetzten Zeiten wiederkehren; Und dieses freut mich um so mehr, da wir im verwichenen Jahre die erste Rückkunft eines so ausserordenlichen Sterns haben feyern können. So weit muß ich Ihnen gewonnen geben. Ich durchlase diese Lehrbegriffe mit größter Begierde, und es fällt mir nun nichts leichters, als den weiten Raum um die Sonne, alle Räume zwischen den Planeten, und noch weit über den Saturn hinaus, mit Ovallinien auszufüllen, und in jede einen Cometen, und wenn Sie wollen, einen mit Satelliten zu setzen. Jedem Fixstern gabe ich eine ähnliche Menge von solchen Körpern, die von ihme Licht und Wärme haben sollten, und auf allen stellte ich mir unzählbare Einwohner von allen möglichen Arten und Gestalten vor. Ich habe mir dabey die Einbildungskraft zugleich mit den Weltgebäuden erweitert, und es giebt mir nun keine Mühe, den Abstand von unserer Sonne bis zu einem Fixstern der fünfzigsten Grösse, als einen Maaßstab anzunehmen, und denselben Millionenweise umgeschlagen, gegen die Grenzen des Systems der Sterne zu messen, die wir noch durch Teloscopia sehen, und die noch weit hinter diesen stehen. Ich gebrauche nun keinen Amboß mehr, der zehn Tage zubringe, um aus dem Himmel auf die Erde zu fallen. Der Raum, durch den er fällt, ist mir nun nur ein Punct, und seine Geschwindigkeit vergleiche ich mit dem Kriechen eines Wurmes, oder mit dem Schleichen einer Schnecke. Solle ich Zeit und Raum vergleichen, so ist der Glanz, so der Blitz in Augenblicken über den Himmel ausbreitet, noch zu langsam. Das Licht und sein Weg dient mir nur zum Maaße. In acht Minuten kömmt es von der Sonne auf die Erde, und legt daher einen Weg zurück, den man mit Halbmessern der Erde ausmessen muß, davon jeder 860. Meilen macht, und deren es wenigstens 20000. gebraucht, um den Abstand der Sonne dadurch zu bestimmen. Diesen Weg macht das Licht in 8. Minuten, und dieses ist nun mein Maaßstab, mit dem ich die äussersten Fixsterne aufsuche. Ich gebe dem Licht Jahrhunderte Zeit, bis es von denselben zu uns komme, und setze, daß es Fixsterne gebe, von welchen das Licht in den nächsten 6000. Jahren noch nicht angelangt ist, und die folglich erst unsere Nachkommen werden zu sehen haben. Die Nacht solle mir immer heller werden, und jeden Abend freue ich mich über das neuangelangte Licht von andern Sternen. Mit allem deme sehe ich, daß diese Entfernungen noch alle ihre Schranken haben, und vielleicht von den Grenzen des Weltgebäudes[14]) noch weit weg sind.

Doch ich gerathe unvermerkt in eine Astronomische Entzükkung, und sage Ihnen, mein Herr, Sachen vor, die Ihnen nothwendig bekannt sind. Nehmen Sie sie immer als eine Probe an, daß ich ihrem Vorschlage gefolgt habe, und ich will Ihnen nochmals sagen, daß ich bis dahin vieles Vergnügen daran hatte.

Aber sagen Sie mir nun auch, ist es denn nicht möglich, anderst als mit neuen Zweifeln und neuer Unruhe zur Gewißheit zu kommen, oder ändern die Zweifel nur ihre Natur, daß sie anfangs einfältiger sind, und nachher gelehrter werden, wenn man jene gehoben hat? Ich fragte sie anfangs nur, was es mit dem Weltgebäude für eine Beschaffenheit habe, nunmehr weiß ich es, in so ferne mir noch die Frage zu machen bleibt, was mit der Zeit aus demselben, und zugleich aus den Weltweisen, die es so schön ausgedacht haben, werden wird. Ist es nicht so, die Cometen sind nun nimmer durch ihre Bedeutung, sondern durch ihre Wirkung furchtbar? Ich kenne nun die Kräften der Schwere, so die Weltkörper gegeneinander haben, genugsam. Jupiter vermag den Saturn und seine Trabanten aus seiner Ordnung zu bringen, und selbst der Mond macht die Erde etwas wanken. Er macht das Meer aufschwellen und niedersinken. Wie würde es uns gehen, wenn ein grosser Comet der Erde so nahe käme, das Meer über die Erdfläche schwemmete, oder gar die Erde mit sich fortrisse?

.

.

.

Zweyter Brief

Ihr Schreiben, mein Herr, welches ich mit Vergnügen durchgelesen, zeigt mir, daß Sie sich in kurzer Zeit den Weltbau, und die Gewißheit und Ungewißheit unserer Weltweisen bekannt gemacht, und allem Ansehen nach mehr gefunden haben, als Sie anfänglich wissen wollten. Aber darüber befremden Sie sich nicht, daß neue Wahrheiten zu neuen Fragen und Zweifeln Anlaß geben. Dieses ist der gemeine Weg, durch den wir von einer Wahrheit zur andern kommen, und es ist nur zu bedauern, daß es damit etwas langsamer zugeht, als wir es wünschten. Gedenken Sie aber je nicht, daß es bey diesen Zweifeln bleiben werde, und wir haben zu hoffen, daß man sie nach und nach erörtern, aber auch zugleich neue Fragen vorlegen werde, deren Beantwortung der Nachwelt wird vorbehalten seyn. Begnügen Sie sich immer mit dem, was wir gewiß wissen, und lassen Sie künftige Möglichkeiten den Nachkommen zu bestimmen übrig, wenn es jezt noch nicht angehen will.

Doch vielleicht kommen Ihnen, mein Herr, diese Muthmassungen der Weltweisen nur deßwegen so förchterlich vor, weil sie Ihnen neuer sind, und Sie werden sich unvermerkt an die Sprache von solchen Möglichkeiten gewöhnen, die gewiß noch keinem den Schlaf werden gebrochen haben. Allein laßt uns auch das schlimmere setzen. Wenn gleich in wenig Zeit der Erde ein solches Uebel bevorstünde, was wollen Sie anfangen? Würden Sie nicht den Astronomen Dank wissen, und sie als Propheten ansehen, die geordnet wären, uns solche Vorfälle vorher zu sagen, damit wir uns dazu gefaßt machen könnten. Wie, wenn die Erde ein Satellit eines Cometen werden sollte, der sie mit sich bis jenseits der Sphäre des Saturns wegführte, oder ihre Fläche mit Wasser überströmte; würden Sie nicht im ersten Fall sich zu einer mehr als Syberischen Kälte vorbereiten, und im letztern sich nach einem Schiffe umsehen?

Allein ich vermuthe immer das bessere, und betrachte diese Möglichkeiten nicht so, daß ich dabey gedenken sollte: *Hic Deus nihil fecit*. Die Erhaltung ganzer Weltkörper kömmt mir wenigstens wichtiger vor, als die von solchen Geschöpfen, die ihre Geschlechte fortpflanzen, und von Jahr zu Jahr wieder neu werden. Bey diesen mögen die ältern zum Wachsthum der jüngern dienen, aber daß Welten aus Welten entstehen, oder aus den Trümmern der ersten wieder neue zusammengesetzt werden sollten, dazu wird mehr erfordert, und ihre Dauer mißt sich nach Myriaden von Jahrhunderten ab. Diese Verhältnisse finden Sie bey Dingen, deren Entstehen und Vergehen uns vor Augen liegt. Die Dauer nimmt mit ihrer Grösse zu, und die Zeiten, innert welchen Tulpen blühen und Cedern wachsen, eben so wie die, so das Leben eines Insects oder eines Menschen ausmißt, haben bald keine Verhältnis gegen einander. Dieses sind Geschöpfe, die ihr Geschlecht fortpflanzen, aber ihr Wohnort leidet nur solche Veränderungen, die ihn täglich und jährlich erneuern, und zu grösseren Abwechslungen gehören mehrere Jahrhunderte, als bey Gewürmen einzele Stunden.

Indessen kann ich die Möglichkeiten, so die Philosophen vielleicht mehr zu ihrer Belustigung als im Ernste ausgedacht, nicht alle schlechthin verwerfen, und ich bin immer sehr geneigt, noch mehrere dergleichen auszusinnen, davon ich Ihnen einige schreiben könnte, wenn Sie nicht an den bisherigen schon mehr als genug zu haben schienen. Was man unter allen am leichtesten einräumen wird, sind solche Veränderungen, dadurch die Weltkörper in ihrer Bahn etwas verrückt werden, und diese wissen Sie nun selbsten schon aus den Beyspielen, die Sie anführen. Diese kleinere Verrückungen sind allerdings Folgen von der Schwere der Planeten und Cometen gegeneinander. Und es ist die Frage, ob man sie schlechterdings nur als kleine Ausnahmen von allgemeinen Gesetzen ansehen solle, oder ob sie in der That auch Nebenabsichten sind, wodurch der Lauf dieser Körper zugleich mehrere Abwechslungen erhält, und dauerhafter wird.[15])

Was meynen Sie, mein Herr, wenn man setzen könnte, daß diese Abwechslungen in der Laufbahn aus guten Absichten seyn müßten, und daß alle Planeten und Cometen gerade diejenige Grösse, Schwere, Lage, Richtung und Geschwindigkeit hätten, daß sie, des beständigen Anziehens unerachtet, immer einander auf die geschickteste Art auswichen? Wäre es nicht möglich, daß ein Comet, der einmal sehr nahe bey dem Jupiter vorbey liefe, in seiner Bahn dergestalt abgelenkt würde, daß, da er vorhin rechter Hand um die Sonne gienge, er nunmehr linker Hand um dieselbe laufen würde? Je stärker eine solche Aenderung wäre, desto wichtiger würden mir auch die Gründe scheinen, die sie erfoderten. Die Cosmologischen Lehren von der Vollkommenheit der Welt, und die Teleologischen Sätze, die wir aus der Erfahrung von den Absichten natürlicher Dinge haben, sind Ihnen, mein Herr, so wohl bekannt, daß ich nicht erst fragen darf, ob Sie bey der Einrichtung des Laufes der Weltkörper nicht eben so weise Absichten des Schöpfers annehmen werden, als wir sie z. E. bey allen und auch den kleinsten Theilen des menschlichen Cörpers finden. Es ist wahr, daß wir die Absichten in so grossen Theilen eben nicht so leicht errathen können, als es bey kleinern geschieht, wo wir die Folgen der Veränderungen übersehen können. Wir sehen am Himmel noch höchstens nur die Ausnahmen, und es wird Aeonen gebrauchen, bis sich eine ganze Folge von Veränderungen wird übersehen, und alle Theile derselben untereinander vergleichen lassen. Dann erst wird es sich zeigen, was diese Summe von kleinern Abweichungen zu bedeuten habe, und wie sich die vorhergehenden Umstände zu den folgenden anschicken.

.

.

.

Dritter Brief

Auf die Beschreibung, die Sie mir, mein Herr, von der Verfassung des Weltgebäudes machen, fange ich nun bald an, es mit andern Augen anzusehen, als es mir die Weltweisen vorgemalt hatten. Es hätte nicht viel gefehlt, daß ich nicht die Astronomen als verordnete Propheten, und, wenn ich es noch fürchterlicher machen solle, die Erfindung der Fernröhren und den schnellen Wachsthum der Sternwissenschaft als Vorbothen eines bevorstehenden Uebels betrachtet hätte. Wie, dachte ich, ist irgendwo ein *Genius*, der dem *Copernicus* den Weltbau, dem *Kepler* seine Gesetze, und dem *Newton* die so schreckbare *Attraction*, und die Lehre von dem Lauf und der Wirkung der Cometen eingabe, damit sich alles zur Weissagung des Unheils anschicken, und die Bewohner der Erde sich dazu gefaßt machen möchten, damit nicht alle zu Grunde giengen, sondern ein Saame zur Fortpflanzung auf der ungeänderten Erde leben bliebe. Wäre dieses der Rathschluß der Vorsehung, die bey allen Unfällen noch für die Erhaltung ihrer Geschöpfe sorget!

Allein Ihr Schreiben, mein Herr, dafür ich Ihnen verbindlichst danke, benimmt mir diese ängstliche Vorstellung, da Sie solche Zufälle, wo nicht ganz in Abrede sind, doch wenigstens auf viele Jahrhunderte hinaus setzen. Ihr Weltgebäude hat unstreitig etwas Großes und der Weißheit des Schöpfers Würdiges. Sie sind auf eine weit höhere und edlere Art auf die Erhaltung der Geschöpfe bedacht, als unsere Weltweisen, die nur auf Unglück zu denken scheinen, oder sich wenigstens damit belustigen, daß sie uns eine Forcht einjagen wollen.[16])

Ich habe mit der äussersten Begierde alle Stellen Ihres Schreibens zusammen genommen, um mir einen Begriff von einer

Einrichtung zu machen, die Sie mir als ein Werk des Weisesten angeben. Nun strenge ich meine Einbildungskraft und alles, was in mir denkt, an, um Ihnen in Schlüssen zu folgen, die Sie vermuthlich weiter getrieben haben, als Sie mir es sagen wollen, weil Sie mir ausdrücklich sagen, ich werde ohnehin schon mehr haben, als ich verlangte. Nein, mein Herr, ich kehre nun um, weil Sie von anders als von Zerrüttungen reden, und zwischen den Weltgebäuden eben die Harmonie einführen wollen, die zwischen Freunden ist, die ein innerer Trieb auch da gegen einander zieht, wo sie sich in der Ferne sehen, und wo andere Bestimmungen ihre Zusammenkunft nicht leiden. So nähern sich die Weltkörper gegen einander, aber höhere Befehle wollen, daß sie ihren Weg in die Ferne fortsetzen, und um die Erhaltung der Ihrigen besorgt seyen.

Nicht wahr, mein Herr, so stellen Sie sich die Welten vor. Ich finde ein wahres Vergnügen daran, und werde nun den schönen Jupiter nicht mehr als einen räuberischen Tyrannen, sondern als einen geliebten Vatter ansehen, der seine vier Kinder beständig um sich hat, der ihre Nächte erleuchtet, und in seiner friedsamen Bahn ungestöhrt mit ihnen einhergeht. Jeder Comet, der in sein Gebiet kömmt, beugt sich vor ihm, und lieber wird er seine Bahn ändern, als kriegerisches Unheil anrichten. Denn dieses sind die Gedanken, die Sie mir, mein Herr, angegeben haben, und ich muß Sie dabey fragen, ob nicht schon alle die Cometen, die nun von Morgen gegen Abend einhergehen, eine so edle Willfährigkeit gegen diesen Fürsten der Planeten gehabt haben?

.

.

.

Da Sie mir indessen dennoch die Cosmologischen Gründe anrathen, so habe ich neue Kräfte gesammelt, um dieselben hier anzuwenden, ungeacht ich dabey nur sehr allgemeine Betrachtungen hoffen konnte, wie Sie es selbsten auch gedenken. Ich sahe wohl, daß ich den ganzen Weltbau überhaupt als eine sehr zusammensetzte Maschine betrachten sollte. Bey dieser sollte ich erstlich allgemeine Gesetze, aber bey jedem derselben tausend kleinere Abwechslungen, und wieder neue Anwendungen auf andere und verschiedene Fälle finden. Ich stellte mir z. E. das

Licht vor, das überhaupt alle Fixsterne haben, das aber bey jedem derselben seine besondere Stärke und Abwechslungen hat. Da setzte ich, die Planeten und Cometen, so davon erleuchtet werden, fordern diese Stärke, oder ihre Abänderungen. Ich durchgienge die Gesetze der Schwere, die eben so allgemein sind, und daher fande ich unzählige Mannigfaltigkeiten in dem Laufe der Planeten, die um die Fixsterne herum sind. Der Riß, den die Weltweisen schon längsten darüber entworfen haben, ist prächtig und groß, und es verursacht eine ehrfurchtsvolle Bewunderung, wenn man überdenket, daß der ganze Himmel, und alle Weltkugeln durch ein einiges Gesetz bewegt werden, und in der That, wenn kein anderes dabey statt hätte, so würde dieses allein hinreichend seyn, um zu zeigen, daß dadurch alle Himmel mit einander in einer sehr genauen Verbindung stehen, daß die ganze Welt ein zusammenhängendes Ganzes ist, und daß sie nicht aus einzelnen und abgebrochenen Stücken zusammen geflickt seye. Diese Sätze sind allerdings groß und schön, aber es ist doch noch so gar wenig Speciales dabey.

.

.

.

Vierter Brief

Sie kommen mir, mein Herr, in ihren Betrachtungen über die Verfassung des Weltbaues zuvor, und die Mühe, die Sie sich haben geben wollen, aus der Cosmologie und aus der Erfahrung Gründe dazu aufzusuchen, und sie mir gütigst mitzutheilen, verbindet mich, nun auch meinen Gedanken aufzubieten, um zu sehen, ob ich etwas dazu beytragen kann. Ihr Eifer hierinn solle mir zum Vorbilde dienen, aber sagen Sie mir, ist es denn nur eine freundschaftliche Willfährigkeit, daß Sie mir keine Einwürfe wider mein System machen, oder wollen Sie mit der nächsten Art, das Fürchterliche aus der Welt zu verbannen, zufrieden seyn? Sie sind ja so gut ein Philosoph, als die, so diese Schrecknisse ausgedacht haben, und das Recht, das uns die Weltweißheit giebt, von jedem Vorgeben einen zureichenden Grund zu fordern, ist Ihnen, ich weiß es, in allem seinem Umfange bekannt.

Ich gestehe Ihnen gerne, daß mir mein System nur deßwegen mehr einleuchtete, weil es mir vorkame, daß es sich für eine Welt besser schickte, die die vollkommenste seyn solle, und aus diesem Grunde schiene mir auf die rechtmäßigste Art zu folgen, daß die Uebel desto seltener seyn müssen, je grösser sie sind. Ich fande keine Ursache, eine neue Schöpfung anzunehmen, und noch viel weniger wollte ich ganze Weltgebäude öde und unbewohnt machen. Es würde dadurch eine Seite der Welt immer unbetrachtet bleiben. Ein Planet, der aus seinem Gleise weggerückt würde, oder einem Cometen nachfolgen müßte, schiene mir seiner Zerstörung sehr nahe zu seyn, und ich hielte alle seine Einwohner ohne Hoffnung einer Erneuerung und Fortpflanzung, für immer verlohren und ausgetilgt. Versetzen Sie die Thiere, die unter den Polen ihren Aufenthalt haben, und dazu ausgerüstet sind, in die Afrikanische Sandwüsten, oder die, so hier ihren Aufenthalt finden, auf die Eisgebürge der Polarländer, diese Versetzung würde noch wenig zu sagen haben. Lassen sie aber das Meer austrocknen, und geben sie den Fischen die Luft zu ihrem Wohnorte, so kommen wir den Folgen, die die Verrückung eines Planeten nach sich ziehen würde, um ein merliches näher. Aber die Unwahrscheinlichkeit steigt zugleich zu ihrem wahren Grade empor.

Es ist wahr, wenn ich setze, der Lauf der Weltkörper seye so eingerichtet, daß eben die kleinern Veränderungen, die sie einander verursachen, dazu dienen müssen, daß sie einander immer ausweichen können, so nehme ich etwas an, das sich eben so strenge nicht erweisen läßt. Ich nehme darinn die Weißheit des Schöpfers in ihrem völligen Umfange. Ich setze zugleich, daß die Erhaltung der Weltkörper und ihrer Bewohner eine solche Absicht der Schöpfung gewesen, dabey keine Ausnahme zuläßig ware, die eine völlige Zerstörung einschlosse. Läßt man diese Sätze gelten, so ist doch immer mehr eine Bewunderung als ein vollständiger Beweis dabey, und man kann mir immer in Zweifel ziehen, ob eine solche Einrichtung möglich gewesen, gesetzt, daß auch die Erhaltung der Weltkörper und ihrer Einwohner keine Ausnahme hätte leiden können.

Sie sehen hieraus, mein Herr, daß ich mein System nicht ohne Zweifel gelassen, ungeacht ich die Absicht nicht habe, dieselben ohne Noth zu vergrössern. Ich muß Ihnen aber doch sagen, was sich dabey gedenken läßt. Sie weichen ohnedeme aus richtigen Gründen den Redensarten aus, die einen bloßen Zufall in den Dingen der Welt in sich schliessen. So z. E. wenn der Comet von 1680.[17]) so nahe bey der Erdbahn vorbey gegangen, daß er von derselben nicht weiter weg gewesen, als der Mond von der Erde ist, so sind Sie, mein Herr, schon längsten gewöhnt, den Ausdruck zu vermeiden: Es ist ein Glück, daß sich die Erde damals nicht daselbst befunden. Denn in der That fällt hier Glück und Zufall weg, so bald man die Sache als eine Folge von der Einrichtung der Welt einsieht, und es wird eine Absicht des Schöpfers heissen, daß er für die Erhaltung der Erde und des Cometen auf diese Art sorgen wollte. Wir müssen ohnedeme nothwendig alles, was wirklich geschieht, als Mittel und Absichten ansehen, die in den ewigen Rathschlüssen auf die allerweiseste Art unter einander geordnet sind.

Läßt sich ferner aus den Gesetzen der Schwere beweisen, daß es unmöglich ist, daß zween Weltkörper aneinander stossen können, oder daß, wenn es je einmal geschehen würde, ihre Laufbahn aus Vorsatz dazu müßte eingerichtet worden seyn, weil es vollkommen *individuale* Umstände dabey erfordert, so haben wir im ersten Falle für die Erhaltung der ganzen Körper keine Sorge zu tragen, bey dem andern aber würde immer der Beweis auf die fallen, die es behaupten wollten, weil ich hier allen Zufall schlechterdings ausschliesse, und sicher annehmen kann, daß so *individuale* Umstände wesentliche Ausnahmen von allgemeinen Absichten des Schöpfers sind. Soweit wir noch jezt die Laufbahn der Cometen kennen, finden sich noch keine solche Durchschnitte, die einstens dergleichen Zerrüttung nach sich ziehen könnten, und was Sie, mein Herr, über die Halleysche Tafel anmerken, daß die zum zweyten- und drittenmale wiedergekommene Cometen allezeit eine geänderte Bahn hatten, mag schon zeigen, daß, wenn auch dergleichen Durchschnitte einmal wären, sie noch lange nicht unverändert bleiben.[18])

Das Aneinanderstossen der Weltkörper scheint mir noch immer von den Absichten der Schöpfung am weitesten entfernt, weil jede geringe Aenderung in der Bahn eines Cometen zureichend ist, es auszuweichen. Und die Betrachtung, die Sie gemacht haben, daß Cometen keine Satelliten werden können, beweißt zureichend, daß Satelliten vom Anfange her Satelliten gewesen sind. Ich schliesse kurz daraus, jede Planeten, Satelliten und Cometen seyen an diesem, und nicht an einem andern Orte, weil sie an denselben gesetzt worden, und weil ihre Bewohner alle dazu eingerichtet sind. Was würden wir ausserhalb dem Saturn und in einem mehr als 70jährigen Winter anfangen? Denn dieser Winter wäre, wie Sie es anmerken, unter allen denen, so Cometen auszustehen haben, noch der kürzeste.

Ich weiß wohl, daß diese Betrachtungen, die ich mir in Menge gemacht habe, nur abgebrochene Stücke des Beweises sind, den man für mein System fordern kann. Aus unsern kurzen Erfahrungen kann man noch nicht auf die künftigen schliessen, und die Cosmologischen Gründe lassen sich hier noch nicht bis zur Vollständigkeit entwickeln. Ich wünschte mit Ihnen, daß sich die Weltweisen darinn etwas Mühe geben möchten, ob man die Erhaltung ganzer Weltkörper unter die Absichten des Schöpfers rechnen könne, die keine Ausnahmen leiden. Wenigstens achte ich mich hierinn befugt, diese Ausnahmen so geringe zu setzen, daß sie als unendlich klein können angesehen werden; und mein System von dem Weltbaue wird höchstens darinn fehlen, daß ich es vollkommener annehme, als es möglich scheinen möchte. Der Umfang der Allwissenheit und der Weißheit des Schöpfers ist unendlich, und ich werde mich immer hüten, derselben Schranken zu setzen. Dieses würde geschehen, wenn ich eine Vollkommenheit, ohne Beweiß eines nothwendigen Widerspruches, für unmöglich und für zu groß ansehen, oder das, was wir in Kleinem bewundern, in dem Ganzen missen wollte.

Ich habe die Betrachtungen, die Sie, mein Herr, über *Halleys* Tafel angestellt, mit vielem Vergnügen durchgelesen, und sie mit der Tafel verglichen. Sie können mit gutem Grunde fortfahren, den Raum um die Sonne nach denen Regeln, die Sie sich entworfen haben, mit Ellipsen auszufüllen, und die Ursachen, die Sie angehen, warum die Cometen in der Tafel seltener sind, die nicht so nahe zur Sonne kommen, leuchten mir vollkommen ein. Es ist fast nothwendig, daß die Cometen, die sich bis unter den Mercurius herunter senken, entweder im Heranrücken oder in ihrer Ruckkehr auf der Erde gesehen werden, und der einige Fall, wo diß nicht wohl angeht, ist, wenn der längere Theil der *Ellipse* sich abwärts neigt, denn alsdann werden sie mehrentheils nur jenseits des *Aequators* gesehen werden können, weil sie uns in ihren besten Umständen unter dem Horizonte bleiben. Eben so geht es mit denen, die zwischen der *Sphaere* der Venus und des Mercurius durchgehen. Sie gebrauchen etliche Monate, um diesen Weg um die Sonne zu machen, und haben ein stärkeres Licht von der Sonne, und grossen Theils auch einen ansehnlichen Schweif, weil sich dieser bey ihrer Annäherung gegen die Sonne verlängert, wie uns der Comet von A. 1744. ein deutliches Beyspiel davon gegeben. Die Erde mag zu solcher Zeit in *Opposition* oder in *Conjunction* mit dem Cometen und der Sonne stehen, so sind etliche Monate genug, um denselben entweder des Abends oder des Morgens zu sehen. Dieser Grund ist hinreichend, um zu zeigen, warum unter den 21. Cometen, der Halleyschen Tafel, 17. waren, die innerhalb der Venus, und unter diesen 6. die innerhalb des Mercurius ihr *Perihelium* hatten.

Hingegen ist es ganz anders mit denen Cometen, deren *Perihelium* so weit oder noch weiter, als die Erde von der Sonne entfernt ist. Ihre größte Erleuchtung ist schwächer, ihre Schweif nicht so groß, und die Erde muß in sehr vortheilhaften Umständen seyn, wenn wir sie sehen sollen, und auch ihre Sichtbarkeit währt höchstens einige Tage, oder wenige Wochen. Kommen sie der Erde sehr nahe, so ist ihr scheinbarer Lauf sehr geschwinde, und sie legen am Himmel täglich 10, 20, und mehr Grade zurück. Daher werden sie in kurzer Zeit kleiner, und verlieren sich aus dem Gesichte. Und da ihre kleinste Entfernung so groß ist, so mag man leicht eine länglichte *Ellipse* annehmen, und ihre Rückkehr wird auf viele Jahrhunderte hinaus gesetzt. Dieses mag wiederum etwas beytragen, um ihre Erscheinung seltener zu machen. Ich vermuthe aber nicht, daß es viel austrage, und die vorigen Betrachtungen sind gültigere Gründe. Denn da sich der Raum um die Sonne mit dem Abstande vergrössert, so haben auch mehrere *Ellipses* daselbst Platz, und desto mehrere Cometen können wieder erscheinen, ob gleich jeder derselben länger ausbleibt.

.

.

.

Ich nehme nach Ihrer Anmerkung über die Halleyische Tafel nicht mehr als 6. Cometen an, die zwischen dem Mercur und der Sonne durchgehen. Dieses ist unstreitig sehr mäßig. Denn wenn ich die Lücken in der Halleyischen Tafel ausfüllen wollte, so würden etliche hundert, und vielleicht mehr als tausend nicht zureichen. Aber ich bleibe bey den 6, die in der Tafel stehen. Sodann will ich die *Perihelia* nicht weiter hinaus rücken, als die Bahn des Saturns ist, ungeacht noch ausserhalb Raum genug dazu bliebe, weil der nächste Fixstern wenigstens 50000mal weiter von unserer Sonne weg ist, als Saturn.[19]) Sie sehen demnach, wie sachte ich gehe. Wenn ich nun nachrechne, so finde ich das Quadrat bey dem Abstande des Saturns bey 600mal grösser als des Mercurs. Und jenen Raum setze ich nicht dichter mit *Periheliis* von Cometen angefüllt als diesen. Die Rechnung ist nun bald gemacht. Denn ich werde wohl nicht weniger als 6mal 600, das ist in die 3600. Cometen heraus bringen. Sollten Sie wohl gedenken, daß wir bey unserer Sonne so viele Nachbarn hätten? Allein dieses scheint mir noch immer viel zu wenig. Denn nehme ich an, daß wir alle die nicht zu sehen bekommen, deren *Perihelium* weiter als Mars von der Sonne weg ist, dessen Laufbahn 40mal weniger Fläche hat als die vom Saturn, so rechne ich wiederum, daß wir von diesen 3600. Cometen nur den 40sten Theil, und daher nicht mehr als 90. zu Gesichte bekommen.

.

.

.

Wenn ich den Cometen von 1680. zum Maaßstab annehme, so würde ich alle die 3600. Cometen allein innert den Mercur bringen können. Denn sein *Perihelium* war über 60mal näher bey der Sonne als die Bahn dieses Planeten. Quadriren Sie 60, so wird ordentlich 3600. herauskommen, und nach diesem Maaße hätte ich innert dem Saturn 600mal 3600, folglich über zwo

Millionen Cometen. Und da neben dem Cometen von 1680. noch gut 2. oder 3. andere seyn können, so würde ich fünf Millionen annehmen. Glauben Sie, mein Herr, daß dieses zu viel wäre?

Der Lauf eines Cometen in einer Parabel, eben so wie der in einem Circul, ist an sich betrachtet, so gut möglich, wie der in Hyperbeln und Ellipsen, aber die Natur leidet eine so vollkommene Regelmäßigkeit nicht. Sie wissen, mein Herr, wie nahe diese Linien aneinander grenzen, und wie wenig es gebraucht, um einen Circul in eine Ellipse, und eine Parabel in eine Hyperbel, oder auch in eine Ellipse zu verwandeln. Setzen Sie nun, einer der Planeten wäre wirklich in einem Circul herum gelaufen, so werden Sie leicht finden, daß jeder Comet, der in seine Nähe kömmt, seine Bahn ändern, und den Circul etwas ablang machen könne. Er wird also nicht lange darinn bleiben. Und wenn Saturn gleich in einem Circul einher gegangen wäre, so würde die nächste *Conjunction* mit Jupiter denselben in eine Ellipse verwandelt haben. Eben dieses gilt auch bey den Parabeln; Es ist physicalisch-unmöglich, daß sie sich nicht in kurzer Zeit in Ellipsen oder Hyperbeln hätten verwandeln sollen.

Es ist wahr, bey den Circuln haben so kleine Veränderungen nichts zu sagen, der Planet wird immer bey unserer Sonne bleiben, wenn gleich seine Elliptische Bahn bald grösser, bald kleiner wird. Hingegen bey den Parabeln wird der Unterschied merklicher. Denn wird eine Parabolische Bahn in eine Ellipse verwandelt, so bleibt der Comet bey unserer Sonne, und bekömmt einen Periodischen Lauf. Entsteht aber eine Hyperbel daraus, so sehen wir ihn nicht mehr, weil er sich nothwendig von der Sonne immer entfernt. Ich will Ihnen eben nicht behaupten, ob es solche Laufbahnen gebe, aber wenn es dergleichen giebt, so ist nothwendig, daß der Comet nach und nach in das Gebiet einer andern Sonne kömmt, und vermuthlich viele tausend Jahre unterweges zubringt. Nähert er sich aber dem Fixstern, gegen welchen er sich von unserer Sonne entfernt hat, so gilt auch dorten das allgemeine Gesetz der Schwere, und er wird um diesen Stern eine von den vorgenannten krummen Linien zu seiner Laufbahn bekommen, folglich entweder daselbst bleiben, oder sich aufs neue wieder gegen andere Fixsterne wenden. Das letztere ist nothwendig, so lange seine Bahn nicht durch irgend einen Cometen oder Planeten in eine Ellipse verwandelt wird, und diese Verwandlung ist leichter oder schwerer, je nachdem die Hyperbel, die er daselbst zu beschreiten angefangen, von der Parabel weniger oder mehr verschieden ist. Auf diese Art liessen sich Weltkörper oder Cometen gedenken, die bey keinem Fixstern blieben, sondern dazu geordnet wären, einen nach dem andern zu besuchen.[20])

.
.
.

Fünfter Brief

Lassen Sie es immer gelten, daß es Weltalter gebrauchen werde, bis sich die Folgen dieser Einrichtung aufklären, und darthun werden, daß die Welt nicht für Augenblicke geschaffen seye, wie Gewürme, die nur Stunden gebrauchen, um die kurze Veränderung auf unserer Erdfläche herfürzubringen, wozu sie gewiedmet, und wozu alle ihre Gliedmaßen eingerichtet sind. Was Sie, mein Herr, von ganzen Weltsystemen sagen, ist ihrer Größe, ihrer Pracht, ihrer Dauer und Bestimmung gemäß, und der Zweifel, den Sie sich selbsten über die Möglichkeit einer solchen Einrichtung machen, verschwindet, wenn man das Unendliche in dem Umfange der Allwissenheit, Macht, Weisheit und Güte des Schöpfers überdenkt.

Woran wollen Sie denn ferner zweifeln? Ist es nicht so, die Hauptfrage kömmt darauf an: ob alle Cometen und Planeten einander auf immer ausweichen können? Fordern Sie hierüber meine Einwürfe? da ich von Anfang schon, auf die Weltweisen zürnte, daß sie sich nur mit dem schlimmsten, das je möglich ware, aufhielten, und uns bald hätten zu glauben gegeben, die Welt seye just so eingerichtet, daß wir in kurzem mit einem Cometen davon müßten: Sie, mein Herr, nehmen doch unter allen Möglichkeiten, die wahrscheinlichste an, weil sie unter allen die weiseste und gütigste ist, die in den Schätzen der

Allwissenheit Gottes waren. Halten Sie sich immer an den grossen Satz? Die ganze Welt ist eine fortdauernde Wirkung aller göttlichen Vollkommenheiten zusammengenommen, was werden Sie dabey anders als Liebe, Güte, Allmacht, Weisheit, Vorsicht und Erhaltung des Ganzen, Ordnung, Dauer und Vollkommenheit heraus bringen? Werden Sie nicht nothwendig daraus folgern, daß die Dauer des Ganzen ewig fortwähren, und die Erhaltung jeder Theile der Ewigkeit desto näher kommen müsse, je grösser sie sind, und je näher sie dem Ganzen kommen. Ist es nicht so, was sterblich ist, pflanzt sein Geschlecht fort, und was der Veränderung unterworfen ist, erneuert sich? Wo finden Sie Ausnahmen an diesen ewigen Gesetzen, und wenn Sie keine finden, wo wollen Sie denn auch nur Scheingründe für die Zerrüttung der Weltsystemen aufsuchen? Sie gebrauchen ja zu ihrem Weltbaue das Gesetz der Schwere, das irgend ein *Genius* dem *Newton* in einer Entzückung geoffenbahrt hat, und die Bahnen der Weltkörper sind dabey nicht willkührlich, sondern gerade und umgekehrt erwiesen. Sollte ich noch unwahrscheinlichere Umstände zusammenträumen, um zu versuchen, ob ein Comet hätte ein Satellit werden können, und zehen Cometen just so laufen machen, daß sie endlich um den Saturn, Jupiter und unsere Erde alle in solchen Bahnen einhergehen konnten, die von Circuln so gar wenig unterschieden sind, wie die Bahnen der Hauptplaneten selbsten? Nein, mein Herr, gedenken Sie ja nicht, daß ich so weit ausschweifen werde, um Einwürfe zu suchen, und das Wahrscheinlichste mit dem Unwahrscheinlichsten zu bestreiten. Ich bleibe einmal dabey, daß Satelliten immer Satelliten gewesen sind, und die Aehnlichkeit zwischen ihrem Laufe und dem Laufe der Hauptplaneten sowohl in Ansehung der Richtung, als der Neigung und Ründung ihrer Bahnen zeigt mir immer mehr eine Anordnung, die ein Vorsatz des grossen Schöpfers, und nicht die Frucht von Zufällen und Verwirrungen ist.

Je mehr sich Ihr Weltgebäude meinem Verstande entwickelt, desto geringer wird der Abstand meiner Cosmologie von demselben, und ich sehe nun voraus, daß ich bald aufhören werde, mich über die Allgemeinheit der Gründe dieser Wissenschaft zu beklagen. Ich wünschte nur noch mehrere Tafeln zu haben, wie des *Halley* seine ist. Wie gerne würde ich sie Ihnen zuschicken, und wie wichtige Anmerkungen und Vergleichungen hätte ich darüber von Ihnen zu gewarten. Aber sagen Sie mir doch, mein Herr, getraueten Sie sich wohl in Ernste, noch mehr als fünf Millionen Cometen heraus zu bringen? Denn Sie geben mir diesen Ueberschlag nur als ein Müstergen ihres Entwurfes an. Ich gestehe Ihnen, daß ich mich bey dieser Stelle ihres Schreibens ziemlich aufgehalten habe. Sind Sie denn hierinn nicht zu freygebig, und was wollen Sie doch aus einer so ungeheuren Zahl von Cometen machen? Sie wissen ja, daß viele von den Weltweisen sie für unreife Planeten gehalten, und gezweifelt haben, ob sie als Cometen bewohnt seyn können. Nehmen Sie den Comet von 1680. zum Beyspiele. Den 8ten Dec. selbigen Jahres ware er der Sonne 160. mal näher als die Erde. Dieses vergrössert die Hitze der Sonne 25600. mal, da sie umgekehrt zunimmt, wie das Quadrat des Abstandes. Setzen Sie nun, das beste Brennglaß könne die Sonnenstralen 2000. mal verstärken, welches ehender zu viel als zu wenig ist, so ist die Rechnung bald gemacht, daß die Hitze von 12. der besten Brenngläsern auf einen Punct gerichtet, kaum so groß seyn werde, als diejenige, deren dieser Comet bloßgesetzt ware. Ich mache die Rechnung lieber auf diese Art, weil sie richtiger ist, als wenn ich den erhitzten Cometen mit einem glüenden Eisen vergleichen, oder setzen wollte, er würde in den nächsten 50000. Jahren nicht wieder erkälten. Ich will eben die Hitze, die er wirklich erlangt hat, nicht bestimmen, aber das weis ich, daß ich doch noch lieber mit dem Cometen von 1759. einen 70. Jährigen Winter, als mit dem von 1680. eine solche Hitze aushalten wollte. Einen so ausgeglüheten Cometen haben die Philosophen mit der Zeit von seiner Bahn ablenken, und zum Planeten machen wollen, und eben so stellet uns *Whiston* die Erde vor, als sie noch ein *Cahos* ware.

Was für ein reiches Magazin von unreifen Planeten, die noch erst ausgeglühet werden müßten, hätten Sie noch in Vorrathe! aber ich besinne mich. Sie lassen in ihrem Weltbaue jeden Körper das seyn, was er einmal ist, und so wenig Sie zugeben, daß Cometen sich in Satelliten verwandeln können, so wenig werden Sie auch Hauptplaneten aus denselben machen wollen; von jeder neuen Schöpfung ziehen Sie Ihre Gedanken ab, und unbewohnt wollen Sie doch auch die Cometen nicht lassen. Ich muß nochmals fragen, ob Sie der Sache nicht zu viel thun, und Ihr System unwahrscheinlich machen? Sie kehren ja die ganze Welt um, und da Sie den Krieg am Firmamente vermeyden wollen, so verfallen Sie auf Erden mit den Philosophen in Streitigkeit. Gewiß, *Ovid* hat keine ausserordentlichere *Metamorphose* ausgedacht, als die Cometen bey den Weltweisen ausgestanden haben. *Aristoteles* hielte sie für Meteoren. *Kepler*, *Hevel*, und andere machten Himmelswolken daraus. Bis dahin war alles bey ihnen vergänglich. Bald aber fiengen die Cometen an, den Planeten ihre Würde und das Alterthum ihrer Herkunft streitig zu machen, und erhoben sich wirklich zum Range der Weltkörper, und behaupteten dieses Recht mit tüchtigen Gründen. Aber kann ich Ihnen, mein Herr, unbedingten Beyfall geben, wenn Sie aus den Cometen den Haupttheil des ganzen Sonnensystems machen? Wie sehr fallen die Planeten von ihrem vormaligen Ansehen herunter, und wie wenig werden sie es, da sie, die Satelliten mitgerechnet, nur 16. an der Zahl sind, gegen Legionen von Cometen behaupten können? Wo bleibt hier unsere Erde, die sich doch vormals als Königin auf den Thron geschwungen, Sonne und Mond als ihre zween Leuchter ansahe, und Planeten und Fixsterne als Trabanten um sich her wandlen ließen, und den Cometen kaum einen kurzen Aufenthalt in der Luft gönnete?

Nun werden Sie mir, mein Herr, nicht mehr den Vorwurf machen, daß ich wider Ihr Weltgebäud nichts einwende. Doch vielleicht habe ich mich hiebey übereilt. Ich weiß gar zu wohl, daß Sie widersinnische Sätze nicht ohne gute Gründe behaupten. Allein hier kann ich doch alle meine Fragen nicht erörtern, und will Sie um die Auflösung derselben gebethen haben. Wie angenehm ist es mir, daß ich Ihnen auch hier eine Probe geben kann, daß Ihre Gründe mir einleuchten werden. Sehen Sie einmal, woran ich Anstand finde. Glauben Sie, daß Cometen und Planeten Körper von verschiedener Art seyen, oder daß Sie, des Unterschieds in ihrem Ansehen und in ihrer Laufbahn ungeachtet, in eine Classe gehören, nicht nur in so ferne sie Nachbarn sind, und um eine Sonne laufen, sondern auch in andern bestimmtern Absichten. Wenn Sie, mein Herr, das erste annehmen, so muß ich wieder fragen, woher Sie glauben, daß so gar wenige Planeten, und hingegen so viele Cometen sind? Diese Frage scheint mir die schwerste.

Sodann lasse ich etliche hundert, und wenn Sie wollen, tausend Cometen gelten, und wenn die Sache von meinem Beyfalle abhienge, so würde ich Ihnen alle 5. Millionen ohne Bedenken einräumen, und ich würde mich auch an dem Einfall nicht aufhalten, daß dadurch der ganze Raum um die Sonne nicht bloß mit den Körpern der Cometen, sondern fürnemlich mit ihren *Atmosphaeren* und Schweifen ausgefüllt würde. Denn ich gebe Ihnen zu, daß beyde nur alsdenn grösser werden, wenn die Cometen nahe zur Sonnen kommen, wie man es an denen von 1680. und 1744. und andern mehr offenbahr gesehen.

Um Ihnen aber zu zeigen, daß ich auch die Gründe zu diesem Beyfall aufgesuchet habe, so habe ich Ihre Rechnung ordentlich zergliedert. Ich wunderte mich anfangs darüber, warum Sie die Anzahl der Cometen nicht gar wie die *Cubos* des Abstandes ihres *Perihelii* von der Sonne anwachsen ließen, weil Sie doch so sehr auf ihre Vermehrung bedacht waren. Sie wissen ja, daß die *Perihelia* in jedem *sphaerischen* Raume, den Sie sich um die Sonne gedenken können, alle möglichen Lagen haben können. Setzen Sie nun dieselben auf eine einförmige Art vertheilt, so wächst ihre Zahl unstreitig wie die *Cubi* des Abstandes. Allein ich sahe bald, daß Sie auch darauf dachten, wie Sie die Durchschnitte der Bahnen vermeyden, und jedem Comet eine ruhige Laufbahn geben könnten. Mein Einfall würde angehen, wenn die Cometen sämtlich in ihren *Perihelien* blieben. Da sie aber eine Laufbahn um die Sonne haben, so fallen viele *Perihelia* und mit denselben eben so viele Laufbahnen weg. Jede Laufbahn sehen Sie hier nicht als eine geometrische Linie an, sondern Sie nehmen den stärkern Theil des Wirkungskreyses des Cometen dazu, in welchen kein anderer Comet eintreten solle. Dadurch aber verfallen Sie richtig auf Quadrate des Abstandes. Ich stelle mir hiebey Stangen vor, die als *Radii* gegeneinander gerichtet werden. Es sind nur 12, die am nächsten gegen den Mittelpunct kommen. Da sie aber alle von demselben *divergiren*, so bleibt noch Raum übrig, 12. andere dazwischen zu schieben. Diese lassen wiederum neuen Raum für folgende, die aber von dem Mittelpunct immer weiter weg bleiben. Ihre Anzahl wird nur wie die Quadrate des Abstandes vom Mittelpunct und nicht wie die *Cubi* zunehmen.

.

.

.

Sechster Brief

Ich betrachtete den Weltbau als nach unzähligen allgemeinen und *specialern* Gesetzen und Absichten aufgeführt, und dieses schiene mir der Begriff von der höchsten Vollkommenheit zu fordern, die die Welt haben sollte. Die allgemeinsten von diesen Gesetzen sahe ich als Hauptabsichten an, die gar keine Ausnahme litten, und die *specialern* sollten sich durch diese einschränken. Da ich mir vornahme, den Weltbau im Ganzen zu betrachten, so fielen die Gesetze, so Ausnahmen leyden, aus meinen Betrachtungen weg, und ich sahe wohl, daß ich sie desto weniger würde gebrauchen können, je *specialer* sie wären. Eben so sahe ich, daß mir alle die unentbehrlich würden, die gar keine Ausnahme haben sollten. Dieses ware mein Entwurf, und Sie werden leicht erachten, daß die erste Frage hiebey diese war, woran man solche Ausnahms-freye Gesetze erkennen, und wo man sie finden solle?

Diese schwere Frage löste sich bey mir nach und nach in verschiedene andere auf. In dem Weltgebäude sollten lauter Aehnlichkeiten, aber bey jeder Aehnlichkeit unzählige Abwechslungen und Mannigfaltigkeiten seyn. Diese Abwechslungen mußte ich bey Seite setzen, und die Aehnlichkeiten so weit allgemeiner machen, bis ich sie auf jede Weltkörper anwenden konnte. Was konnten mir hier anders als die abstractesten Begriffe bleiben, da ich alles, was *individual* ist, weglassen müßte. Diese abstracten Begriffe müßten noch so von verschiedener Art seyn, daß sie sich dieser Verschiedenheit ungeachtet, dennoch miteinander verbinden liessen, und in soferne gedachte ich für jeden ein allgemeines Gesetz anzunehmen, das keine Ausnahme hätte.

So betrachtete ich z. Ex. die Bewegung, und dehnte das Gesetz der Schwere auf alle Weltkörper ohne Ausnahme aus, weil es, wie Sie, mein Herr, in ihrem vorhergehenden Schreiben anmerken, das Weltgebäude zu einem zusammenhängenden ganzen macht. Es ist noch nicht bewiesen, daß dieses Gesetz nothwendig ist, so bald man sich Körper gedenkt, und wir kennen die Natur des Stoffes, daraus die wirkliche Welt besteht, noch nicht genug, um zu beurtheilen, ob zu diesem Stoffe kein anderes Gesetz hätte seyn können? Genug, daß ich die Welt nehme, wie sie wirklich ist, und ich schliesse mit Ihnen, daß dieselbe ein Stückwerk würde, wenn kein allgemeines Gesetz jede Theile miteinander verbände. *Newton*, der diesen Zusammenhang uns gelehrt hat, gab sich die Mühe, noch andere Gesetze der Schwere zu untersuchen, und ihre *Dissonanzen* zu zeigen. *Spiral*-Linien, in welchen die Planeten von ihren Sonnen immer wegflohen, oder zuletzt in selbige sich einsenkten, sind Folgen davon.

.

.

.

Nach der Bewegung und Bewohnbarkeit vergliche ich Zeit und Raum, und die ganze Welt diente mir zum Beyspiele, daß beyde miteinander zunehmen, und daß die kleinen Veränderungen durch ihre Summe das ersetzen, was in einzeln grössern nur einfach ist. Eine kleine Veränderung ist bald herfür gebracht, aber desto öfter kehrt sie abgewechselt wieder, und die Summe von ihren Mannigfaltigkeiten wird dennoch beträchtlich. So kehrt sich unter unsern Fußtritten der Staub um, und die kleinen Welten, aus denen er besteht, verändern sich in neue. Sollen aber Städte gebaut, und Wälder gepflanzt werden, so gebraucht es Jahre dazu, und die Zeit, darinn die Weltkörper um die Sonne laufen, wächst mit ihrem Raume bis auf viele Jahrhunderte. Sie wird noch tausendfach grösser, wenn ein Körper von einer Sonne zu einer andern fortgehet, und wird sich durch unsere Jahre nicht mehr füglich ausdrücken lassen, wenn wir die Veränderung ganzer Sonnensystemen dadurch bestimmen sollen.

.

.

.

Aus diesen Gründen läßt sich vermuthen, daß es ausser dem Saturn noch Laufbahne geben, die von den Circularen nicht merklich verschieden wären. Aber nach meinem System müßten es sehr wenige seyn, und die ablangen Ellipsen behalten bey mir einen Vorzug, der die Anzahl der Planeten nothwendig sehr klein machen muß.

.

.

.

Siebenter Brief

Hieraus erklären Sie auch, warum die *Ellipsen*, deren *Perihelia* nahe bey der Sonne sind, sehr ablang seyn müssen, und wiederum, warum wenige Planeten, und warum diese wenige in einer Fläche, und die oberen von einander mehr entfernt sind. Alles dieses fleußt aus ihrem Satze, daß das Sonnen-*System* so wenig öde seyn müsse, als möglich ist.

.

.

.

Den Grundsatz leiten Sie aus den Absichten der Schöpfung her, und was je noch an dessen Allgemeinheit von Ausnahmen zweifelhaft bleiben könnte, dieses ersetzen Sie durch die Erfahrung. Der Beweis aus der Erfahrung würde für sich betrachtet zureichen, wenn wir ein vollständiges Register von allen Cometen hätten, oder wenn die Halleyische Tafel auf alle ausgedehnt wäre. Da wir aber kaum den Anfang davon haben, so gebrauchen Sie *teleologische* Gründe, um das Mangelnde zu ersetzen, und vorher zu sagen, was die künftigen Erfahrungen lehren werden. Aus der *Teleologie* leiten Sie die Absichten her, und aus der

Erfahrung finden Sie, daß die Mittel zu solchen Absichten vorhanden sind. Auf diese Art geben Ihnen die Absichten Anlaß, den Mitteln nachzuforschen, und die Mittel leiten Sie dahin, daß Sie die Absichten finden, und ihre Allgemeinheit beurtheilen können. Sie rücken beyde näher zusammen, und Ihr Beweis wird dadurch vollständig. So hatte ich in meinem letzten Schreiben gewünscht, die *abstracten* Gründe der *Cosmologie* und die Verfassung der wirklichen Welt auf eine nähere Art zu verbinden, weil ich dadurch hoffen konnte, in den Schlüssen ungleich weiter zu gehen.

.

.

.

Achter Brief

Eben so deutlich schildern Sie die Art, wie ich gedachte, meine Beweise einzurichten. Ich gestehe gerne, daß man an allem deme, was ich aus den Absichten der Schöpfung herleite, die Allgemeinheit in Zweifel ziehen kann, wenn man Beweise nach geometrischer Schärfe fordert. Man wird mir die Möglichkeit zugeben, und endlich auch noch einräumen, daß die Folgen aus meinem System der Erfahrung nicht zuwider sind. Dieses ist auch alles, was ich nach der größten Strenge verlangen kann. An den Absichten, die ich zum Grunde lege, findet man keine Ausnahmen, so weit die Erfahrung geht. Will ich sie aber weiter ausdehnen, als wir bisher wirklich erfahren haben, so kann man allerdings noch einwenden, ob nicht eben hier die Ausnahmen anfangen? Was kann ich hiebey thun? Wer alles erst sehen will, ehe er es glaubt, wird auf dieser Frage fest beharren, und es wird immer Jahrhunderte gebrauchen, bis die Erfahrungen, darauf ich mich berufen kann, vollständiger werden. Ich konnte also nicht wohl weiter gehen, als bloß, daß ich aus meinen Gründen diese Erfahrungen zuvorzusehen trachtete.

Man kann noch nicht erweisen, warum vielmehr das Newtonische Gesetz der Schwere als irgend ein anderes in der Welt angebracht ist. Von verschiedenen andern Gesetzen hat *Newton* die Folgen und ihre Unschicklichkeiten untersucht. Wenn es aber nach aller Strenge sollte bewiesen werden, so vermuthe ich sehr, die Bewohnbarkeit des Sonnensystems und die Mannigfaltigkeit in dem Laufe würde mit unter die Gründe gehören. Die *Spiralen*, deren ich letzthin gedacht, hätten eben so vielen Raum weggenommen, als jetzt unzählige Ellipsen. So aber, wenn ein Weltkörper in seiner Ellipse einhergeht, so bleibt aller Raum um dieselbe frey, und noch unzählige andere Ellipsen können in gleicher und in andern Flächen angebracht werden. Jede *Spiral* würde eine ganze Fläche weggenommen haben, und wären die Umgänge derselben nahe beysammen gewesen, wie dieses bey der Sonne nothwendig würde geschehen seyn, so wäre nicht einmal Raum zu den Durchschnitten für andere *Spiralen* geblieben. Jeder Körper, der in solchen sich bewegt hätte, würde für jeden Abstand von der Sonne haben müssen eingerichtet seyn, ungeachtet er nur einen Augenblick in solchem Abstande geblieben wäre.

Wie viel schicklicher ist hingegen das Newtonische Gesetz der Schwere zur Bewohnbarkeit und Mannigfaltigkeit in jedem Sonnensystem! Wie viel harmonischer ist die Wiederkehr der Ordnung in jedem periodischen Kreyßlaufe! Wie viele einander dennoch ähnliche Mannigfaltigkeiten unter allen Weltkugeln, die um die Sonne bleiben! Es sind immer *Ellipsen*, gesetzte *Perioden*, Abwechslungen der Jahreszeiten von jeder Dauer, die auf jedem Weltkörper die ihme angemessene Veränderung herfürbringen.

Sollen aber je noch höhere Absichten erreicht, der Abstand von Sonne zu Sonne gemessen, der Weltbau, das System der Fixsterne im Ganzen, der Grundriß der Welt und seine Anordnung betrachtet werden, so dient eben dieses Gesetz der Schwere, und giebt noch den kürzesten Weg dazu. Verwandeln Sie nur die Ellipsen in Hyperbeln, so bleibt der Körper, so sich in denselben bewegt, nicht bey einer Sonne. Er krümmt kaum seine Bahn, um sie gegen andere Sonnen zu wenden. Zu diesem Umwege gebraucht er die kürzeste Zeit, weil er sich da am geschwindesten bewegt. Sodann nähert er sich seiner *Asymtote*, und tritt in gerader Linie in das Gebiet einer andern Sonne, wo seine Geschwindigkeit wieder zunimmt, um bald wieder neue *Systemen* aufzusuchen. Könnte man hiezu schicklichere Wege als die Hyperbeln, und in allen Absichten ein tauglicheres Gesetz der Schwere aussinnen, als das, so die Kegelschnitte, die einfachsten unter allen krummen Linien, erfordert, von welchem die eine Helffte *periodische*, die andere aber immer neue Mannigfaltigkeiten giebt, und unter beyden alle möglichen Abänderungen statt haben?

.

.

.

Giengen aber solche *hyperbolische* Laufbahnen auch näher bey unserer Sonne durch, so würde ich allerdings eine solche Anordnung in dem Weltbaue annehmen, und ihr Herannahen in solche Zeiten setzen müssen, daß sie den Weg ungestört zurück legen könnten, weil ich den Bewohnern jeder Weltkörper den für sie bestimmten Gesichtpunct zur Betrachtung des Weltgebäudes lassen wollte. Kleinere Verrückungen werde ich immer zugeben, die grössern sind an sich betrachtet möglich, aber ich setze in der Welt keinen bloßen Zufall, sondern Absichten, Ordnung und die weiseste und gütigste Einrichtung. Hierinn mag man mich zu freygebig ansehen, wer aber das Gegentheil einräumen will, mag untersuchen, wie fern er neue Schöpfungen behaupten kann.

.

.

.

Neunter Brief

Denn ich gedenke, wie Sie, mein Herr, daß Ordnung, Mannigfaltigkeit, Bewohnbarkeit und das Gesetz der Schwere in jedem Sonnen-*System* einander bestimmen, und dieses ist nothwendig der Grund, warum Sie nur das Allgemeine betrachten, weil die *Individualien* aus der Erfahrung müssen entdeckt werden.

.
.
.

Daß sie sich aber alle von Abend gegen Morgen bewegen, davon läßt sich allem Ansehen nach nicht so leicht ein Grund angeben. Das Gesetz der Schwere scheint hiezu nicht hinreichend, weil es Cometen giebt, die eine ganz entgegengesetzte Richtung in ihrem Laufe haben, wie z. E. der von A. 1759. Man hat sich auch dieses Grundes bedient, um die Cartesischen Wirbel umzustossen. Sollte diese allen Planeten gemeinsame Bewegung damit eine Verbindung haben, daß sie in der Fläche des Sonnen-*Aequators* sind, oder liegt etwan hier noch ein ander Gesetz des Weltbaues verborgen, daß die Planeten so wohl in ihrer Bahn als um ihre Axe sich nach eben der Richtung wenden müssen, nach welcher die Sonne selbst sich um ihrer Axe wendet?

.
.
.

Sie hängen das Gesetz der Schwere mit der Bewohnbarkeit und Mannigfaltigkeit der Weltkörper so zusammen, daß diese allgemeinen Absichten der Schöpfung allerdings dieses Gesetz zu fördern scheinen, welches auch ohnedem das einfachste ist, und uns die Bestimmung der Laufbahn jeder Weltkörper so sehr erleichtert. Wie bewunderungswürdig wird dabey die Einrichtung und Ordnung in dem ganzen Sonnen-*System*, und welche mannigfaltige Verschiedenheit und Abwechslung breitet dieses Gesetz durch die Welt aus.

.
.
.

Die Unordnung in der Welt ist nur scheinbar, und wo sie am größten zu seyn scheinet, da ist die wahre Ordnung noch weit herrlicher, uns aber nur mehr verborgen. Wir würden fehlen, wenn wir die Körper des Sonnen-*Systems* nur dem Raume und ihrem Orte nach betrachten, und dabey ungefehr eine Ordnung suchen wollten, wie sie in einer wohleingerichteten Bibliothec ist, wo man nur auf den Ort sieht, um jedes Buch gleich zu finden. Diese Ordnung wäre in der Welt viel zu einfach. Hier muß Raum und Zeit mit einander verbunden, und die Ordnung auf beyde ausgebreitet werden. Wie vollkommen harmonisch geschieht dieses in dem Laufe der Weltkörper um die Sonne, die dem Raume nach betrachtet, keine Ordnung zu haben scheinen.

.

.

.

Was glauben Sie, mein Herr, lassen sich diese Betrachtungen nicht auch auf die Fixsterne ausdehnen? Ich habe noch gestern Abend in dieser Absicht den gestirnten Himmel betrachtet, weil ich doch niemals eine gewisse *Symmetrie* in seiner scheinbaren Gestalt hatte finden können. Ich sucht sie nochmals vergebens. Denn ich fande die Sterne der ersten, zweyten und folgenden Grösse so gar ungleich ausgetheilt, daß bald viele der größten dichte beysammen, hingegen an andern Orten des Himmels grosse leere Räume, und in dieselbe kaum etliche Sterne der sechsten Grösse waren. So zerstreut, dachte ich, würde uns das Sonnen-*System* vorkommen, wenn wir alle Planeten und Cometen desselben auf einmal sehen könnten.

.

.

.

Am meisten hielte ich mich bey der Milchstrasse auf. Dieser lichte Bogen, der sich um das Firmament ganz herum zieht, und den Weltbau gleich einem mit Brillanten besetzten Ringe schmücket, erweckte Erstaunen und Bewunderung in mir.

.

.

.

Hier wurde ich recht irre, und ich muß Ihnen, mein Herr, sagen, daß ich bald wieder angefangen hätte, an der Allgemeinheit Ihres Grundsatzes zu zweifeln, daß die Welt so viel, als möglich ist, bewohnbar und bewohnt seyn sollte. Wie, wenn in diesem so schmalen Striche so undenkbar viele Sonnen seyn konnten, wo mag es gefehlt haben, daß nicht der ganze Himmel eben so dichte damit besetzt ist? Sehen Sie, es geht mir nun vollkommen, wie den Philosophen, die ich in meinem ersten Schreiben bestraft hatte. Ich werde unvermerkt auf ihre Spur gebracht, und fange nun bald an, Fragen und Zweifel auf einander aufzuhäufen.

.

.

.

Was gedenken Sie aber hierüber, und wie ferne getrauen Sie sich, mein Herr, Ihren Grundsatz von der Bewohnbarkeit des Weltgebäudes zu rechtfertigen, und auch da noch zu zeigen, daß er mit der Ordnung in der Einrichtung des Ganzen und mit dem Gesetze der Schwere zusammenhängt? Wie wunderbar muß es doch in der Milchstrasse aussehen! Glauben Sie, daß die Sterne in diesem lichten Streife in der That dichter beysammen sind, oder liegen sie nur in unendlich langen Reihen hinter einander? Es mag aber das erste oder das letzte seyn, so komme ich immer wieder auf meine vorige Frage, warum es nur in diesen einigen Streifen ist?

.

.

.

Der äussere Umriß derselben ist sehr *irregular*, ihre Breite sehr ungleich, und an einigen Orten kaum 3. Grad, an andern aber 25. bis 30. Grad. Sie scheint wie aus Stücken zusammengesetzt, und einige dieser Stücke scheinen seitwärts sich von den übrigen zu entfernen, als ob sie gespalten oder aufgerissen wäre.

Können Sie, mein Herr, bey dieser scheinbaren *Irregularität* eine Harmonie und Ordnung finden. Und wie wollen Sie hiebey Zeit und Raum mit einander verbinden, damit sich alles dieses nach einem allgemeinen Gesetze richte? Denn nichts leuchtet mir klärer ein, als daß auch hier solche Gesetze und eine weise Einrichtung seyn müsse, und ich werde mir nie vorstellen können, daß, da jede Theile die vollkommenste Ordnung haben, diese Ordnung in dem Ganzen sollte vermißt werden. Der

Weltbau ist ein Ganzes, und muß daher nothwendig durch allgemeine Gesetze zusammenhängen.

.

.

.

Zehnter Brief

Ich will dabey anfangen, daß ich die Fixsterne aus ihrer Stelle rücke, und sie ungefehr eben so wie die Planeten und Cometen in gesetzte Bahnen einherwandeln mache. Sie haben mir, mein Herr, bereits in einem vorhergehenden Schreiben, einen Grund dazu angegeben, weil Sie das Gesetz der Schwere durch das ganze Weltgebäude verbreiteten, und behaupteten, daß die Welt und alle ihre Theile dadurch auf das engste mit einander verbunden, und zu einem zusammenhängenden Ganzen wurde. Dieses Gesetz allein gibt aber nichts anders als eine *vim centripetam*, und wenn es alleine wäre, so müßten alle Weltkörper nach und nach wieder in einen Klumpen zusammen fallen. In 64. Tagen wäre die Erde schon in der Sonne. Allein so würde für die Erhaltung dieser Körper schlecht gesorgt, und es ist also nothwendig, daß das Gesetz der Schwere durch ein anderes so eingeschränkt werde, daß sie fortdauren können. Dieses ist die Bewegung, und die daher rührende *vis centrifuga*. Diese beyden Kräften halten einander ein gesetztes Gleichgewicht, und die Ordnung in den Weltkörpern wird dadurch beständig[21]). Es mögen nun die Fixsterne entweder nur gegen einander oder gegen einen gemeinsamen Mittelpunct schwer seyn, so bleiben sie nicht in Ruhe, sondern müssen durch eine zweyfache Kraft in Kreysen bewegt werden.

Den andern Grund haben Sie, mein Herr, in Ihrem letzten Schreiben vorgetragen. Sie finden in der Lage der Fixsterne keine *Symmetrie* dem Raum und Orte nach, und hieraus schliessen Sie, die Ordnung müsse Raum und Zeit mit einander verbinden, und daher vollkommener seyn, weil sie zusammengesetzter ist. Dieses erläutern Sie durch das Sonnen-*System*, welches uns allerdings verwirrt vorkommen würde, wenn wir alle Weltkugeln, so um die Sonne gehen, sehen könnten, und bey dem blossen Anblicke stehen blieben. Wie wollten Sie aber, daß die Fixsterne der Zeit nach eine Ordnung unter sich hätten, wenn zwischen Zeit und Raum keine Verhältnis, kein allgemeines Gesetz wäre? Dieses aber setzt nothwendig eine Bewegung zum voraus, und ich schliesse mit Ihnen, die Fixsterne seyen lange nicht so unbewegt, als man sie ausgegeben, sondern es seyen Sonnen, die in geordneten Laufbahnen einher wandeln.

Diese Bewegung der Fixsterne muß nothwendig in ihrem scheinbaren Abstande von einander in die Länge der Zeit eine Veränderung herfür bringen. Ich kann nicht sagen, ob man seit dem *Hipparchus*, welcher den ersten *Catalogum* der Fixsterne verfertigt, eine solche Veränderung bemerkt hat. So viel ist gewiß, daß diese alten *Observationen* mit den neuern nicht übereinkommen, und man hat die Ursache allein in den weniger genauen Instrumenten, und sodann auch darinn gesucht, weil die Stralenbrechung, die Abirrung des Lichtes und die *Nutation* der Erde den Alten unbekannt ware. Könnte man diese Fehler verbessern, oder wenigstens untersuchen, ob der Unterschied zwischen den ältern und neuern *Observationen* merklicher ist, als der, so von diesen Fehlern hekömmt, so würde die Frage entschieden. Es ist klar, daß man fürnemlich die Lage der grössern Fixsterne unter einander vergleichen müßte, weil diese wahrscheinlicher Weise unserer Sonne am nächsten sind. Dermalen habe ich die Zeit nicht, diese Untersuchung anzustellen, daher bleibe ich bey den allgemeinen Gründen, die ich vorhin angeführt habe. Diese scheinen mir zureichend, um zu beweisen, daß die Fixsterne ihren Ort unter einander ändern müssen, und weiter würde sich aus der erstbemelten Untersuchung nicht viel schliessen lassen. Ich bleibe auch hier, wie bey den Cometen, nur bey der allgemeinen Einrichtung stehen.

Diese Bewegung der Fixsterne kann auf eine gedoppelte Art betrachtet werden. Denn da das Gesetz der Schwere dabey vorkömmt, so laufen, so viele ihrer zusammen gehören, um ihren gemeinsamen Mittelpunct der Schwere, wie dieses auch in unserm Sonnen-*System* statt hat. Es kömmt also die Frage nur darauf an, ob man diesen Mittelpunct ganz öde lassen, oder in denselben einen so grossen Körper setzen solle, der gegen die Fixsterne, so sich um denselben herumdrehen, eben das ist, was die Sonne in Vergleichung mit den Weltkugeln, die um sie laufen? Wäre dieser Mittelpunct ganz leer, so würde der Lauf der Fixsterne sehr langsam seyn müssen, weil sie gegen denselben keine andere *vim centripetam* hätten, als die, so von ihnen selbst herrührt, da sie gegen einander schwer sind. Diese Schwere aber wäre wegen des grossen Abstandes sehr geringe, und daher könnte die *vis centrifuga*, und folglich auch die Geschwindigkeit nicht groß seyn. So würden die Planeten und Cometen unseres *Systems* sich um ihren gemeinsamen Mittelpunct der Schwere bewegen, wenn auch gleich die Sonne nicht da wäre. Aber ihre Geschwindigkeit wäre ungleich langsamer, weil sie sich sonst zerstreuen würden.

Setze ich aber in den gemeinsamen Mittelpunct der Fixsterne, die zusammen ein *System* ausmachen, einen Körper, gegen welchen sie insgesamt schwer sind, so muß ich diesem Körper eine ungeheure Grösse geben, und seine Masse so aufhäufen, daß auch die entferntesten Fixsterne des *Systems* gegen denselben noch eine beträchtliche Schwere haben können, weil diese allezeit der Masse *proportional* ist. Wollte ich hier einen Roman schreiben, so würde ich setzen, dieser Körper habe entweder gar kein- oder doch nur ein sehr schwaches eigenes Licht. Ich würde die Welt so einrichten, daß die kleinern dunklern Körper, wie z. E. die Planeten um die leuchtenden Sonnen, diese aber wieder um dunkle Körper herum laufen. Denn die Sonnen hätten kein ander Licht nöthig, weil sie selbsten von so starkem Glanze sind, hingegen könnte der dunkle Körper, um welchen sie sich bewegen, von den Sonnen, so zunächst um ihn laufen, noch zureichend erleuchtet werden. Allein von einer solchen Einrichtung kann ich keinen andern Grund als die blosse Möglichkeit angeben. Sie wissen aber, mein Herr, daß die Möglichkeit nur in der Poetischen, nicht aber in der Philosophischen Welt als hinlänglich angesehen wird. Ich lasse es demnach unentschieden, ob ein *System* von Fixsternen sich nur um einen gemeinsamen Mittelpunct herum dreht, oder ob in diesem Mittelpunct in der That ein Körper von einer ungeheuren Masse ist, gegen welche die Fixsterne schwer sind?

Eine andere Betrachtung, die sich über die Bewegung der Fixsterne machen läßt, gründet sich auf die Frage, ob die Bewegung eines Weltkörpers um seine Axe mit seiner Bewegung in der Laufbahn nothwendig verbunden ist, und ob die *mechanische* Einrichtung des Weltbaues eine von der andern abhängig macht? Die Verhältnis zwischen diesen beyden Bewegungen hat man noch nicht aus allgemeinen Gründen bestimmen können. Ließe sie sich aber erweisen, so würde ich mit dem Schlusse bald fertig seyn: Die Sonne bewegt sich um ihre Axe, folglich muß sie auch in einer Laufbahn einhergehen.

So viel ist ausgemacht, daß sich unsere Sonne, nebst ihren Planeten, Satelliten und Cometen um den gemeinsamen Mittelpunct der Schwere bewegt. Dieses folgt aus dem, daß alle diese Cörper gegeneinander schwer sind. Allein der Circul, den die Sonne aus diesem Grunde beschreibt, ist nothwendig sehr klein, und man kann hieraus noch nicht schliessen, daß sich ein Mittelpunct nach und nach verrücke. Es würde immer sehr langsam zugehen. Ich leite demnach die Bewegung der Fixsterne lieber aus den beyden ersten Gründen her, welche sie merklicher und nothwendiger machen.

Was Sie mir, mein Herr, über die Milchstrasse schreiben, hat mich schon öfters auch in Verwunderung gesetzt. Es scheinet unstreitig, daß dieser Streife weit hinter den andern Fixsternen ist, die wir ausserhalb demselben sehen, und die grössern Fixsterne in diesem Circul müssen uns alle ungleich näher seyn, weil wir die, so eigentlich die Milchstrasse ausmachen, nur durch Fernröhren deutlicher sehen. Sind sie aber so unermeßlich entfernt, so scheinet allerdings, daß sie unserer Sonne an Grösse und an Glanz nichts nachgeben, und daher auch einen merklichen Abstand von einander haben müssen.

Fangen Sie demnach bey unserer Sonne an, in Gedanken gegen einen Fixstern der ersten Grösse, von diesem zu einem entferntern, von diesem zu denen, die der Ordnung nach entfernter sind, gerade fortzugehen, so werden Sie vielfach früher zu den äussersten kommen, wenn Sie den Weg ausser der Milchstrasse nehmen, als wenn er durch dieselbe durchgeht. Ich setze den nächsten Stern, so eigentlich zur Milchstrasse gehört, vielmal weiter von uns weg, als der äusserste von den übrigen, die nicht dazu gehören. Denn da ich annehme, die Sterne in diesen Streifen seyen so weit von einander entfernt, als irgend einer der nächsten Fixsterne von unserer Sonne, so muß ich sie nothwendig in unbegreiflich langen Reihen hinter einander setzen, und daraus folgere ich, daß das ganze *System* der uns sichtbaren Fixsterne nicht *sphaerisch*, sondern flach ist, ungefehr wie eine Scheibe, deren Durchmesser vielfach länger als ihre Dicke ist. Denn ich muß hier eine *physicalische* Fläche nehmen, die eine gewisse Dicke hat. In dieser Fläche liegt die Milchstrasse und alle sichtbaren Sterne ausser derselben, sie ist gleichsam die *Eccliptic*, darinn sich alle Fixsterne bewegen.

Aber damit reiche ich noch nicht aus. Die Milchstrasse unterscheidet sich von dem übrigen Theile des Himmels zu deutlich. Wenn ich also gleich alle andere Fixsterne zusammen nehme, so muß ich die Milchstrasse von demselben ganz absondern, und auch diesen Streifen in unzählige kleinere Theile zerfällen. Viele von diesen Theilen zeigen sich uns dadurch, daß sie von den übrigen getrennt erscheinen. Die übrigen bedecken einander, weil eines hinter dem andern liegt. Jedes von diesen Theilen sehe ich als ein besonder *System* von Fixsternen an. Wir selbst befinden uns in einem solchen, und zu diesem rechne ich alle Sterne, die uns sichtbar sind, und ausser der Milchstrasse liegen, wie auch die grössern, so diesen Bogen des Himmels bedecken. Die übrigen *Systemen* liegen in der Fläche der Milchstrasse um uns herum. Jedes setze ich unserm Sonnen-*System* darinn ähnlich, daß alle Fixsterne oder Sonnen, die dazu gehören, sich um einen gemeinsamen Mittelpunct herum bewegen, und ich wäre geneigt zu glauben, daß alle diese *Systemen*, oder die ganze Milchstrasse einen gemeinsamen Mittelpunct habe, um welche sie laufen.

Sie sehen hieraus, mein Herr, daß ich nach der *Analogie* schliesse. So z. E. gehören die Trabanten zu den Haupt-Planeten, diese zur Sonne, die Sonne zu ihrem *System*, und dieses zum *System* der ganzen Milchstrasse. Weiter reichen unsere Augen nicht, und ich lasse es unbestimmt, ob nicht die uns sichtbare Milchstrasse zu noch unzähligen andern gehört, und mit denselben wieder ein ganzes *System* ausmacht. Vielleicht ist das Licht dieser so unermeßlich entfernten Milchstrasse so schwach, daß wir es nicht sehen können. Denn die nächsten Fixsterne mögen dennoch ein schwaches Licht durch unsere Luft ausbreiten, weil wir des Nachts zumal bey hellem Himmel noch sehen können. Diese so schwache Klarheit kann unstreitig eine noch schwächere verdunkeln und unempfindbar machen, und ich schliesse aus dem, daß die Milchstrasse noch sichtbar ist, wie unzählig viele Sonnen in diesem Streifen seyn müssen. Dem blossen Auge entziehen sich die Sterne der siebenden und der folgenden Grössen, und sie werden uns nur alsdenn sichtbar, wenn viele derselben dichte beysammen sind. Wir sehen dieses an den sogenannten neblichten Sternen. Die Fernröhren lehren uns, daß sie nichts anders als ein Haufen von Sternen sind, die die Entfernung kleiner macht, als daß wir sie mit blossem Auge unterscheiden könnten. Wenn sich aber das Licht von vielen zusammen paaret, so wird es stärker, und daher unsern Augen empfindbar. Dieses ist der Grund, warum wir die Milchstrasse sehen.

.

.

.

Die Bewegung scheint mir zur Vollkommenheit der Welt wesentlich, denn dadurch entstehen Abwechslungen, und mit den Abwechslungen immer neue Mannigfaltigkeiten. Die Bewegung bringt diese Mannigfaltigkeiten hervor, die Gesetze der Veränderungen sind allgemein und einfach, und daher haben wir die Uebereinstimmung des Mannigfaltigen, das ist, die Vollkommenheit. Auf diese Art bekräftigt auch die *Cosmologie* meinen Satz von der Bewegung der Fixsterne.

Sie haben mir, mein Herr, bereits geholfen, das Newtonische Gesetz der Schwere durch die ganze Welt, und daher auch durch jede *Systemen* von Fixsternen auszubreiten. Eben so weit breiten sich nothwendig die Circul und *Ellipsen* aus, in welche die Fixsterne sich um den Mittelpunct ihres *Systems* herum bewegen. Je näher ein Stern diesem Mittelpunct ist, desto geschwinder läuft er in seiner Bahn, und in desto kürzerer Zeit kömmt er darinn herum. Ich habe schon vorhin angemerkt, daß ich die Sterne, so ausser der Milchstrasse sind, in ein *System* zusammen nehme, so groß auch ihre Zahl seyn mag. Es ist natürlich, und der *Analogie* gemäß, daß Zahl, Raum und Zeit zugleich mit dem System wachsen. Die Erde hat nur einen Trabanten, Jupiter 4, Saturn 5, die Sonne mag bey Millionen Weltkörper um sich haben, weil ihre Masse grösser, und ihr Licht und ihre Wärme von allgemeinerm Nutzen ist. Solle ich demnach ein *System* von Sonnen zusammen setzen, so reichen Millionen noch lange nicht zu. Es muß zugleich zahlreicher werden, wenn es in der Verhältnis wachsen solle, wie die Trabanten des Saturns zu der Anzahl der Körper des Sonnen-*Systems*, die ich in einem meiner vorhergehenden Schreiben auf Millionen gesetzt habe.

Ich kann nicht bestimmen, ob unsere Sonne nahe bey dem Mittelpunct des *Systems* ist, zu welchem sie gehört, oder ob sie weiter davon weg ist. So viel läßt sich ausmachen, daß sie nicht an den äussersten Grenzen ist, wenn ich nach dem vorhin beschriebenen Entwurfe schliessen kann. Denn ich setze zwischen diesem *System* und den übrigen, die in der Fläche der Milchstrasse um dasselbe herum liegen, einen weiten Raum, wodurch die *Systemen* von einander abgesöndert werden. Wäre nun unsere Sonne an den Grenzen, so würden wir nur auf der einen Helfte des Himmels Fixsterne von der ersten, zweyten, und folgenden Grösse sehen. Dieses ist aber nicht, weil uns der gestirnte Himmel aller Orten solche Sterne zeigt.

Daher ist unsere Sonne näher bey dem Mittelpunct ihres *Systems*.

Hingegen kann es ehender seyn, daß dieses ganze *System* nicht mitten in der Fläche liegt, welche durch die Milchstrasse geht. Denn wäre dieses, so müßte die Milchstrasse auf der Himmelskugel als ein größter Circul erscheinen, und folglich von den Polen des *Aequators* und des Thierkreyses gleich abstehen, den *Aequator* und den Thierkreys selbst in zween gleiche Theile theilen. Dieses geschieht aber nicht. Daher stellt die Milchstrasse einen kleinern Circul vor, und unser *System* liegt ausserhalb der Fläche, die mitten durch die Milchstrasse geht. Da inzwischen die scheinbare Figur dieses Streifens von einem größten Circul der *Sphaere* sehr wenig verschieden ist, so kann auch unser *System* von besagter Fläche nicht viel entfernt seyn. Vielleicht liegt es eben so ausserwärts, wie die Stücke, die wir von der Milchstrasse seitwärts herfür ragen sehen. Wenn es weiter entfernt wäre, so würden wir die Milchstrasse viel breiter sehen. Ihre mittlere Breite mag aber nur ungefehr zehen Grade betragen.

.
.
.

Elfter Brief

Nun sehe ich einmal in allem Umfange ein, warum Sie, mein Herr, immer sagten, daß wir noch lange nicht genug Copernicanisch denken. Es ware nicht genug, die Erde aus ihrer Ruhe zu stören, sondern am ganzen Firmamente solle kein Körper in Ruhe bleiben. Die Sonne mag immerhin im Mittelpuncte ihres *Systems* seyn, und die Planeten und Cometen um sich her wandeln lassen. Sie ist es nicht mehr als Jupiter und Saturn in Absicht auf ihre Trabanten. Daß sie aber im Mittelpunct des ganzen Weltgebäudes seye, das ist noch lange nicht ausgemacht; und wenn sie es auch einmal wäre, so würde sie bald wieder daraus weggerückt werden. Kurz: die Ruhe ist aus der Welt verbannt, weil sie zu einförmig wäre. Die Mannigfaltigkeit fordert Abwechslungen, und diese können ohne Bewegung nicht vorgehen. Die Bewegung wird demnach wesentlich, und das allgemeine Gesetz der Schwere würde genug seyn, um zu zeigen, das wirklich alles in Leben und Bewegung ist. Kein Punct des ganzen Weltgebäudes bleibt, auch nicht einen Augenblick, in einer *absoluten* Ruhe. Die vollständigste *Symmetrie* muß Zeit und Raum mit einander verbinden, und jede tode Masse wird schlechterdings aus der Welt ausgeschlossen, und ohne eine durchgängige Bewegung wäre die Welt eine Maschine, die nicht gebraucht würde, eine abgelaufene Uhr.

So weit räume ich Ihnen, mein Herr, gerne alles ein. Es ist also nur die Frage, die Art dieser Bewegung genauer zu bestimmen. Für unser Sonnen-*System* haben Sie bereits zureichend gesorgt, und aus dem allgemeinen Begriffe seiner Einrichtung gleichsam zum voraus gesagt, was die Erfahrung je länger je mehr bekräftigen wird. Eben so kann ich Ihnen zugeben, daß Sie aus dem Gesetze der Schwere, welches sich unstreitig durch die ganze Welt ausbreitet, und sie zu einem zusammenhängenden Ganzen macht, richtig auf eine *Central*-Bewegung der Fixsterne schliessen, so wenig sie uns noch merkbar ist. Diese sind so weit entfernt, daß sie unermeßlich grosse Räume durchlaufen können, ehe wir ihren scheinbaren Ort um etliche Minuten verrückt sehen, und zur Bestimmung dieser so kleinen Verrückung scheinen die Observationen der ältesten Sternseher zu vielen andern Fehlern unterworfen, als daß man sie mit den neuern verglichen, so genau sollte erkennen können. Indessen lohnte es sich doch der Mühe, die Untersuchung anzustellen.

Was Sie, mein Herr, in Ihrem Schreiben noch selbsten als willkürlich ansehen, betrift die Eintheilung der Fixsterne in besondere *Systemen*, und dazu haben Sie mir einige Gründe angegeben, die ich gesucht habe, mir so deutlich vorzustellen, als es mir möglich wäre. Der erste dieser Gründe ist die *Analogie*, welche man überhaupt betrachtet in der Naturlehre sehr weit ausdehnen kann. Denn alles in der Natur ist nach allgemeinen Gesetzen eingerichtet. Sie machen demnach aus dem ganzen Weltbaue ein ganzes *System*. Dieses theilen Sie in einzele, und jedes derselben wieder in kleinere, bis sie endlich auf unser Sonnen-*System*, und auch noch von diesem auf die *Systemen* der Planeten kommen, welche nur wenige Trabanten um sich haben. Hiebey räume ich Ihnen ein, daß die Erde mit dem Monde, Jupiter und Saturn mit ihren Trabanten die einfachsten *Systemen* ausmachen, daß die Sonne mit allen ihren Weltkugeln ein merklich grösseres *System* ist, daß dergleichen grössere *Systemen* um jede Fixsterne herum sind, daß endlich die ganze Welt zusammen genommen ein Ganzes oder das vollständigste *System* ist. Der Begriff, den wir uns von einem *System* machen, und die Kenntnis, so wir von der uns sichtbaren Welt haben, fordert, daß jedermann dieses zugeben wird. Die Frage ist demnach nur, ob wir nicht einen erstaunlich grossen Sprung machen, wenn wir von dem Sonnen-*System* sogleich zu dem *System* des ganzen Weltbaues fortschreiten, und ob nicht die Fixsterne selbsten noch müssen in Classen, und diese Classen stuffenweise noch in allgemeinere Classen gebracht werden? Denn so hätten wir nur noch drey Stuffen: Das *System* jeder Planeten, das *System* jeder Sonnen, und das Welt-*System*. Wie, wenn statt dieser drey Stuffen unzählige wären, wenn diese drey die *Subordination* der *Systemen* nicht vollständig genug machten, wenn zwischen der Anzahl der Planeten und Cometen um eine Sonne und der Anzahl aller Sonnen keine *Proportion* wäre, so müßten wir unstreitig noch mehrere Stuffen zugeben. Ich wenigstens trüge kein Bedenken, weil mir eine Kette von drey Gliedern viel zu kurz scheint, und aller Orten, wo wir Stuffen in der Natur antreffen, da sind mehrere.

.

.

.

Die Hauptfrage scheint mir darauf anzukommen, ob die Sterne, so wir durch Fernröhren in der Milchstrasse sehen, wenigstens so weit von einander entfernt sind, als die nächsten Fixsterne von unserer Sonne? Denn wenn dieses ist, so wird bald ausgemacht seyn, daß sie in unbeschreiblich langen Reihen hinter einander liegen müssen. Ich nehme z. E. zween dergleichen Sterne aus der Milchstrasse, die nur eine Secunde von einander entfernt scheinen. Setze ich, sie seyen von uns gleich weitweg, so hätte ich einen gleichschenklichten Triangel, dessen zwo längern Seiten einen Winkel von einer Secunde machen, die kürzere aber der Abstand dieser beyden Sterne wäre. Die *Trigonometrie* giebt, daß jede der längern 206265mal grösser seyn müßte als diese. Diese ist aber wenigstens 500000mal grösser, als der Abstand der Erde von der Sonne. Daher müßten solche Sterne 200000mal 500000. oder 100000000000. das ist hundert tausend Millionenmal weiter von uns entfernt seyn als die Sonne[22]). Da ich mir nicht vorstellen kann, daß wir sie noch sollten sehen können, so schliesse ich lieber, daß die Sterne der Milchstrasse entweder näher bey einander, oder in langen Reihen hinter einander liegen müssen. Das erstere leuchtet mir nicht so wohl ein. Einmal würde ich gar keinen Grund finden, alle Sterne der Milchstrasse in eine gleiche Entfernung zu setzen, und wenn ich es auch thun wollte, so müßte ich annehmen, daß sie sehr klein wären, und so würden wir sie wegen ihres grossen Abstandes allem Vermuthen nach nicht mehr sehen können. Im Gegentheile sehe ich jede Fixsterne als so viele

Sonnen an, deren Licht und Wärme viele Millionen dunkler Weltkörper dienen solle. Dieses aber fordert einen grossen Wirkungskreyß, darin solche Planeten und Cometen sich bewegen können, und daher auch einen grossen Abstand der Fixsterne von einander. Sehen Sie, mein Herr, so gebrauche ich Ihren Grundsatz von der Bewohnbarkeit der Welt, um den Abstand der Fixsterne zu bestimmen, und sie durch den unermeßlichen Raum aus einander zu setzen. Ich wollte keinen Fixstern bloß zum Anschauen stehen lassen, sondern das Licht, die Wärme, und seine Schwere solle dienen, ein ganzes *System* von Weltkugeln um denselben einher wandeln zu machen, die Nutzen davon hätten. Mittel ohne Absichten scheinen mir nichts zu taugen, und ich schliesse sie von der Welt aus. Jeder Fixstern muß zu ähnlichen Absichten dienen, zu welchen wir unsere wolthätige Sonne gewiedmet sehen. Diese hat ein ihrer Majestät angemessenes Gebiet, und jeder Fixstern verdient, nicht ärmer oder gar ungebraucht zu seyn. Sein Licht und seine Wärme sind Mittel, und diese sollen gebraucht werden, wie wir das Licht und die Wärme unserer Sonne gebrauchen. Jedem Fixstern räume ich demnach ein ansehnlich Gebiet ein, so weit sich sein Wirkungskreyß erstreckt. Dadurch aber muß ich allerdings den Abstand zwischen jeden ungefehr so groß als den vom *Sirius* von unserer Sonne setzen, und die Fixsterne müssen Reihenweise hinter einander liegen.

Bis dahin glaube ich, daß ich Ihnen, mein Herr, ordentlich gefolgt bin, und die Sache nur nach meinen Begriffen eingerichtet habe. Allein Sie sind noch viel weiter gegangen, und ich muß Ihnen sagen, daß ich etwas Mühe hatte, von da an noch neue Schritte zu thun. So weit begriffe ich noch wohl, daß ich diese Reihen von Fixsternen durch die Milchstrasse unzählige mal weiter hinaus strecken mußte, als ausserhalb derselben, weil ich mir nicht vorstellen konnte, daß ausserhalb, wo wir den Himmel ziemlich leer sehen, an statt leuchtender Sonnen lauter dunkle und unsichtbare Weltkugeln seyn sollten; oder daß solche leere Räume mit eitel hyperbolischen Laufbahnen von Cometen angefüllt wären. Setze ich demnach ausser der Milchstrasse vielfach kürzere Reihen von Fixsternen, so folgt allerdings Ihr Schluß daraus, das gesamte *System* von Sternen, die wir sehen können, müsse nicht *sphaerisch*, sondern flach seyn, und die Milchstrasse seye so zu reden die Eccliptic derselben. Ich sahe sie daher als einen sehr flachen Cylinder, oder als eine *Sphaerois* an, und wenn ich der Dicke nach eine Reihe von 100. Fixsternen setzte, so müßte ich der Länge nach eine Reihe von Millionen annehmen, damit die Milchstrasse, welche diese *Sphaerois* vorstellt, dichte genug mit Sternen besetzt scheinen möchte.

.

.

.

Setze ich demnach um jeden Fixstern ein *System* von Körpern, die sein Licht und seine Wärme nutzen sollen, so muß ich nothwendig den Fixsternen einen ansehnlichern Abstand geben, und dieser Abstand wächßt unstreitig zugleich mit der Grösse des Sterns, weil sein Wirkungskreyß seiner Masse *proportional* ist. Daß aber die Sterne in der Milchstrasse unserer Sonne an Grösse und Klarheit wenig nachgeben, das haben Sie, mein Herr, daraus geschlossen, weil sie, ihres grossen Abstandes ungeacht, noch sichtbar sind. Es wird mich sehr freuen, wenn Sie diese Beweise noch schärfer zu machen suchen wollen. Ihre Betrachtungen über diese so weitläuftige und noch ganz unentwickelte Materie haben alle Wahrscheinlichkeit, und Sie geben mir auf die Hauptfrage, die ich Ihnen vorgelegt hatte, einen Grund an, der mit mehrern andern eine genaue Verbindung hat. Es wird mir sehr klar, daß am Himmel öde Plätze seyn müssen, damit Raum zur Bewegung bleibe, weil die Bewegung in der Welt wesentlich ist. Sie zeigen dieses auch aus der *Analogie* in unserm Sonnen-*System*, wo in einer gleichen Laufbahn nicht mehrere Weltkugeln sind. Sie zeigen, daß dadurch die Harmonie in der Welt vollständiger wird, weil sie sich auf Zeit und Raum erstreckt.

.

.

.

Ich theile also mit Ihnen, mein Herr, die Milchstrasse in unzählige kleinern *Systemen* ein, von welchen sich vielleicht einige, die von den andern abgesöndert sind, unterscheiden lassen. Da alle diese *Systemen* in Bewegung sind, und ihre gesetzte Laufbahnen haben müssen, so halte ich mich nun an der irregulären Figur der Milchstrasse auch nicht mehr auf. Die Ordnung besteht in der Einrichtung dieser Laufbahnen, ungeacht sie uns noch lange wird verdeckt bleiben, weil uns Zahl und Maß zu Bestimmung so ungeheurer Räume und Zeiten fehlen. Indessen kann man sicher schliessen, daß sie nichts desto weniger wirklich ist, weil sich Ordnung und Vollkommenheit nothwendig durch die ganze Welt verbreitet.

Ungeacht ich aber zugebe, daß alle diese *Systemen* in einer Fläche liegen, und auch setze, diese Fläche habe eine ansehnliche Breite, so bleibt mir doch hiebey noch eine Frage unaufgelöst, weil es mir vorkömmt, die Lage der *Systemen* der Milchstrasse müsse eine andere Einrichtung haben, als die Weltkugeln unseres Sonnen-*Systems*. Erinnern Sie sich, mein Herr, daß Sie aus guten Gründen bewiesen, es können mehr Weltkugeln um unsere Sonne seyn, wenn ihre Bahnen nicht in gleicher Fläche liegen, sondern alle möglichen Neigung gegen einander haben. Ich würde also fast schliessen können, die Anzahl der *Systemen*, so die Milchstrasse ausmachen, seye lange nicht die grösste, die möglich wäre. Ich weis wohl, daß dieser Schluß noch nicht nothwendig folgt, weil es unbekannt ist, wohin sich alle diese *Systemen* mit der Zeit durch ihren Kreyßlauf wenden werden. Dieses einige wäre also das unbegreiflichste dabey, daß wir eben in der Zeit leben, in welcher uns diese *Systemen* ungefehr in gleicher Fläche zu liegen scheinen. Oder wollten Sie die ganze Milchstrasse in Absicht auf das Weltgebäud nur mit dem *System* des Saturns oder des Jupiters vergleichen, deren Trabanten auch in gleicher Fläche sind? Sie reden mir ohnedem noch von andern Milchstrassen, die ausser der uns sichtbaren sind, und die mit der unsrigen zusammen genommen, ein größeres *System* ausmachen sollen.

Zwölfter Brief

Erstlich ist unstreitig, daß meine Hypothese nothwendig würde entweder bewährt oder verworfen werden, wenn wir ein Mittel hätten, den Abstand jeder Fixsterne genau auszumessen, weil man sodann ihre Lage gewiß wissen würde, die ich durch andere Betrachtungen zu bestimmen gesucht habe. Die jährliche *Parallaxe* der Erde ist zu dieser Absicht viel zu unmerklich, daher fällt das Mittel weg, welches uns die *Geometrie* in andern Fällen anbeut.[23]) Das Gesetz der Schwere und die Bewegung der Fixsterne giebt ein ander Mittel, allein diese Bewegung ist so geringe, und ihre Beschaffenheit so unbestimmt, daß wir in vielen Jahrhunderten damit nichts ausrichten werden. Dermalen läßt es sich nur bey den Körpern unseres Sonnen-*Systems* anbringen. Das einige, was demnach übrig bleibt, ist das Licht und die Grösse der Fixsterne, welche beyde Stücke so wohl für sich als dem Augenschein nach betrachtet werden müssen, wenn man daraus auf den Abstand der Sterne schliessen will. Ein Fixstern scheint uns grösser als andere, nicht nur je grösser und je näher er in der That ist, sondern auch je heller er ist. Wir sehen dieses des Nachts auch an den Lichtern, deren scheinbare Grösse mit dem Abstande zunimmt, und die ebenfalls grösser scheinen, wenn sie heller sind. Der Grund hievon hängt von der Oeffnung des Augensterns, von der Undeutlichkeit des Bildes auf dem Augennetze, und der Zerstreuung des Lichtes auf demselben ab. Die Fixsterne scheinen durch die besten Fernröhren nur als lichte Puncte, weil dadurch das zerstreute und falsche Licht weggebrochen wird. Aus ähnlichen Gründen scheint auch ein Stern heller als andere, besonders aber wenn er in der That heller ist. Es läßt sich ferner vermuthen, daß das Licht der Fixsterne etwas geschwächt werde, bis es zu uns kömmt. Daß es sich in unserer *Atmosphaere* schwächet, ist unstreitig, wir sehen es auch an der Sonne. Es kann aber auch in der Himmelsluft zum Theil aufgefangen werden, so rein auch diese sonsten seyn mag. Die *Atmosphaere* der Sonne fängt nothwenig viel von ihrem Lichte auf. Es kann Fixsterne geben, die noch grössere *Atmosphaeren* haben und der Raum zwischen denselben ist noch lange nicht vollkommen leer. Aus diesem

Grunde muß ein Stern blasser scheinen, je weiter er entfernt ist. Wäre aber diese Entfernung bey allen gleich, so fiele dieser Grund weg, weil das Licht von allen auf eine *proportionale* Art geschwächt würde.

.

.

.

Diese Bewegung haben Sie, mein Herr, als in der Welt nothwendig, zugegeben, und ich sehe nicht, was man dawider einwenden könnte. Die Vollkommenheit der Welt, und die Verbindung von Raum und Zeit erfordert sie, und das Gesetz der Schwere, welches die ganze Welt zusammenhängt, zeigt, daß sie wirklich aller Orten da ist. Ich schliesse hieraus ohne Bedenken, daß die Fixsterne ungleich entfernt seyn müssen. Ein gleicher Abstand wäre zu einförmig. Die *Central*-Kräfte lassen ihn nicht zu. Weil die Fixsterne um einen Mittelpunct laufen müssen, so können sie sich nicht in der Fläche einer *Sphaere* bewegen. Sie würden sich durchkreuzen und aneinander stossen. Die Weltsystemen sollen erhalten werden, daher kann keine Laufbahn die andere durchschneiden. Ich kann also nicht wohl anders, als um jeden Fixstern einen Raum lassen, der seinem Wirkungskreyß angemessen ist.

.

.

.

Indessen will ich noch diese Betrachtung machen, die nothwendig schlüssig ist, weil man den Fixsternen so wenig als unserer Sonne die Schwere absprechen kann. Setzen Sie, zween Sterne, deren scheinbarer Abstand nur eine Secunde beträgt, seyen von uns gleich weit entfernt, so ist ihr wahrer Abstand von einander der 200000ste Theil ihres Abstandes von unserer Sonne. Der nächste Stern mag 500000mal weiter von uns weg seyn als die Sonne.[24]) Wenn ich demnach diesen beyden Sternen einen solchen Abstand gebe, so würden sie $2^1/_2$mal weiter von einander abstehen, als die Erde von der Sonnen. Da sie nun gegen einander schwer sind, so müßten sie entweder schon längsten zusammen gefallen seyn, oder da dieses nicht ist, eine Kreyßbewegung um ihren gemeinsamen Mittelpunct haben. Diese

Kreyßbewegung müßte uns nothwendig durch Fernröhren sichtbar werden, weil sie eine gar nicht lange Periode haben würde. Man müßte demnach eine beständige Veränderung in der Lage dieser Sterne wahrnehmen, der eine müßte bald vor, bald nach dem andern stehen. Von allem diesem bemerkt man nicht das geringste, und die Veränderung in der Lage der Fixsterne ist seit des Hipparchus Zeiten bis auf unsere kaum zu erkennen.

.

.

.

Die Anzahl solcher Systemen bestimme ich nicht, sie muß aber allem Ansehen nach unbeschreiblich groß seyn. Ich habe dieses schon in meinem letzten Schreiben aus der *Analogie* geschlossen, da ich bey dem System des Jupiters anfieng, von diesem zu dem System unserer Sonne, und von diesem zu unserm Fixsternensystem fortschritte. Anzahl, Raum, Grösse und Zeit wächßt mit einander.

Sodann, da ich unser Fixsternensystem von denen, so in der Milchstrasse erscheinen, absöndere, so lasse ich auch zwischen diesen einen ähnlichen Zwischenraum. Sie liegen ungefehr in einer Fläche. Daher kann ich nicht mehr als sechs annehmen, die zunächst um uns sind, wenn ich ihren Abstand von einander ungefehr gleich setze. Die übrigen alle muß ich nach und nach weiter hinaus rücken. Der scheinbare Diameter der nächsten Systemen der Milchstrasse mag kaum ihrer mittlern Breite gleich, und daher nicht über 10. Grad seyn. Nehme ich also den wahren Diameter eines solchen Systems zum Maßstabe an, so wird er 6. und mehrmal müssen umgeschlagen werden, um den Abstand eines Systems von dem nächst angrenzenden zu finden. Ich vermuthe aber, der scheinbare Durchmesser werde weniger als 10. Grad, und vielleicht kaum 5. oder 6. Grad betragen, und würde daraus schliessen, ein System seye von dem nächsten 10. bis 12mal weiter entfernt, als es breit ist.[25]) Da aber die Milchstrasse ganz an einander hängt, so müssen unzählige dergleichen Systemen hinter einander liegen, um jede Zwischenräume zu bedecken, welche die nächsten würden leer lassen.

Indessen ist ihre Anzahl bestimmt, und die Milchstrasse hat irgendwo ihre Grenzen. Ich hatte dieses in meinem letzten

Schreiben aus der *Analogie* geschlossen, da ich ausser diesem Streifen noch unzählige andere Milchstrassen setzte, weil es mir nicht wahrscheinlich ist, daß sich der Weltbau dabey einschränke, so wenig ich im Gegentheil zugebe, daß er unendlich seyn sollte. Es läßt sich davon reden, wenn Sie, mein Herr, fragen, ob nicht das blasse Licht im Orion, welches *Derham*[26]) als eine Oeffnung in das *Caelum empyreum* ansieht, die nächste von solchen Milchstrassen seye, und ich würde mich damit nicht aufhalten, daß man in seiner scheinbaren Gestalt eine Aenderung will bemerkt haben. Es scheinet zu weit entfernt, als daß man es durch unsere Luft und durch jede Fernröhren immer gleich deutlich sollte sehen können.

Vielleicht läßt es sich am richtigsten aus der scheinbaren Figur der Milchstrasse schliessen, daß sie engere Grenzen hat. Wäre sie unermeßlich ausgedehnt, so müßte sie uns als ein größter Circul der *Sphaere* erscheinen. Dieses ist aber nicht. Ihre scheinbare Figur ist vielmehr ein Ovale. Vom Nordpol steht ihre Mitte 35. Grad, vom Südpol nur 25. Grad ab. Hingegen durchschneidet sie den *Aequator* in zween ziemlich gleiche Theile. So erscheinet dem Auge ein Ring, wenn es zugleich ausser demselben und ausser seiner Axe ist. Unser Fixsternensystem scheint also nicht nur etwas ausser der Fläche der Milchstrasse, sondern auch näher bey ihrem Umfang als bey der Mitte zu liegen. Die kleinern Irregularitäten in ihrer scheinbaren Figur lassen hiebey keine genauere Bestimmung zu.

Seit dem ist mir noch ein ander Mittel beygefallen, dadurch man wenigstens einen Versuch machen könnte, ob die Fixsterne unseres Systems, und daher auch unsere Sonne, gegen einen Körper schwer ist, der in dem Mittelpuncte dieses Systems liegt, oder ob sie sich nur um den gemeinsamen Mittelpunct der Schwere des ganzen Systems bewegen? Wäre das erste, und unsere Sonne hätte gegen einen solchen Körper eine beträchtliche Schwere, so müßten auch die Planeten eine solche Schwere haben. Auf diese Art ist z. E. der Mond nicht nur gegen unsere Erde, sondern auch gegen die Sonne schwer, und die Astronomen beklagen sich über die kleinern, aber doch sehr merklichen Irregularitäten, die hieraus entstehen. Solchen kleinern Irregularitäten müssen auch die Planeten, und daher auch unsere

Erde in ihrem jährlichen Umlaufe unterworfen seyn. Es ist demnach die Frage, ob man dergleichen jährliche Anomalien durch genaue Observationen bemerken könne, ob der observirte Ort der Sonne mit dem berechneten bis auf Secunden durch das ganze Jahr übereinstimme, ob die Verrückung der Aphelien und Knotenlinien in der Laufbahn der Planeten sich daraus würde herleiten lassen, ob die Veränderung in der Obliquität der *Eccliptic* nicht auch zum Theile daher rühren könne? Verrücket sich die Fläche der Laufbahn der übrigen Planeten, so hat man gar keinen Grund, die Fläche der Erdbahn unverrückt zu lassen, weil sie nichts wenigers als der Maaßstab der übrigen ist. Die Neigung der andern Laufbahnen werden nur deßwegen auf die von unserer Erde oder auf die Eccliptic bezogen, weil diese für unsere Rechnungen die bequemste ist, und weil man sie doch immer unter einander vergleichen muß.

Könnte man hierüber etwas bestimmen, so würde unstreitig folgen, daß die Laufbahnen der Planeten eben so wenig vollkommene Ellipsen sind, als die von dem Monde, daß der Abstand der Sonne auf eine gedoppelte Art verändert werde, wie der von dem Monde. Man will bereits schon bemerkt haben, daß die astronomischen Tafeln den Ort der Sonne öfters so angeben, daß die *Observation* fast eine ganze Minute davon abweicht. Es wäre demnach nur zu sehen, ob dieses zu gesetzten Zeiten geschieht, und von dieser Ursache herkömmt?[27])

Sie sehen hieraus, mein Herr, daß es auch Mittel giebt, meine Betrachtungen über die Kreyßbewegung unserer Sonne durch Observationen zu prüfen, wenn je ihre Schwere gegen den gemeinsamen Mittelpunck ihres Systems beträchtlich genug ist. Man könnte daraus die Gegend dieses Mittelpuncts finden, weil alle Planeten, und besonders auch unsere Erde, gegen denselben schwer sind, und die kleinern Anomalien sich darnach richten müssen, wie sich die von dem Monde nach der Sonne richten. In meinem letzten Schreiben hatte ich die Frage aufgeworfen, ob man in diesem Mittelpunct einen dunkeln Körper von einer ungeheuren Masse setzen müsse, oder ob man dafür nur den gemeinsamen Mittelpunct der Schwere des Fixsternensystems annehmen solle? Vielleicht liesse sich die Frage durch solche Observationen erörtern, oder wenigstens würde man daraus schliessen können, wie schwer jeder Planet, und daher auch die Sonne gegen diesen Mittelpunct ist. Diese Schwere ist allerdings sehr geringe, weil die Irregularitäten in der Bewegung der Erde, die etwan daher rühren möchten, noch nicht zufälliger Weise bemerkt worden, sondern erst noch durch sehr genaue Observationen bestimmt und untersucht werden müßten. Bey dem Monde fande man ähnliche Abweichungen, die von der Sonne herrühren, viel ehender. Denn die Rechnung wollte mit der *Observation* nie genau zusammentreffen, und die Abweichungen fielen so zu reden in die Augen, weil sie sich auf mehrere Minuten beliefen. Bey der Erde scheinen sie kleiner als eine Minute zu seyn, wie ich es schon vorhin angemerkt habe. Eben dieses läßt sich auch aus der langsamen Bewegung der Aphelien und der Knotenlinien schliessen, besonders wenn man ihr Fortrücken nicht von den Aequinoctien, sondern von einem Fixstern an rechnet.

.

.

.

Dreyzehnter Brief

Sodann haben Sie, mein Herr, in Ihrem vorhergehenden Schreiben aus dem, daß wir rings um uns her zerstreute Fixsterne sehen, geschlossen, unsere Sonne müsse nicht an den Grenzen, sondern mehr gegen die Mitte des Fixsternensystems liegen, zu welchem sie gehört. Dieses macht unstreitig ihren Lauf geschwinder, und ihre Schwere gegen den Mittelpunct grösser, und um desto ehender müßte sie auch bey den Planeten merkbar seyn. Da die daher entstehenden Anomalien aber dennoch sehr geringe sind, so werden sie doch immer unserer Sonne noch einen sehr grossen Abstand von diesem Mittelpunct geben müssen, zumal wenn in demselben ein dunkler Körper von einer ungeheuren Masse seyn sollte, gegen welchen auch noch die äussersten Sonnen des Systems schwer wären. Denn in der That würde ein solcher Körper nicht viel nützen, wenn sein

Diameter nicht fast so groß wäre als der Wirkungskreyß unserer Sonne, oder der ganze Umfang unseres Sonnensystems ist.

.

.

.

Da ich die Bewegung der Fixsterne und ihren ungleichen Abstand von uns, nach den Beweisen, die Sie, mein Herr, davon gegeben haben, als moralisch gewiß ansehe, so habe ich versucht, einen Ueberschlag von ihrer Geschwindigkeit zu machen. Ich setzte anfangs, der nächste Fixstern habe sich seit des *Hipparchus* Zeiten, oder eine runde Zahl genommen, seit 2000. Jahren um einen $^1/_4$. Grad bewegt. Dieses konnte ich wohl annehmen, weil des Ptolomäus *Catalogus* der Sterne nicht leicht genauer seyn wird. Ich nahme hierauf den Abstand der Erde von der Sonne zum Maaßstabe an, und setze, dieser Fixstern seye 500000mal weiter entfernt. Diese Zahl als den Halbmesser eines Circuls angesehen, fande ich, daß auf $^1/_4$ Grad ungefehr 4000.solcher Maaßstäbe gehen, welche demnach der Stern innert 2000. Jahren müßte durchlaufen haben. Daher würde er in einem Jahr zween solcher Maaßstäbe oder einen Raum durchlaufen, der so groß als der Durchmesser der Erdbahn ist. Da dieser Durchmesser nur der $^1/_3$. von der Bahn der Erde ist, so würde ich finden, daß die Geschwindigkeit eines solchen Sterns dreymal kleiner als die von der Erde wäre. Diese Rechnung gienge an, wenn die Sonne inzwischen unverrückt geblieben wäre, und der Stern sich um dieselbe in einem Circul bewegt hätte. Wenn ich aber setze, die Sonne bewege sich auch, so kömmt hiebey nur eine *relative* Geschwindigkeit heraus, welche grösser oder kleiner wird, je nachdem ich die Richtung in dem Laufe ändere. Aus einem ähnlichen Grunde scheinen uns die Planeten bald gerade, bald rückläufig, bald stille stehend. Es kann demnach Fixsterne der ersten Grösse geben, die ihren Ort nicht merklich verändert haben, und andere, bey welchen die Veränderung des Ortes merklicher ist. Da ich aber die merklichste Veränderung nur auf einen $^1/_4$. Grad setze, so muß ich dabey die Umstände nehmen, die sie am größten machen, und diese sind, wenn die Sonne und der Stern eine entgegengesetzte Richtung haben. Dieses bringt aber die Geschwindigkeit des

Sterns auf die Helfte, und demnach würde ich sie sechsmal kleiner setzen als die von der Erde. Hiedurch wird aber die Schwere des Sterns gegen den Mittelpunct des Systems sehr geringe, wenn ich betrachte, wie groß die Ellipsen und Circul sind, in welchen die Sterne sich um diesen Mittelpunct bewogen. Indessen ist sie dennoch vielfach grösser, als die, so zween der nächsten Fixsterne gegen einander oder gegen unsere Sonne haben. Denn da die Geschwindigkeiten der Planeten sich umgekehrt wie die Quadratwurzeln ihres Abstandes von der Sonne verhalten, so müßte ein Stern, der 500000mal weiter entfernt ist als die Erde, 700mal langsamer laufen. Nach vorigen Betrachtungen aber läuft er nur 6mal langsamer, und daher bey 120mal geschwinder, als wenn seine *Central*-Kräfte von unserer Sonne abhiengen. Eine grössere Geschwindigkeit fordert in allweg eine grössere Schwere, wenn sich der Körper in seiner Bahn erhalten solle. Ich würde demnach allerdings hieraus schliessen, daß die Schwere in dem Mittelpunct des Fixsternensystems sehr groß seyn müsse. Allein es ist überflüssig, diesen beyläuftigen Ueberschlag weiter fortzusetzen, weil der Satz, worauf er sich gründet, nemlich die Grösse der Verrückung der Fixsterne seit des Ptolomäus Zeiten, erst noch muß ausgemacht werden.[28])

.

.

.

Uebrigens sehe ich sehr wohl, daß, da die Anzahl der Fixsterne ungefehr wie das Quadrat ihrer Grösse zunimmt, dieses Gesetz sich viel schicklicher durch ihren verschiedenen Abstand erklären läßt, weil die Oberflächen der Sphaeren in einer solchen Verhältnis zunehmen. Und überdiß würde man auch hieraus schliessen können, daß die Fixsterne in unserm System noch ziemlich gleichförmig ausgetheilt sind, weil ihre Anzahl beyläuftig wie die Flächen der Sphären zunehmen, deren Halbmesser 1, 2, 3, 4 etc. sind. Die Bewegung der Sterne leidet keine grössere Gleichförmigkeit, weil sie nach und nach ihren Ort ändern. Daher glaube ich auch nicht, daß sich dieses Gesetz viel weiter erstrecken werde, weil die teloscopischen Sterne an einigen Orten des Himmels viel dichter sind, als an andern. Besonders ist die Gegend um den Orion herum bis zur Verwunderung mit grossen und kleinen Sternen besetzt. Das Sternbild des grossen Hundes, und das Schiff Argos scheint ebenfalls sehr reich an Sternen. Sie liegen in einem gleichen Striche an der Milchstrasse, und wenn unsere Sonne von dem Mittelpunct des Systems merklich entfernt ist, so sollte ich fast glauben, daß diese Sternbilder jenseits des Mittelpunctes liegen, weil dadurch die Reihe von Fixsternen verlängert wird, daß wir folglich mehrere neben und hinter einander liegend sehen können.

.
.
.

Zu allen diesen Bestimmungen fehlt uns noch Zahl und Maas, welches man vermuthlich erst in den folgenden Zeiten nach und nach finden wird. Es ist aber schon immer genug, die Lage der Sternsystemen nur beyläufig zu wissen, und den Ort, wo wir uns in dem Weltgebäude befinden, einiger massen zu bestimmen, wenn es auch nur auf eine verneinende Art seyn sollte. Z. E. Unsere Erde ist nicht im Mittelpuncte des Sonnensystems, sondern sie dreht sich um die Sonne. Die Sonne ist nicht im Mittelpuncte ihres Fixsternensystems, sondern dieser Mittelpunct liegt in der Gegend des Orions oder des grossen Hundes. Endlich ist dieses System weder in der Fläche, noch in dem Mittelpuncte der Milchstrasse, sondern etwas über dieselbe hervor ragend, und näher bey dem Theile der Milchstrasse, der durch den Colurus des Steinbockes geht, wo er eine doppelte Breite hat. Wo nun aber die Milchstrasse liege, wenn sie mit noch unzähligen andern Milchstrassen solle verglichen werden, dieses wird sich so leicht nicht ausmachen lassen, weil sie wegen ihrer ungeheuren Entfernung uns sichtbar sind. So viel deucht mich aber, daß, wenn das schwache Licht im Orion eine solche entfernte Milchstrasse ist, dergleichen noch mehrere sollten durch Fernröhren entdeckt werden, wenn man sie aufsuchen wollte. Denn daß man diese im Orion entdeckt hat, wird vermuthlich daher seyn, weil dieses Sternbild unstreitig das schönste ist, und wegen der Menge von Sternen die Astronomen zu desto fleißigerer Anschauung desselben angelockt hat. Ungeacht es in den kältesten Nächten am hellesten funkelt, so beschaue ich es doch jeden Winter mit neuer Lust, und ich gedenke mit Vergnügen an die Abendstunden, die ich mit Ihnen, mein Herr, in Betrachtung dieser prächtigsten Gegend des Himmels zugebracht habe. Es scheint uns gleichsam aufzumuntern, etwas wichtiges daselbst zu suchen, und nach den vorigen Betrachtungen würde so wohl der Mittelpunct unseres Fixsternensystems, als der von der ganzen Milchstrasse in dieser Gegend liegen.[29])

.

.

.

Vierzehnter Brief

Sie können, mein Herr, aus diesen Betrachtungen schliessen, daß ich ohne Bedenken Fixsterne als kenntbar ansehen kann, die viele tausendmal weiter von uns entfernt sind, als die von der ersten Grösse. Ich gebe Ihnen gerne zu, daß die Systemen, welche ich in der Milchstrasse hinter einander setze, eine solche Entfernung fordern. Ein leichter Ueberschlag wird dieses offenbahr zeigen. *Galiläus* hat zwischen dem Schwert und der Gurt des Orions bey 400. Sterne gezählt. Der District mag ungefehr 10. *Quadrat*-Grade betragen. Der ganze Himmel hat, wie jede Kugelfläche 41 253. solcher Grade. Daher auf einen Grad 40. Sterne gerechnet, in allem 1 650 120. Sterne heraus kommen würden, wenn sie aller Orten so dichte beysammen wären. Setze ich nun 12. Sterne zunächst um unsere Sonne, 4mal 12. in der zweyten, 9mal 12. in der dritten *Distanz*, und lasse für jede folgende *Distanz* die Anzahl wie die *Quadrate* anwachsen, so finde ich, daß, unsere Sonne mitgerechnet, 75. solcher Distanzen hinter einander seyn müssen, bis die Summe von allen Sternen auf 1 650 120. kömmt. Demnach hätten wir in unserm System Fixsterne der 75ten Grösse, ungeacht wir nur die von der 6ten Grösse mit bloßen Augen sehen können. Nehme ich nun den Abstand des Sirius von unserer Sonne zum Maaßstabe an, so muß ich ihn 150mal umschlagen, um den Diameter unseres Systems auszumessen. Setze ich nach meinem letzern Schreiben das nächste System in der Milchstrasse noch 10mal weiter hinweg, so komme ich schon auf 1500. solcher Maaßstäbe, welche folglich ungefehr den innern *Diameter* der Milchstrasse ausmachen würden. Der äussere *Diameter* läßt sich durch eine so kleine Zahl nicht bestimmen, weil ich, um diesen Streifen so dichte mit Systemen auszufüllen, derselben gut viele Hundert hinter einander setzen muß.

.

.

.

Die andere Frage, die Sie mir, mein Herr, vorgelegt haben, betrift die Schwere der Planeten gegen den Mittelpunct unseres Fixsternensystems. Sie werden aus meinen vorhergehenden Briefen sehen, daß ich es noch nicht dahin gestellt seyn lasse, ob diese Schwere beträchtlich genug ist, um in der Laufbahn der Planeten bemerkbare Anomalien zu verursachen, welche denjenigen sehr ähnlich seyn müßten, die wir an dem Monde beobachten, und von der Schwere des Mondes gegen die Sonne herrühren. Man müßte sehen, ob die Erde zum Exempel in einer einfachen *Ellipse* einhergeht, oder ob sie jährlich eben so davon abweicht, wie der Mond von einer *Conjunction* zur andern? Ich hatte ebenfalls die Frage aufgeworfen, ob sich nicht das allmählige Fortrücken der Aphelien und Knotenlinien in den Planetenbahnen aus der Schwere der Planeten gegen den Mittelpunct des Fixsternensystems herleiten liesse? Wenn dieses wäre, so müßte diese Schwere sehr geringe seyn, nicht weil sie in dem Mittelpunct selbsten geringe wäre, sondern weil der Abstand unserer Sonne von demselben sehr groß ist. Es kömmt hier darauf an, ob die *Diameter* der Planetenbahnen gegen diesen Mittelpunct eine erhebliche Verhältnis haben. Denn es ist ausgemacht, daß auch der Mond viel beträchtlichere Anomalien leiden würde, wenn seine Bahn um die Erde grösser wäre, weil diese Anomalien sich fürnemlich nach den Abänderungen in seinem Abstande von der Sonne richten.

Sodann würden diese Anomalien in der Laufbahn der Planeten bey jedem Umlaufe derselben wiederkommen. Sie richten sich nach einem gedoppelten Umstande. Einmal müssen sie bey den obern Planeten in jedem Umlaufe grösser seyn, weil ihre Laufbahn, und folglich der Unterschied ihres Abstandes von dem Mittelpunct des Fixsternensystems grösser ist. Hingegen kommen sie bey den obern Planeten desto langsamer wieder, weil diese zu ihrem Umlaufe längere Zeit brauchen. Dieses bringt die Perioden der Verrückungen der Aphelien und Knotenlinien mehr zur Gleichheit.

Daß sich aber die Knotenlinien der Planeten nach der Ordnung der Zeichen, die vom Monde hingegen rückwärts bewegen, darüber lassen sich verschiedene Anmerkungen machen, welche als eben so viele Arten angesehen werden können, den Zweifel aufzulösen, den Sie mir, mein Herr, vorgelegt haben. Denn da wir die Richtung in dem Kreyßlaufe der Sonne noch nicht wissen, so werden Sie leicht erachten können, daß es für jetzt genug seyn wird, wenn ich die Möglichkeiten anzeige, deren es hiebey mehrere giebt.

.

.

.

Ehe man aber so weit geht, ist es das rathsamste, vorher durch genaue Observationen die Laufbahn unserer Erde zu untersuchen, ob sie in der That vollkommen elliptisch ist, oder ob sie an verschiedenen Orten davon abweicht, und entweder geschwinder oder langsamer lauft, als es das *Keplerische* Gesetz mit sich bringt? Denn hätte sie eine beträchtliche Schwere gegen den Mittelpunct der Fixsterne, so würde sie da geschwinder laufen, wo sie mit der Sonne und diesem Mittelpuncte in *Conjunction* und in *Opposition* ist, wie wir dieses auch an dem Monde sehen, wenn er neu oder voll ist. Dieses wäre die nächste *Methode*, ungefehr den Ort dieses Mittelpuncts zu bestimmen,[30]) . . .

.

.

.

Fünfzehnter Brief

Eben so bin ich durch Ihre Betrachtungen über die Bewegung der Knotenlinien der Planetenbahnen ausser allen Zweifel, zumal da Sie mehrere Arten anzeigen, wie die vorgelegte Frage erörtert werden könne, und Sie verschieben es bis auf eine schärfere Untersuchung, zu bestimmen, welche von diesen Möglichkeiten wirklich statt hat. Inzwischen ist es genug, daß mehrere Fälle möglich sind, um die Schwierigkeit, die mir einfiele, aufzuheben, und es dient mir zum neuen Beweise, daß wir auch hierinn noch nicht genug Copernicanisch dächten, wenn wir die Fläche der Erdbahn zur Grundlage von der Neigung der übrigen Planetenbahnen machen wollten, weil dieses ungefehr eben so wegen der Bequemlichkeit der Rechnung geschieht, wie wir in der sphärischen Astronomie annehmen, das ganze Firmament drehe sich in 24. Stunden um die Axe der Erde. Ich sehe nun vollkommen ein, daß, so bald die Knotenlinien sich verrücken, die Erdbahn von der vermeynten Unbeweglichkeit eben so gut ausgeschlossen ist, als die Bahnen der übrigen Planeten.

Da Sie die genauere Bestimmung dieser Verrückung nochmals als einen Anlaß ansehen, wodurch die Einrichtung unseres Sonnensystems, und besonders der Kreyßlauf unserer Sonne, welchen ich aus den allgemeinen Betrachtungen, so Sie darüber angestellt, als zureichend erwiesen ansehen würde, zugleich auch *a posteriori* dargethan werden könnte: so ist es mir ein wahres Vergnügen, da ich Ihnen hierüber eine Nachricht mittheilen kann, die mir einer meiner Freunde gegeben. Erinnern Sie sich, mein Herr, daß Sie die Frage gemacht haben, ob nicht aus Vergleichung der alten und neuen Catalogen erwiesen werden könnte, daß die Fixsterne ihren Ort unter einander ändern, und sich nach und nach aus ihrer Stelle verrücken. Sie können diese Frage in Absicht auf viele Sterne als erörtert ansehen. Mein Freund sagte mir, daß sich der Herr *Prof. Mayer* zu Göttingen, dem wir so viele andere Erfindungen zu verdanken haben, die Mühe gegeben, diese Untersuchungen, die schon vor ihme seyn angestellt worden, weiter zu treiben. Er habe die Sache zureichend erörtert, und seye auf den Schluß gebracht worden, daß man nicht zu zweifeln habe, man würde nach einer allgemeinern Prüfung finden, daß sich alle Fixsterne mehr oder minder verrückt haben.

Ich fienge dabey an, den Rückweg zu nehmen, und hiezu verhalfen mir Ihre vorhergehende Schreiben nach Wunsche. Denn Sie, mein Herr, hatten diese allmähliche Verrückung aus dem Gesetze der Schwere hergeleitet, weil dieses Gesetz jeder Masse von Materie anhaftet, und daher nicht nur durch die ganze Welt ausgebreitet ist, sondern auch fürnemlich dazu dient, daß es die Welt zu einem zusammenhängenden Ganzen macht. Dieses Gesetz schiene Ihnen mit gutem Grunde auch eine *vim centrifugam* zu fordern, weil die Erhaltung der Weltkörper in ihrem angemessenen Abstande darauf beruht. So brachten Sie beyde *Central*-Kräften heraus, und aus diesen ware sodann die Verrückung der Fixsterne eine nothwendige Folge.

Nunmehr kann ich diesen Beweis, welcher vollkommen synthetisch ist, in einen analytischen umkehren, da sich der letzte Schlußsatz in eine ungezweifelte Erfahrung verwandelt, die sich nun zum Grunde legen läßt. Ich getraue mir die *Central*-Kräfte auf eine nothwendig schlüssige Art herzuleiten, und werde nun diesen Versuch Ihrem Urtheile, welches ich allzeit hoch achte, unterwerfen.

Da sich vermög dieser Erfahrung die Fixsterne bewegen, so ist nothwendig diese Bewegung entweder geradlinicht, oder ihr Lauf krümmet sich. Die geradlinichte Bewegung fällt ins ungereimte. Denn entweder ist sie bey allen Sternen *conuergent*, so müßte man annehmen, die Welt seye so geschaffen, daß sie nach und nach in ein *Cahos* zusammen fallen müsse; Dieses ist der Erhaltung zuwider, folglich ungereimt. Ist die Bewegung *diuergent*, so fährt wiederum die ganze Welt nach und nach auseinander, und ihre Theile zerstreuen sich ins Unendliche hinaus. Das Ganze wird zertrümmert, sein gemeinsames Band fällt weg, die Ordnung verschwindet, kurz, die *diuergente* Bewegung wird ungereimt.

Ich kann noch beyfügen, daß die geradlinichte Bewegung viel zu einförmig wäre, als daß sie in einer so sehr zusammengesetzten Maschine statt haben könnte. Allein sie ist schon ungereimt genug, um sie bey den Weltkörpern vollkommen auszuschliessen. Nach dem mechanischen Grundsatze, daß jeder bewegte Körper seine ursprüngliche Richtung behält, wenn er nicht von seiner Bahn durch irgend eine neue Kraft abgelenkt wird, folgt nun nothwendig, daß die Fixsterne von der geraden Linie immer abgelenkt werden. Soll nun auch hiebey die Welt nicht auseinander fahren, so werden nicht nur die *Central*-Kräfte, sondern auch ein solches Gleichgewicht unter denselben nothwendig, welches sie in gesetzten Laufbahnen erhält. Es muß bey jeden Sternen eine Kraft da seyn, die sie immer wieder dem Mittelpuncte näher bringt, von dem sie sich durch die Bewegung entfernen würden.[31])

Nunmehr dehne ich das Newtonische Gesetz der Schwere durch die ganze Welt aus, es mag nun dem Stoffe, woraus die Weltkörper bestehen, als eine eigenthümliche Folge nothwendig anhängen, oder nur der vortrefflichsten Harmonie zu gefallen eingeführt seyn, die Sie, mein Herr, in einem Ihrer Briefe in ihr wahres Licht gesetzt haben. Liegt die Schwere als eine anziehende Kraft in dem Körper selbsten, so sind jede Fixsterne unserer Sonne viel zu ähnlich, als daß sie nicht eben so wie diese anziehen sollten. Hängt aber die Schwere von dem Drucke des Aethers ab, so breite ich ihn wieder eben so weit aus, als immer die Lichtstralen gehen mögen. Und wenn beyde Ursachen zusammentreffen, so sind sie in ihrer Wirkung wieder durchgehends ähnlich, und der Erfolg muß einerley seyn, weil ein gleiches Gesetz jede Systemen der Welt unter einander verbinden solle.

Zu diesen Betrachtungen habe ich noch die folgende gemacht. Weil die Fixsterne sich bewegen, so haben sie auch einen ungleichen Abstand von uns. Denn sonst müßten sie sich auf der Fläche einer *Sphaere* bewegen. Dieses aber fällt eben so ins ungereimte, wie Sie, mein Herr, erwiesen haben, daß die Laufbahnen der Cometen nicht gleichgrosse Circul seyn können. Ueberdiß hat jeder Fixstern ein Gefolg von Planeten und Cometen, die er erleuchtet und erwärmet, um desto weniger würde auf der Fläche einer *Sphaere* Raum genug seyn.

.

.

.

Sechzehnter Brief

Wie sehr wünschte ich, die Nachricht über die nun ausser Zweifel gesetzte Verrückung der Fixsterne so glücklich gebrauchen zu können, die Sie mir mitgetheilt haben, und die Schlüsse, die Sie, mein Herr, bereits daraus gezogen, noch weiter zu treiben. Sie haben alle Ursache von der Welt, diese Erfahrung für die ganze Astronomie als sehr wichtig anzusehen. Was je in unserm Sonnensystem auch nur der langsamsten Veränderung unterworfen ist, das hat man bisher immer dadurch veste zu setzen gesucht, daß man es mit den Fixsternen vergliche. Was bey der Schiffahrt die Ufer und Vorgebürge sind, das waren die Fixsterne in der Astronomie; Man gedachte sich da immer wieder zurecht zu finden. Allein da es nun vollends ausgemacht ist, daß die Fixsterne sich verrücken, so muß man auf andere Mittel denken, die astronomischen Oerter, die man observirt, in den folgenden Zeiten wieder zu finden. Der Mond, der jetzt einen Fixstern bedeckt, wird ihn, wenn er auch wieder in gleiche Stelle kömmt, in den künftigen Jahrhunderten nicht mehr bedecken.

Ungeacht ich meine allgemeine Gründe für die Verrückung der Fixsterne für zureichend ansahe, an derselben nicht zu zweifeln, so hatte ich dagegen vielmehr den Anstand, ob sich diese Verrückung bereits bemerken lasse. Daher hatte ich auch die Vergleichung der alten und neuen Catalogen vorgeschlagen. Da sie aber Herr *Prof. Mayer* beträchtlich gefunden, so ist es unstreitig, daß ich nun ihrem Vorschlage folgen, und sehen kann, was sich für Schlüsse dabey machen lassen.

So viel sehe ich wohl voraus, daß sich aus einer solchen Vergleichung nicht so fast die Grösse als die Wirklichkeit dieser Verrückung genauer erörtern läßt. Denn diese Verrückung muß merklich grösser seyn, als daß man sie den fehlerhaften Observationen der ältesten Astronomen allein zuschreiben könnte, und dieses ist für sich betrachtet schon genug. Die astronomischen Instrumente sind dermalen in solcher Vollkommenheit, daß man in viel kürzerer Zeit diese Verrückung genauer wird bestimmen können, als es aus der Vergleichung der alten und neuen Catalogen geschehen kann.

Ist sie aber einmal bestimmt, so läßt sich allerdings die Rechnung darüber machen, die Sie, mein Herr, in einem ihrer vorhergehenden Schreiben als einen vorläufigen Ueberschlag angestellt haben. Sie nahmen z. E. an, der nächste Stern habe sich um $^1/_4$ Grad verrückt, und daraus berechneten Sie die Geschwindigkeit seiner Bewegung, und schloßen, daß sie nicht von der Schwere desselben gegen unsere Sonnen herrühren könne. Grund genug, um einen andern Mittelpunct für unser Fixsternensystem zu suchen, und noch um desto mehr, weil die Verrückung allem Ansehen nach grösser als $^1/_4$ Grad seyn wird, welches ich aber inzwischen dahin gestellt seyn lasse, bis mir die Schrift des Herrn *Prof. Mayer's* zu Gesichte kommt.

Sodann haben Sie, mein Herr, in eben dem Schreiben bereits angemerkt, daß diese Verrückung nur *relativ* seye. Denn da Sie richtig annehmen können, unsere Sonne bleibe eben so wenig an gleicher Stelle als die Fixsterne, so vermischt sich die Aenderung ihres Ortes mit der scheinbarn Veränderung der Lage der Sterne, und es ist unstreitig, daß man hiebey das Optische von dem Physischen unterscheiden müsse, wie es in der ganzen Astronomie schon längsten eingeführt ist.

Um aber diese Sache in ihr wahres Licht zu setzen, so muß ich Ihnen sagen, daß ich nun um die Bestimmung des Abstandes der Fixsterne unter einander gar nicht mehr besorgt bin. Sie wissen, wie viele Mühe man sich gegeben, die *Parallaxe* der Erdbahn dazu zu gebrauchen, nur um den Abstand eines der nächsten zu finden, und daß der halbe *Diameter* dieser Bahn bald keine Verhältnis zu diesem Abstande behält, weil er wenigstens 500000-mal grösser ist. Aber nun haben wir eine ganz andere *Parallaxe*, welche uns nach und nach die Lage der Fixsterne genauer angeben wird. Es ist die *Parallaxe* der Sonnenbahn, die sie um den Mittelpunct des Fixsternensystems durchläuft, und wir werden nun in Absicht auf die Fixsterne eben die Kunstgriffe gebrauchen können, deren sich die Astronomen im Monde in Absicht auf die Hauptplaneten bedienen müßten, wenn sie die Sonne nie sehen würden. Es ist natürlich, daß es uns mehrere Zeit gebraucht. Die Grösse und Würdigkeit der Sache fordert sie.

Den Theil der Bahn, so unsere Sonne in etlichen hundert Jahren durchläuft, kann man als eine Standlinie ansehen, und auf diese müßte die Verrückung der Fixsterne bezogen werden. Wir befinden uns in einem ähnlichen Fall, wenn wir aus drey Observationen eines Cometen die Bahn desselben finden wollen. Der Unterschied, der die Schwierigkeit vergrössert, kömmt darauf an, daß wir den Mittelpunct des Fixsternensystems noch nicht wissen. Denn auf diesen müßte man jeden Winkel beziehen.

In meinen vorhergehenden Schreiben habe ich zur Ausfindung dieses Punctes verschiedene Mittel vorgeschlagen, und lasse es bis zu weiterer Untersuchung noch dahin gestellt seyn, ob sie zureichen oder nicht. Da indessen die scheinbare Verrückung der Fixsterne eben so wohl von der Bewegung der Sonne als von ihrer eigenen Bewegung abhängt, so liesse sich vielleicht daraus herleiten, gegen welche Gegend die Sonne ihren Lauf nimmt. Es ist unstreitig, wie Sie es, mein Herr, bereits in Ihrem vorhergehenden Briefe angemerkt, daß einige Fixsterne müssen rückläufig, andere geradläufig, und noch andere stillestehend erscheinen. Die Bewegung unserer Sonne mengt sich bey allen ein, und bringt dabey eine optische Irregularität hervor, aus welcher sich die wahre Bewegung dennoch nach und nach muß erkennen lassen.

Ueberdiß stelle ich mir das Fixsternensystem, zu welchem unsere Sonne gehört, nicht anderst vor, als unser Sonnensystem. Dieses ist gleichsam das verjüngte Bild von jenem. Es ist fast bis zur Gewißheit vermuthlich, daß die Bahnen der Fixsterne nicht nur alle mögliche Lage unter einander haben, sondern auch Ellipsen von allen Arten seyn werden. Das erste erhellet daraus, weil wir die Fixsterne aller Orten um uns herum ausgetheilt sehen, welches nicht seyn würde, wenn sie, wie die Planeten, in gleicher Fläche lägen. Das andere scheint mir, wie bey den Cometen, die Mannigfaltigkeit und die Vergrösserung ihrer Anzahl zu fordern. Denn Sie werden sich, mein Herr, noch erinnern, daß die länglichten Ellipsen zur Vermehrung der Anzahl tauglicher sind. Diese mache ich aber wiederum aus dem Begriffe der Bewohnbarkeit nothwendig. Jeder Fixstern hat ein Gefolg von Cometen und Planeten. Sollen diese zahlreicher werden, so muß man auch jene vermehren, und daher in dem Fixsternensystem die größte mögliche Zahl anbringen, die es fassen kann. Es muß sich demnach aus künftigen Observationen erörtern lassen, ob unsere Sonne in einer länglichten oder ründern Ellipse einhergeht, und ob ihre Bahn gegen die Fläche der Milchstrasse mehr oder minder inclinirt ist.

Die wahre Geschwindigkeit der Bewegung der Fixsterne ist unstreitig sehr ungleich, und desto kleiner, je mehr sie von dem

Mittelpunct des Systems entfernt sind. Ich habe letzthin schon angemerkt, daß unsere Sonne dem Mittelpuncte näher seyn müsse, und dieses macht die Geschwindigkeit ihrer Bewegung grösser. Hingegen mag es irgendwo Fixsterne der sechsten Grösse geben, die sich viel langsamer bewegen. Dahin rechne ich die, so dem Mittelpunct gegen über zu stehen scheinen, oder in *Opposition* mit demselben sind. Dieses würde wieder ein Mittel abgeben, die Gegend des *Centri* des Systems beyläuftig zu bestimmen.

Dieses sind ungefehr die Betrachtungen, so mir über die nunmehr erörterte Frage von der Verrückung der Fixsterne beygefallen. Sie können daraus leicht sehen, daß sie fast alle dahin zielen, wie man sich ins künftige diese Beobachtungen zu Nutze machen könne, und in dieser Absicht hätte ich sie allerdings umständlicher auseinander gesetzt, wenn ich gedächte, daß man in kurzer Zeit etwas bestimmteres finden könnte. So aber kann ich die hiezu etwan dienlichen Methoden ausgestellt seyn lassen, und mich mit dem begnügen, was zur Bekräftigung der Theorie von der Eintheilung der Fixsterne in besondere Systemen dienlich seyn kann, und dazu haben Sie, mein Herr, bereits die Gründe angegeben. Es wird auf diese Stücke ankommen: Die Fixsterne bewegen sich in Laufbahnen. Die *Central*-Kräfte kommen dabey vor. Sie sind nicht gegen die Sonne, sondern zugleich mit der Sonne gegen den Mittelpunct des Systems schwer, und um diesen bewegen sie sich in Laufbahnen, die alle mögliche Lage unter einander haben.

Haben Sie hiebey Lust, der Einbildungskraft freyen Lauf zu lassen, so sehen Sie, ob es unter diesen Laufbahnen auch Hyperbeln gebe? Auf diese Art werden Sie Sonnen finden, die ihren Lauf von System zu System, oder gar von Milchstrasse zu Milchstrasse fortsetzen.[32]) Hier wird Zahl und Maaß fehlen, und aus allem wird erhellen, daß die Welt nicht für Augenblicke geschaffen seye. Es wird die Frage seyn, ob ein Platonisches Jahr[33]) zureiche, bis unsere Sonne einmal in ihrem Kreyse herum kömmt; oder ob sie in einem solchen Jahr kaum ein Zeichen von ihrem Thierkreyse durchlaufe? Da die Sonne nahe bey dem Mittelpuncte des Systems ist, so mag dieses Jahr noch klein seyn gegen denjenigen, welches die äussersten Sonnen des Systems zu ihrem Umlaufe gebrauchen. Wie wird erst das Jahr aussehen, in welchem ein System herum kömmt; und in welcher Zeit wollen wir die Milchstrasse im Kreyse herum führen? Zeiten von dieser Dauer wollen wir Augenblicke der Ewigkeit nennen. Sie fangen bald an, ein Verhältnis zu derselben zu haben.

Ich gebe Ihnen, mein Herr, vollkommen Beyfall, wenn Sie sagen, daß unser Sonnensystem ein Bild von jeden andern ist, weil ähnliche Mittel ähnliche Absichten voraus setzen. Ich würde hierinn noch weiter gehen, und setzen, daß es auch ein Bild von einem Fixsternensystem ist, in so ferne die Austheilung und Laufbahnen der Fixsterne eine sehr ähnliche Einrichtung haben, und in jeden einerley *Central*-Kräfte angebracht sind, um sie in einem gesetzten Laufe zu erhalten. Nur darinn kann ich noch nicht auskommen, ob ich den gemeinsamen Mittelpunct des Systems öde lassen, oder in denselben einen ungeheuer grossen dunkeln Körper setzen solle, dessen Masse schwer genug wäre, um jede Fixsterne des Systems eben so in ihren Bahnen zu erhalten, wie es unsere Sonne in Absicht auf die Planeten und Cometen thut. Wir können noch nicht sagen, wie dichte ein Körper seyn müßte, wenn er gar keine Zwischenräumungen mehr behielte. Vielleicht ist das Gold, der dichteste unserer irdischen Körper, mit einem solchen verglichen, nur noch als ein Schwamm anzusehen. Ich bin daher um die Grösse und Masse eines Körpers, der ein ganzes Fixsternensystem um sich herum lenken könnte, nicht viel besorgt. Aber noch immer finde ich mehr Gründe, demselben alles Licht zu benehmen, und ihn von der nächsten Sonne, die um ihn herum läuft, erleuchten zu lassen. Wäre er leuchtend, so würde in einem weiten Raum um ihn herum jede Sonne überflüssig seyn, weil ich das Licht nur als ein den dunkeln Körpern dienliches Mittel ansehe.

Setze ich aber, der Mittelpunct des Fixsternensystems seye ganz öde, so haben dieselben keine andere Schwere, als die, so ein jeder gegen alle übrigen hat. Die, so näher bey der Mitte des Systems sind, würden gegen jede äussern, und folglich in entgegen gesetzten Richtungen schwer seyn, und da sehe ich nicht, wie eine *Central*-Kraft und eine einförmige Bewegung daraus erfolgen könnte. Die mittlere Richtung der Schwere wäre bey jedem Stern aus Millionen einzeln Richtungen zusammen gesetzt, und daher jeden Augenblick veränderlich. Die Ordnung in dem Laufe wäre viel zu verwickelt, als daß sie sich zu einem System schickte, dessen Grösse und Dauer etwas sehr einfaches erfordert. Wie wenig und wie selten stören sich die Cometen und Planeten unter einander, und wie sehr wird ihre Bewegung durch die kräftige Wirkung der Sonne einfach gemacht. Wir sehen diese kleinern Verrückungen als Ausnahmen an, die vielleicht auch ihren Nutzen haben können, allein dessen unerachtet bleiben sie Ausnahmen, weil sie Abweichungen von einem allgemeinen Gesetze sind. Lasse ich demnach den Mittelpunct eines Fixsternensystems öde, so deucht mich, daß ich den Gesetzen seiner Bewegung alles Allgemeine wegnehme, und nichts als solche Ausnahmen zurücke lasse. Die Ordnung würde als eine beständige Vermischung von Millionen einzeler Wirkungen müssen angesehen werden, ungefehr eben so wie es in dem Laufe der Dinge auf unserer Erde geschieht. Allein so sehe ich die Einrichtung des Weltbaues nicht an. Je näher ein System dem Ganzen kömmt, desto einfacher müssen die Gesetze seiner Veränderungen seyn.

Fügen Sie, mein Herr, diesem noch bey, daß, da die nächsten Fixsterne so weit von einander entfernt sind, dieselben nicht nur für sich, sondern mit ihrem ganzen Gefolge in einander wirken. Sie haben mir in Ihrem letzten Schreiben nochmals einen Ueberschlag von der Anzahl der Cometen vorgelegt. Ich weiß nicht, ob Ihnen etwan die 5. Millionen, die ich Ihnen vorgerechnet hatte, nicht annoch zu viel scheinen. Ich verlange die Sache gar nicht zu übertreiben. Allein wie Sie es auch immer angreifen, um die Lücken der Halleyschen Tafel auszufüllen, werden Sie noch immer genug Cometen heraus bringen. Ich setze derselben ohne Bedenken so viel nur immer ungestöhrt neben einander einhergehen können. So viel Sie aber auch zugeben wollen, so wird doch die Masse von allen Planeten und Cometen zusammen genommen viel grösser seyn als die Masse der Sonne. Um desto beträchtlicher wird auch die Schwere eines ganzen Sonnensystems gegen das andere, und um desto mehr ist darauf zu denken, daß sie einander nicht mehr stören, als das System des Saturns vom System des Jupiters gestört wird. Wie wollen sie diese nothwendige und heilsame Absicht erreichen, ohne den Mittelpunct des Fixsternensystems mit einem Körper von ungeheurer Masse auszufüllen?

Ist aber ein solcher Körper in dem Mittelpuncte eines Fixsternensystems, so wird dieses in Absicht auf seine Einrichtung unserm Sonnensystem vollends ähnlich, und der Unterschied wird nur darinn bestehen, daß in dem einen dunkle Weltkugeln um eine leuchtende, in dem andern aber die leuchtenden mit ihrem Gefolge um eine dunkele laufen.

.

.

.

Siebenzehnter Brief

Ich sehe nun vollkommen ein, daß das Hauptwerk bey der entdeckten Verrückung der Fixsterne auf die Parallaxe der Sonnenbahn ankömmt, und um mir sie desto lebhafter vorzustellen, so habe ich die Astronomie, die im Monde statt haben würde, wenn die Sonne unsichtbar wäre, untersucht. Um der Sache ihre völlige Aehnlichkeit zu geben, mußte ich annehmen, die Astronomen des Mondes wüßten schon, daß der Mond um die Erde, und die Erde um irgend einen Mittelpunct herum liefe, um welchen sich auch die übrigen Planeten bewegten. Ferner konnte ich annehmen, daß ihnen das Gesetz der Schwere, die kleinern Anomalien, so daher in der Bewegung des Mondes entstehen, und die Nothwendigkeit der Kegelschnitte und die Keplerischen Gesetze bekannt wären. Aus diesen Stücken mußte ich nun herleiten, wie sie es angreifen würden, um den Ort des gemeinsamen Mittelpunctes der Planeten oder der ihnen unsichtbaren Sonne in kurzer Zeit wenigstens beyläuftig zu finden. Hiezu konnte ihnen der Lauf des Mondes und der von den übrigen Planeten dienen. Ich kann annehmen, die *Ellipse*, so der Mond ohne die Mitwirkung der Sonne um die Erde beschreiben würde, seye ihnen bekannt, und da müßten sie die Stellen suchen, wo die Abweichung, so von der Sonne verursacht wird, z. E. in der Geschwindigkeit, sich am stärksten äussert. Dieses wären die

Stellen, wo der Mond kurz vorher in *Conjunction* oder in *Opposition* mit der Sonne gewesen, und hiedurch würde die Lage der Sonne beyläuftig bestimmt.

Das andere Mittel wäre von den Planeten herzunehmen. Die Astronomen des Mondes müßten ihre Stelle etliche male observiren, und mit Hülfe der Keplerischen Gesetze liesse sich ihr wahrer Ort, ungefehr eben so, jedoch etwas mühsamer finden, als wir es bey den Cometen thun. Der Abstand des Mondes von der Erde und sein Umlauf um dieselbe würde ihnen eine monatliche *Parallaxe* geben, welche sie bequemer gebrauchen könnten, als wir die *Parallaxe* der Erdbahn in Absicht auf die Fixsterne. Hingegen würde ihnen diese letztere *Parallaxe* in Absicht auf die Planeten und Cometen, die Dienste thun, die wir von der *Parallaxe* der Sonnenbahn zu gewarten haben.

Die Mittel, so wir in Absicht auf die Lage der Fixsterne zu gebrauchen haben, sind diesen ganz ähnlich. Der gemeinsame Mittelpunct des Fixsternensystems ist uns unsichtbar, seine Lage muß durch Schlüsse heraus gebracht werden, die wir nicht wohl anderst als daher leiten können, wenn die Erde in ihrem jährlichen Laufe kleinen Abweichungen unterworfen ist, oder daß wir es aus der optischen Ungleichheit der scheinbarn Verrückung der Fixsterne herleiten.

Ungeacht dieses eben nicht so bald genaue geschehen wird, so können wir dennoch dieser Absicht immer näher kommen, und nach und nach wird sich der wahre Maaßstab zur Ausmessung des Abstandes der Fixsterne finden lassen, welcher die Entfernung unserer Sonne vom Mittelpunct des Fixsternensystems ist, zu welchem sie gehört. Unsere Sonne ist nicht in diesem Mittelpunct. Sie wird aber kaum um den Abstand etlicher Fixsterne davon entfernt seyn.[34])

.
.
.

Aber ich muß mich doch ein wenig bey dem dunkeln Körper aufhalten, den Sie, mein Herr, in den Mittelpunct des Fixsternensystems setzen wollten, und worüber Sie zwar noch einigen Anstand finden, aber dennoch Beweise dazu aufsuchen, die man eben nicht unbetrachtet übergehen kann. Wissen Sie, woran ich mich aufhalte? Fürnemlich an den Folgen Ihrer Beweise. So scharf Sie diese Beweise machen, so glaube ich, daß sie mit eben dieser Schärfe sich auch auf den Mittelpunct der ganzen Milchstrasse, und folglich aller Fixsternensystemen zusammen genommen ausdehnen lassen. Sie ordnen dennoch der ganzen Milchstrasse ebenfalls eine Laufbahn, weil Sie mich fragen, in welcher Zeit wir sie herum führen wollen? Und die Aehnlichkeit, die von System zu System geht, das Gesetz der Schwere, welches alle mit einander verbindet, und die Welt zu einem zusammenhängenden Ganzen macht, die Harmonie und Vollkommenheit, welche Zeit und Raum zusammen faßt, und daher Bewegung fordert, kurz, alle Gründe, woraus Sie die Bewegung einzeler Fixsterne geschlossen haben, und nun durch die Erfahrung bekräftigt werden, lassen die Milchstrasse nicht ruhen.

Wenn sie aber eine Laufbahn hat, so lassen sich Ihre Gründe von dem dunkeln Körper im Mittelpunct des Fixsternensystems eben so gut darauf anwenden. Setzen Sie den Mittelpunct der Milchstraße ganz öde, so wird ihre Bewegung aus lauter kleinen Ausnahmen bestehen, weil ihre einzeln Systemen keine gemeinsame und überwiegende Richtung der Schwere haben, welche ihre Bewegung so einförmig machte, als es bey grossen Weltsystemen erfordert wird. Ein jedes Fixsternensystem der Milchstrasse begreift Millionen Sonnen, und um jede Sonne eben so viele Planeten und Cometen. Nehmen Sie alle diese Cörper zusammen, wie beträchtlich muß ihre gemeinsame Schwere werden, und wie unordentlich ihr Lauf, wenn nichts ist, welches allen gebietet, in einer sehr einfachen Laufbahn zu bleiben?

Ich glaube, daß ich in der Anwendung Ihrer Gründe, ordentlich verfahren bin. Solle ich sie nun als nothwendig schliessend ansehen, so werde ich auch einen dunkeln Cörper annehmen müssen, welcher Masse genug habe, um die Milchstrasse in einfacher Ordnung zu halten, und nehmen Sie, mein Herr, an, daß die Milchstrasse zu noch unzähligen andern gehört, so geben Sie mir Stoff zu einem noch vielfach schwerern und grössern Körper, welcher wider alle Milchstrassen Gesetze und Ordnung geben muß. So weit Sie nun hierinn gehen wollen, so kommen Sie doch endlich auf den Mittelpunct des ganzen Weltbaues, und hier finde ich meinen letzten Körper, der die ganze Schöpfung um sich herum lenkt.

.

.

.

Allein unvermerkt verdunkele ich meine Schwierigkeit durch diese Entzückung, die mir der Anblick einer so prächtigen Stelle verursacht. Ein Dichter hätte hier einen reizenden Anlaß, sie vollends auszuschmücken, und sie unserer Einbildungskraft bis zur vollkommensten Glaubwürdigkeit vorzumalen, und einnehmend zu machen. Aber philosophisch davon zu reden, so gestehe ich gerne, daß mir die ungeheure Grösse dieser dunkeln Körper ganz im Wege steht. Sie fällt mir ins ungläubliche. Es ist wahr, daß sie sich vielleicht ins Kleine ziehen lassen, wenn wir annehmen, daß wenigstens der Kern derselben von einer absoluten Dichtigkeit seye, wenn sich die Schwere nothwendig nach der Masse richtet, oder die Dichtigkeit des Aethers gegen den Mittelpunct des Weltgebäudes, und eben so auch gegen den von jeden grössern Systemen zunimmt. Was wir bey unsern irdischen Körpern wahrnehmen, so scheint das erstere statt zu haben, weil wir finden, daß sich die Schwere nach der Masse richtet, und so scheint es immer noch, daß man diesen dunkeln Körpern einen bis zum Erstaunen grossen Umfang geben müsse.

So sehr ich mich aber hiebey aufhalte, so kann ich doch nicht in Abrede seyn, daß Ihre Beweise mir bey näherer Untersuchung etwas mehr einleuchteten. Ich habe nur eine Probe in Kleinem davon gemacht. Ich nahme die Sonne aus unserm System weg, und daher auch die so kräftig gegen den Mittelpunct ziehende Schwere. Aber gleich mußte ich auch die *vim centrifugam* oder die Geschwindigkeit jeder Planeten und Cometen vermindern, wenn ich dafür sorgen wollte, daß nicht alle und jede nach einer tangentialen Richtung auseinander führen, und das ganze System sich gegen jede Fixsternen hinaus zerstreute. Allein damit richtete ich nichts aus. Denn Jupiter, welchen die Philosophen als einen Cometenräuber vorgestellt hatten, wurde es nun in der That. Jede Cometen, die in seiner Nachbarschaft waren, fiengen an, Ellipsen um denselben zu beschreiben. Sein Gebiet wurde nach und nach ansehnlicher. Die

Planeten ergaben sich ebenfalls, und selbst Saturn konnte sich mit seinen Trabanten nicht widersetzen. Anfangs gienge es, wie bey einer Empörung, unordentlich zu. Aber die Sonne war einmal weggeschaft. Jupiter sahe sich nach und nach von allen Seiten her mit Weltkugeln umringt. Der gemeinsame Mittelpunct der Schwere aller dieser Weltkugeln, welcher Anfangs vom Jupiter sehr entfernt und veränderlich ware, kam ihm immer näher, und endlich traf er mit seinem Mittelpuncte zusammen. Die Schwere der Weltkugeln gegen einander bliebe ohne Wirkung, weil die von den nähern wegen den entgegengesetzten Richtungen entkräftet, und so gut als aufgehoben, und die von den entferntern mit ihrer Schwere gegen den Jupiter vereinigt ware. So kame das System unter einem kleinern Regenten in Beharrungsstand. Würde ich nun den Jupiter auch wegschaffen, so glaube ich, daß Saturn das nächste Recht zur Regierung hätte, und es auf eine ähnliche Art erlangen würde. Allein durch solche Veränderungen würde das System viel unansehnlicher, und die güldene Zeit würde mit der Sonne aufhören.

Urtheilen Sie nun, mein Herr, ob ich dieses Bild richtig entworfen habe, und wie fern es sich auf ein Fixsternsystem anwenden lasse. Ich glaube schliessen zu können, daß, ohne den dunkeln Körper im Mittelpuncte zu lassen, die mächtigste unter den Sonnen des Systems sich die Oberherrschaft zueignen, daß aber das ganze System an Grösse, Geschwindigkeit und einfacher Ordnung viel unansehnlicher werden würde. So viel ist gewiß, daß unter der Regierung des Jupiters Saturn ein sehr mächtiger Vasall wäre, welchem eine ziemliche Anzahl von kleinern Fürsten das Gleichgewichte halten müßte, damit er keine Unruhe anrichte. So aber kann es mit der Ordnung in den Laufbahnen nicht gehen, daß dem Saturn, welcher, wo er sich befindet, ein Uebergewicht geben würde, eine desto grössere Anzahl von Cometen und Planeten gegen über seyn sollte, die den Jupiter eben so kräftig gegen sich zögen, als er vom Saturn auf die andere Seite gezogen würde. Unsere Sonne hat dieses lange nicht so nöthig, und das Uebergewicht, welches Jupiter und Saturn zusammen genommen der einen Seite des Systems geben, wird gegen die starke Kraft der Sonne, und bey so vielen Cometen, die auf allen Seiten um sie herum sind, vollends unmerklich. Der gemeinsame Mittelpunct des ganzen Sonnensystems scheint mir bey so bewandten Sachen von dem Mittelpunct der Sonne vielleicht kaum eines Zolles breit entfernt seyn zu können.

So wenig ich demnach dem Jupiter oder Saturn die Regierung unseres Systems lassen würde, so unschicklich scheint es mir, daß ein Fixsternensystem von einem Fixstern regiert werde. Als ein Fixstern müßte er ein eigenes Gefolg von Cometen und Planeten haben, dieses wären aber nur seine Hausgenossen, und ich glaube, daß er damit genug zu thun habe, als daß er noch ein Heer von andern Fixsternen, die doch mit ihm zu paaren gehen, regieren könnte. Die Oberherrschaft muß despotischer seyn, weil sie mächtiger seyn muß. Und damit verfalle ich allerdings auf einen Körper, der jeden Fixstern mit seinem ganzen Gefolge im Zaume halten kann.

Daß dieser Körper dunkel seye, aber von einer Sonne beleuchtet werde, geht mir wohl ein. Nur dieses ist noch der Anstand, den ich dabey habe. Wäre ein solcher Körper von so ungeheurer Grösse und beleuchtet, so deucht es mich immer, daß sich einige Spur sollte davon finden lassen, zumal da unsere Sonne eben nicht am äussersten Ende des Systems, sondern näher bey dem Mittelpuncte, und daher näher bey diesem Körper ist. Es könnte also einen beträchtlichen scheinbaren *Diameter* haben, und sein Licht, so schwach es ist, würde unterwegen nicht so stark geschwächt, daß wir es nicht durch Fernröhren entdecken könnten. Da die Sonne, die ihn beleuchtet, zunächst um ihn herumläuft, so müßte er *Phases* haben, und daher bald voll, bald ganz verfinstert seyn. Hätte er wie die übrigen Weltkugeln Flecken, so würde sich seine scheinbare Gestalt auch dadurch ändern. Glauben Sie, mein Herr, daß wir einige Hoffnung haben können, etwas dergleichen zu entdecken? Ich wünschte, daß es geschehe, weil die Anwendung unserer Mondastronomie dadurch merklich erleichtert würde. Es wäre dabey nicht mehr nothwendig, voraus zu setzen, daß die Astronomen des Mondes zur Errichtung ihres Copernicanischen Systems den Ort der Sonne erst durch Umwege suchen müßten. Doch da ich es dahin gestellt seyn lasse, so halte ich mich dabey nicht auf, was in diesem Falle zu thun wäre, um die Lage der Fixsterne unseres Systems nach und nach zu bestimmen. Uebrigens kann ich nicht läugnen, daß es mich sehr freuen würde, wenn sich bald Mittel und Wege dazu finden liessen.

.

.

.

Achtzehnter Brief

Allein ich kehre mit Ihnen wieder zu philosophischen Untersuchungen zurücke. Sie erstaunen über die ungeheure Grösse solcher Körper, die ganze Fixsternensystemen, ganze Milchstrassen, und kurz, die ganze Schöpfung in Ordnung halten sollen. Ungeacht dieses Erstaunen Sie bald dahin verleitet, daß Sie gerne etwas dergleichen sehen möchten, so glaube ich doch, daß Sie es nicht aus Gründen thun, wie die, die in viel leichtern Sachen zum Glauben die *Autopsie* fordern. Sie wollen deßwegen sehen, weil Sie vermuthen, es werde möglich seyn, und Körper von so ungeheurer Grösse, wenn sie auch nicht mehr erleuchtet wären, als es Jupiter oder Saturn ist, müßten noch einen solchen scheinbaren *Diameter* haben, daß man wenigstens den nächsten durch Fernröhren entdecken sollte. Sie stellen sich zum voraus seine *Phases* und Flecken vor, und bestimmen die Abwechslungen in seiner scheinbaren Gestalt. Es wundert mich, daß Sie nicht das bloße Licht im Orion wieder von der Classe der Milchstrasse ausschloßen, und dasselbe zu einem hellern Theile eines solchen Körpers machten. Sie wußten ja, daß *Derham* es nicht als ein wahres Licht, sondern nur als eine Art von Wiederschein ansehen wollte, den man wie durch eine Oefnung, als einen Abglanz des *Caeli empyrei* sehe. Diese Beschreibung schickte sich besser für einen erleuchteten, als für einen leuchtenden Körper. Eben so wußten Sie, daß man die scheinbare Gestalt dieses blassen Lichtes verändert gefunden, welches in so wenigen Jahren von einer Milchstrasse nicht wohl kann gesagt, oder wenigstens nur dadurch erklärt werden, wenn man den Grund von der grössern oder kleinern Durchsichtigkeit unserer Luft hernehmen könnte. Die Sonne, die einen solchen Körper erleuchtet, mag uns als ein sehr kleiner Fixstern vorkommen, wenn nur der Körper groß genug ist, um einen merklich grossen scheinbarn *Diameter* zu haben, und nicht zu gar weit entfernt, als daß sein Licht durch die Himmelsluft ganz sollte geschwächt werden, so thun uns die Fernröhren hierinn die behörigen Dienste. Dieses schwache Licht ist überdiß im Orion, in welcher Gegend Sie ohnedeme den Mittelpunct unseres Fixsternensystems haben suchen wollen.

Ich habe dasselbe noch nicht durch ein Fernrohr, sondern nur im Kupfer gezeichnet gesehen. Da etliche Fixsterne vor demselben stehen, so kann ich, aller dieser Gründe ungeacht, nicht in Abrede seyn, daß es mir zu groß vorkomme, so ungeheuer auch die Grösse des Körpers seyn mag, den ich in den Mittelpunct eines Fixsternensystems setze. Indessen aber, da man es veränderlich gefunden hat, so gebraucht es wenige Jahre, um zu sehen, ob sich in seinen Veränderungen so etwas einförmiges zeigt, das man aus einer Bewegung um die Axe und aus dem Umlaufe einer Sonne um dasselbe erklären könnte. Ich wünschte mit Ihnen, mein Herr, daß es so befunden, oder daß überhaupt ein solcher Körper entdeckt würde, weil es unstreitig eine beträchtliche Erleichterung für die nähere Bestimmung des Fixsternensystems wäre. Ich würde sodann die Beweise, die ich für das Daseyn solcher Körper aufgesucht habe, so weit ausdehnen, als Sie nur immer wollten.

Da es aber inzwischen unausgemacht bleibt, so kehre ich zu diesen Beweisen zurück, um genauer zu prüfen, worauf sie sich gründen, und wie weit sie reichen, und da finde ich wieder an den netten Bildern, die Sie sich, mein Herr, darüber entworfen haben, ein erwünschtes Hülfsmittel, meine Beobachtungen ordentlicher einzurichten. Nachdem es nun einmal ausgemacht ist, daß die Fixsterne sich verrücken, und man es als eben so ausgemacht ansehen kann, daß ihre Bewegung nicht geradlinicht, sondern kreyßförmig ist, und daher die *Central*-Kräfte dabey vorkommen, so wird die Hauptfrage diese seyn, die Sie, mein Herr, bereits gemacht haben, ob man das Regiment eines ganzen Fixsternensystems einem einigen Fixstern anvertrauen könne? Sie haben diese Frage in eine ähnliche verwandelt, da Sie die Sonne wegnahmen, und schauten, wie die Unordnung und Zerstreuung in unserm Planeten- und Cometensystem würde müssen vermieden und gehoben werden. Diese Frage zeigte Ihnen so gleich, daß Jupiter, oder wenn dieser auch wegkäme, Saturn sich auf den Thron schwingen würde, weil diese beyden Körper, wenigstens unter allen, die uns zu Gesichte kommen, die mächtigsten Kräfte haben.

Setze ich demnach, ein Fixsternensystem seye in dem gemeinsamen Mittelpunct ganz öde, oder es habe darinn keinen solchen Körper, der es ganz regieren, und jeden Fixstern mit seinem Gefolge in Ordnung halten könne, so lassen sich folgende Betrachtungen machen. Da die Fixsterne sich nicht in geraden Linien bewegen sollen, so müssen sie davon abgelenkt werden, und ihre Geschwindigkeit muß dieser Ablenkung angemessen seyn, damit sie immer ein System ausmachen. Denn diese *Subordination* läßt sich nicht aufheben, sie ist für die Einrichtung des Weltbaues viel zu nothwendig.

Was nun die Sterne von der geraden Linie ablenken kann, ist hier nichts anders als die Schwere, die sie gegen jede andere haben, und die Ablenkung selbst geschieht nach der mittlern Directionslinie, welche entsteht, wenn man jede einzele Richtungen zusammensetzt. Sie ist demnach alle Augenblicke veränderlich, und schon dieses macht sie sehr ungläublich, und der *Analogie* widersprechend. In der That, in unserm Sonnensystem ist diese Richtung bey jeden Planeten und Cometen so gut als einfach, die wenigen Fälle ausgenommen, wo zweene derselben sehr nahe bey einander vorbey laufen. Bey den Fixsternen, deren jeder wegen seines ganzen Gefolges viel ungestörter seyn muß, sollte nun eine so einfache Richtung nicht statt haben, sondern eine andere, die aus Millionen kleinerer zusammengesetzt, und jede Augenblicke veränderlich ist? Dieses wird nicht wohl angehen.

Ferners läßt sich wohl begreifen, daß in solchem Fall die mittlere Richtungslinie der Schwere bey den äussersten Fixsternen des Systems ziemlich ordentlich gegen den Mittelpunct gehen würde, und daß, weil die einzelnen Richtungen alle auf eine gleiche Seite fallen, die Summe von allen merklicher wäre, und daher auch die Geschwindigkeit des Laufes grösser seyn müßte. Nehme ich hingegen einen Fixstern in der Mitte des Systems, so ist er gegen alle Seiten hinaus schwer. Die Schwere in jeden entgegengesetzten Richtungen hebt sich auf, ihre Wirkung fällt weg, und der Stern ist so gut, als wenn er gar keine oder eine unmerklich kleine Schwere hätte. Da er also entweder gar nicht, oder sehr wenig von der geraden Linie abgelenkt würde, so könnte er auch fast gar keine Geschwindigkeit haben. Kurz, die Ordnung wäre nicht nur unendlich zusammengesetzt, sondern vollends umgekehrt. Die äussersten Sterne des Systems würden sich am geschwindesten, die inneren aber desto langsamer bewegen, je näher sie bey dem Mittelpuncte wären. Alles dieses ändert sich, und die Ordnung wird harmonisch und einfach, wenn ich wieder den dunkeln Körper in den Mittelpunct setze.[35])

Hiezu rechne ich noch, daß ich nicht gedenke ein Fixsternensystem in gleicher Stelle zu lassen. Es gehört zu einer Milchstrasse, und sein Mittelpunct solle um den Mittelpunct der Milchstrasse eine sehr ordentliche Laufbahn haben. Dieses fordert die *Analogie*, die von System zu System fortgeht, und jede Gesetze der Bewegung immer einfacher macht, je grösser ein System ist. Nehmen Sie z. E. nur den Jupiter weg, wie bald werden seine Trabanten zerstreut werden? Solle sich ein ganzes System in seiner Laufbahn bewegen, und beysammen bleiben, so muß im Mittelpunct ein Körper seyn, der es mit sich herum führt.

Für die Grösse solcher Körper bin ich eben nicht besorgt. Sind sie wegen der Erhaltung einer einfachen und gesetzten Ordnung nothwendig, so müssen sie ihre angemessene Grösse haben, so erstaunungswürdig diese uns vorkommen mag. Ich finde überhaupt, daß wir uns in der Astronomie immer mehr zu grössern Dingen gewöhnen, und die Maaßstäbe weglassen müssen, die wir auf der Erde gebrauchen. Sie fallen ins unendlich Kleine, und verschwinden vor unsern Augen, wenn wir astronomische Blicke in das Firmament thun. Fangen wir bey den Satelliten an, und gehen zu den Hauptplaneten und Cometen, und von diesen zu den Sonnen, so sind die Sonnen in der Sprache des Himmels nur noch Körper vom dritten Range. So blieben wir, wie bey den Systemen, zurücke, aber wir müssen diese Rangordnung bey beyden als noch viel vollständiger ansehen. Den vierten Rang haben die Körper, welche ganze Fixsternensysteme regieren, und diese sind die Grundlage zu den Milchstrassen, deren jede sich um einen Körper vom fünften Range bewegt. Und so weiter, bis wir endlich zu dem kommen, der die ganze Schöpfung als sein Gebiet beherrschet, und gegen sich schwer macht.

Aber ich muß Ihnen, mein Herr, noch auf eine andere Art zeigen, daß wir noch wenig wissen, was groß oder klein ist. So lange wir nicht wissen, wie weit die Sonne von dem Mittelpunct des ganzen Weltgebäudes entfernt ist, und in wie viel Zeit sie um denselben herum kömmt, können wir nicht sagen, wie geschwinde sich die Erde oder jeder anderer Planet bewegt. Die Ellipsen, in welchen wir die Planeten und Cometen einherwandeln machen, sind eine bloße Erdichtung, und nicht besser, als wenn wir in der sphärischen Astronomie annehmen, der Himmel drehe sich um die Erde. Es ist noch weit gefehlt, daß das Copernicanische System etwas mehr als eine nützliche und brauchbare *Hypothese* seyn sollte. Sehen Sie, ich kehre nun vollends alles um, allein ich werde Ihnen andere und bessere Beweise geben, als es die Ptolomäicker und Tychonianer thun.

Um bey einem Beyspiele anzufangen, welches zunächst bey uns, und schon bekannt ist, so setzt man, der Mond bewege sich in einer *Ellipse* um die Erde, und in dieser komme er ungefehr in 27. Tagen herum. Dieses würde angehen, wenn die Erde unbewegt bliebe. Allein nimmt man an, die Erde laufe in einer *Ellipse* um die Sonne, so fällt die *Ellipse* des Mondes ganz weg, und nunmehr lauft der Mond in einer *Cycloidal*-Linie um die Sonne, und zwar etwas geschwinder als die Erde, weil er Umwege zu nehmen hat, und dennoch in gleicher Zeit herumkömmt. Dieses geht wieder an, so lange man annimmt, die Sonne seye unbewegt. Allein sie ändert ihren Ort so gut als jede Fixsterne. Setzt man, sie bewege sich in einer *Ellipse* um den Mittelpunckt des Fixsternensystems, zu welchem sie gehört, so fällt die *Ellipse* der Erde und die *Cycloidal*-Linie des Mondes weg, und beyde verwandeln sich in *Cycloidal*-Linien, die Erde läuft in einer vom ersten, und der Mond in einer vom zweyten Grade. Es ist für sich klar, daß die Geschwindigkeit immer zunimmt.

Dieses geht wieder an, so lange der Mittelpunct des Fixsternensystems oder der vorhin sogenannte Körper vom vierten Range unbewegt bleibt. Da aber nirgends Ruhe in der Welt ist, so wird wieder müssen gesetzt werden, dieser Körper habe einen Kreyßlauf, und so wird die Sonne in einer *Cycloidal*-Linie vom ersten, die Erde vom zweyten, und der Mond vom dritten Grade einhergehen. Aber alles dieses sind noch immer Hypothesen, bis wir zu dem Körper kommen, der die ganze Schöpfung um sich lenkt. Wäre dieser vom 1000ten Range, so würde die Erde eine *Cycloide* vom 998ten Grade beschreiben, und die Geschwindigkeit, die dabey heraus käme, wäre ihre wahre Geschwindigkeit. Wie groß wird diese seyn, und wer wird die Natur dieser *Cycloide*, ihre tausendfache Wendungen und ihren Umfang bestimmen?

Was ich hier von dem Monde gesagt habe, gilt von jedem Satelliten, das von der Erde erstreckt sich auf jede Planeten und Cometen, und das, so ich von der Sonne sagte, von jeden andern Sonnen, und so weiter. Die Ordnung wird zusammengesetzter, je niedriger der Rang der Körper ist, und die Art, wie sie zusammengesetzter wird, richtet sich nach einem gleichen Gesetze, oder nach den Stuffen der *Cycloidal*-Linien, die sie durchlaufen.

Wie gefällt Ihnen, mein Herr, dieser Beweis? Ich gestehe Ihnen gerne, daß ich mich dabey verwirre, wenn ich die Folgen davon mir vorstellen will. Allein Sie wissen sich schon zurecht zu helfen. Ich werde sie demnach nur angeben. Im eigentlichsten Verstande läuft unsere Erde, und überhaupt jeder Weltkörper um den Mittelpunct der Schöpfung. Mit der Sonne hat sie weiter nichts zu thun, als daß sie dieselbe begleitet, beständig in ihrer Nachbarschaft bleibt, um ihr Licht und ihre Wärme zu nutzen. Hiezu gebraucht sie einen Umweg, weil das Gesetz der Schwere kein ander Mittel leidet, zween und mehrere Körper beysammen zu behalten. Ich will nicht bestimmen, wie viele Körper zu jedem Range gehören, aber aus jedem Range nehme ich einen, zu welchem unsere Erde gehört, und gegen welchen sie nothwendig eine Schwere hat. Sie ist gegen die Sonne schwer, damit sie in der *Cycloide* um sie bleibe. Mit der Sonne zugleich ist sie gegen den Körper vom vierten Range schwer, damit beyde in desselben Nähe und unter seinem Gefolge bleiben. Dieser Körper, die Sonne und die Erde sind gegen den Körper vom fünften Range schwer, der die Milchstrasse regiert, wiederum damit sie sich nicht zerstreuen. Auf diese Art schreite ich weiter fort, und bey jedem Schritte bekömmt die *Cycloidal*-Linie der Erde neue und grössere Wendungen zu den kleinern, die sie nimmer behält. Es scheint, als wenn die Satelliten uns zum Muster dessen dienten, was im Grossen vorgeht. Die *Cycloidal*-Linien, die wir bisher bey ihnen angenommen haben, zeigen uns, daß wir eben nicht bey den Ellipsen stehen bleiben sollen, wenn wir den wahren Lauf der Weltkörper uns vorstellen wollen, und beyde sind viel zu einfach für Körper von so niedrigem Range. Die Ellipsen kommen nur denen zu, die unmittelbar von dem Regenten des Weltbaues abhängen, und demselben so subordinirt sind, daß sie seine ersten Befehle unter sich vertheilen, und sie durch ihre unmittelbar Untergebenen weiter ausbreiten. Diese müssen sich schon etwas mehr Mühe geben, und in Cycloiden vom ersten Grade laufen, wie wir sie bisher dem Monde zugeeignet haben.

Sie sehen, mein Herr, hierinn einen kurzen Entwurf von der *Subordination*, die in der Welt herrscht. Hatte ich Unrecht, zu sagen, daß alles einfacher werde, je näher es dem Ganzen kömmt? Oder solle ich meine dunkeln Körper, die ich zu Regenten der Fixsternensystemen, der Milchstrassen, der Systemen von Milchstrassen etc. gesetzt hatte, wieder abschaffen, und in dem Weltbaue eine *Democratie* einführen? Er ist viel zu groß dazu, und wenn nicht jeder Theil ohne Ordnung thun solle, was er will, so müssen kräftigere Gründe da seyn, ihn in gesetzter Ordnung zu halten, und den Weltbau zu einem durch viele Stuffen durch wohleingerichteten und harmonischen Ganzen zu machen.

Da wir die wahre *Cycloide*, so die Erde durchläuft, allem Ansehen nach niemals kennen werden, so haben wir die Wahl, in den Hypothesen so weit zu gehen, als wir wollen. So lange wir nur Planeten und Cometen zu berechnen haben, würden wir ohne Grund von der Copernicanischen abweichen. Sie ist viel zu bequem zu diesen Rechnungen. Eben so können wir es bey einer *Cycloide* vom ersten Grade bewenden lassen, wenn wir nur unser Fixsternensystem genauer bestimmen wollen. In etlichen tausend Jahrhunderten mag es vielleicht Zeit seyn, an eine *Cycloide* vom zweyten Grade zu denken, um die Systemen, so die Milch-

keit unserer Erdluft herleiten, daß der Rand dieses Lichtes sich nicht allmählich ins Dunkle verleurt, sondern deutlicher abgesetzt ist? Ich bedaure wirklich, daß es mehrere Observationen gebraucht, um aus diesen Veränderungen etwas zu schliessen. Ich würde mir bald suchen aus der Sache zu helfen.

Doch ich will mich dabey noch gedulten. Aber den Grund, den Sie, mein Herr, von der scheinbaren Grösse dieses Lichtes hernehmen, um es nicht als einen von ihren dunkeln Körpern anzusehen, haben Sie vielleicht nur angeführt, weil ich mich bey dieser Grösse in meinem vorhergehenden Schreiben aufgehalten hatte. Ich hatte ja nur den Schluß daraus gezogen, daß man wenigstens den nächsten von diesen Körpern mit den Fernröhren sollte aufspüren können. Nehmen Sie nur selbsten, welche Masse zu einem Körper gehört, der ein ganzes Fixsternensystem in Ordnung halten solle. Sie sagen mir ja dabey, daß wir noch nicht wissen, was groß oder klein ist, und daß wir uns immer mehr an grössere Dinge gewöhnen müssen. Was ist die Erde gegen der Sonne, und was mag die Sonne gegen einen solchen Körper seyn? Der *Diameter* der Sonne ist gut zweymal grösser als der *Diameter* der Mondbahn um die Erde. Könnte nicht der Durchschnitt eines solchen Körpers noch grösser seyn als die Bahn des Saturns um die Sonne?[36]) Ich sollte wohl gedenken, daß er sichtbar wäre. Wir sind allem Ansehen nach kaum um den Abstand etlicher Fixsterne davon entfernt, und die Fixsterne, die man in diesem Lichte des Orions sieht, müssen nothwendig in ungleichen Entfernungen hinter einander liegen, weil sie zu nahe beysammen zu seyn scheinen. Allein ich will es mit Ihnen auf die Erfahrung ankommen lassen, und ich hoffe, daß Zeit und Umstände es geben werden, daß wir sie beysammen anstellen können.

Inzwischen kann ich von der Möglichkeit, einen solchen Körper zu sehen, noch nicht abgehen, und wann das Licht, so sie reflectiren, an sich nicht schwach wäre, wenn es in dem unermeßlich weiten Wege, denn es durch die Himmelsluft zurücke zu legen hat, nicht sehr merklich schwächer würde, wenn endlich unsere Luft von dem Lichte jeder Fixsterne des Nachts nicht einen gewissen Grad von Klarheit hätte, so würde ich dreiste genug seyn, zu glauben, daß wir auch den Körper, der unsere

strasse ausmachen, in Ordnung zu bringen. So unerschöpflich ist die Astronomie, daß wir uns nothwendig mit Hypothesen begnügen müssen, und nun nur so viel einsehen, wie diese Hypothesen nach und nach weiter ausgebreitet und zusammengesetzter gemacht werden müssen. Sie gehen durch unzählige Stuffen näher zum Wahren, und mit jeder Stuffe fängt ein neuer Maaßstab von Raum und Zeit an. Unser dermaliger Maaßstab ist für den Raum der Halbmesser der Erdbahn in der Copernicanischen *Hypothese*, für die Zeit aber ein Jahr, oder die Dauer des Umlaufes der Erde. Da wir Hoffnung haben, nun bald zur zweyten *Hypothese* zu gelangen, so werden wir den Abstand der Sonne von dem Mittelpunct des Fixsternensystems und die Zeit ihres Umlaufes um denselben als Maaßstäbe annehmen können. Die dritte *Epoche*, die noch grössere Maaßstäbe erfordert, bestimme ich nicht, und noch viel weniger die darauf folgenden.

.
.
.

Neunzehnter Brief

Nun werden wir doch einmal genug Copernicanisch seyn, oder wir werden es niemals werden, oder wir hätten es nie seyn sollen, denn bald weiß ich mich vollends nimmer darein zu finden, nachdem Sie mir, mein Herr, von *Cycloidal*-Linien vom 1000ten Grad, von Weltkörpern vom 1000ten Range, von einer tausendgliedrigen Reihe von Hypothesen, und von eben so vielen Sprachen reden, die man in der *Astronomie* wird gebrauchen, und allem Ansehen nach bey jeden Untersuchungen und Streitigkeiten zuvorderst ausmachen müssen, welche Sprache man gebrauchen, oder aus welchem Tone man sprechen wolle. Wie sehr wird die Welt umgekehrt! Anfangs ruhete die Erde. Dann fieng sie an zu laufen, und die Sonne setzte sich in Ruhe. Nun läuft sie auch, und der Körper vom vierten Range ruht. Er wird aber auch gestöhrt werden, und die Ruhe wird an den vom fünften Grade kommen, und so weiter, bis die

Ordnung an den letzten kömmt, welcher nicht hypothetisch, sondern in der That in Ruhe ist.

Es gefällt mir überaus wohl, daß wir die Wahl behalten, jeden von diesen Körpern in Ruhe oder in Bewegung zu setzen. Diß heißt nun eben so viel, als den Ton geben, aus welchem man anstimmen will. Ruht die Erde, so bleiben wir bey der sphärischen *Astronomie*, auf welche alle Erscheinungen des Himmels müssen gebracht werden. Diß geschieht durch eine Uebersetzung aus jeder astronomischen Sprache in die gemeine. Ruht die Sonne, so haben wir es mit unsern Planeten, Satelliten und Cometen zu thun, und sprechen von Ellipsen und Hyperbeln allein. Soll es weiter gehen, so geht es unsere benachbarten Sonnen oder Fixsterne an, da kommen neue Ellipsen und Hyperbeln, und die Sprache dehnt sich auf Cycloiden vom ersten Grade aus. Auf diese werden die vom zweyten, dritten und den folgenden Graden kommen.

Aber ich kehre wieder auf meine erste Frage zurück, ob wir nun Copernicanisch sind, oder wie es damit gehe? Wenn ich mir die Sache recht vorstelle, so wird es dahinaus laufen. Ptolomäus bliebe bey der popularen oder gemeinen Sprache. Copernicus fieng an, den ersten Schritt zu thun, und lehrte uns die Buchstaben der ersten astronomischen Sprache kennen. Aber er wußte nicht, daß sie nur hypothetisch ware, und uns durch viele Stuffen erst zu der wahren führen würde. Tycho Brahe versah sich dabey, und verwechselte den Vocal mit einem Consonanten, allein man fand bald, daß die Aussprache dabey litte, und gar nicht fliessend ware. *Kepler* und *Newton* hoben diese Verwechslung vollends auf, und fanden Mittel, die bis dahin noch etwas rohe Sprache zu ihrer wahren Feinheit zu bringen, und ihre Heldengedichte nach der *Mythologie* ihrer Zeiten einzurichten. Allein die Zeiten ändern sich, und unsere nächsten Nachkommen werden diese Sprache nur noch in Gedichten gelten lassen, oder sie zur Abkürzung der Ausdrücke gebrauchen, wo es nichts wird zu bedeuten haben. Aber wo es etwas auf sich hat, werden sie aus einem höhern Tone sprechen.

So muß ich mir nun die Sache entwickeln. In so ferne Copernicus den ersten Schritt that, bleiben uns und unsern Nachkommen noch tausend andere zu thun, und in so ferne werden wir noch lange nicht vollkommen Copernicanisch werden. In so ferne wir aber wissen, daß der letzte dieser Schritte sich bey dem Körper endigen werde, der die ganze Schöpfung um sich herum lenkt, glaube ich doch, daß wir genug Copernicanisch denken; oder wollen Sie, mein Herr, von da noch weiter gehen? Ich finde vollends nicht, wo Sie noch hin wollten. Oder hätten wir etwan nie Copernicanisch seyn sollen? Dieses würde doch nicht wohl anderst angehen, als wenn wir veste geglaubt haben, die Sonne bleibe ein- für allemal an ihrer Stelle, und bewege sich nur um ihre eigene Axe. Ich gebe Ihnen zu, daß dieses ein Irrthum ist, den wir hätten vermeiden sollen, weil die Sonne, so wenig als die Fixsterne, an ihrer Stelle bleibt. Die *Scene* verwandelt sich, und es wird eine Zeit kommen, wo das Sternbild des Orions vielleicht so aussehen wird, wie jetzt das von dem grossen Bären.

Ich gedenke wohl bey der Copernicanischen Sprache zu bleiben, weil sie am leichtesten in die gemeine übersetzt werden kann, und wie Sie es, mein Herr, anmerken, wird man die nächst darauf folgende mit derselben so verbinden, daß man die Anomalien der Cycloiden auf die Ellipsen bringt, wie wir es bey dem Monde thun. Ich glaube, die Astronomen des Mondes haben viel leichter auf diese verschiedene Sprachen verfallen können, ungeacht sie einen Schritt mehr zu thun hatten, weil sie einen Satelliten bewohnen. Ihre gemeine Sprache lautet allerdings so, als wenn der Mond keine Bewegung hätte. Allein da sie die Erde beständig auf einem gleichen Fleck ihres Himmels sehen, so mußte sie ihnen entweder ganz, oder doch fast unbeweglich vorkommen, oder keine andere Bewegung, als die um ihre Axe zu haben scheinen. Es ware ihnen natürlicher, zur andern Sprache fortzuschreiten, und den Umlauf des Mondes um die Erde vest zu setzen. Allein sie mußten bald beyde zugleich um die Sonne herum laufen machen, und bey dieser doppelten *Analogie* konnten sie mit gutem Grunde auch an der Ruhe der Sonne zweifeln, und überhaupt vollends alles aus der Ruhe stören. Wären irgend ausser dem Saturn Planeten oder Cometen, deren Satelliten noch eigene Satelliten um sich hätten, so würden die Astronomen dieser letztern drey Schritte zu thun haben, bis sie die Sonne könnten herumlaufen machen, aber diese drey Schritte wären ihnen noch natürlicher, weil ihre Beweise sie fast nothwendig weiter hinaus verleiten würden.

.

.

.

Wie wunderbar muß es in dem Weltbaue aussehen? Ich finde da zwo Classen von Ordnungen. In dem Laufe der Dinge auf unserer Erde ist die Unordnung scheinbar, weil dem ersten Ansehen nach alles durcheinander geht. Uebersieht man das Ganze, so kommen die allgemeinen Gesetze, und mit diesen die Ordnung zum Vorschein. Am Firmamente ist es umgekehrt. Die einfache Ordnung ist die scheinbare. In der That, was kann ordentlicher scheinen, als der tägliche Umlauf, Auf- und Untergang der Sonne und jeder Fixsterne. Mit einem male dreht sich der ganze Himmel um die Erde herum, und des Nachts scheint der Mond der Anführer des ganzen Sternenheeres zu seyn. Läßt man sich Zeit und Weile, dieser *Scene* genauer nachzuschauen, so fangen kleine Abweichungen an, sich herfür zu thun. Der Mond wandelt von Stern zu Stern rückwärts, und die Planeten fangen auch an, zu zeigen, daß sie ihrem eigenen Sinne folgen, so sehr sie auch der allgemeine Strom mit sich fortreißt. Diese Unordnung zu heben, fängt der Zuschauer an, Copernicanisch zu denken, und bringt Planeten und Cometen in eine solche Ordnung, die nicht auserlesener seyn könnte. Allein nach und nach zeigen auch die Fixsterne, daß sie nicht todte Massen sind, sondern eigenes Leben und Bewegung haben. Ein neuer Grund, auch die Ordnung der Planeten als erdichtet anzusehen, und zugleich ein- für allemale zu schliessen, daß die wahre Ordnung die allerzusammengesetzteste ist, und von uns nie erreicht werden wird. Der Weltbau im Ganzen betrachtet hat tausend Triebräder, so ineinander gerichtet, daß jedes grössere in die nächstkleinern, und diese in die folgenden eingreifen, und in den kleinsten unzählige Schwankungen verursachen.

So sind Zeit und Raum durch die Bewegung jeder Körper des Weltbaues mit einander verbunden, daß die scheinbare Ordnung die einfachste seyn müßte, und daß wir eine desto zusammengesetztere nehmen müssen, je mehr die Zeit grösser wird, deren Ablauf wir vergleichen sollen. Wie ordentlich und genaue mißt uns die tägliche Umdrehung des Himmels die Tage und Stunden und ihre Theile vor, die wir zu jeder Verrichtung eingetheilt haben müssen! Kein genauer Uhrwerk als der tägliche Umlauf jeder Fixsterne! Gebraucht es Zeiten von längerer Dauer; Solle der Umlauf der Cometen und Planeten, die an der ersten Ordnung die früheste und sichtbarste Ausnahm machen, ausgemessen werden, so müssen wir das nächste Triebrad mit in die Rechnung ziehen, und können wieder bey einer ausbündigen Ordnung bleiben, die uns Copernicus vorgezeichnet hat. Kommen aber Zeiten von vielen Jahrhunderten vor, so äussern sich auch in dieser Ordnung neue Abweichungen, die man ebenfalls wieder in eine neue Ordnung bringen muß. Man muß zu dem dritten Triebrade fortschreiten, welches seinen Umlauf nach Platonischen Jahren mißt. So haben wir durch bloß scheinbare Ordnungen genaue Uhrwerke, für Stunden, Tage, Jahre, Jahrtausende, und jede andere Zeiten, die Schritt für Schritt Millionenmal grösser werden als die nächst vorhergehenden.

.

.

.

Sehen Sie hieraus, mein Herr, wie ich mich nun gewöhne, ein ganzes Register von Fragen zu machen. Allein ich fürchte mich nicht mehr dabey. So ausserordentlich auch alle Weltkörper durch einander laufen, so bin ich nun wegen ihres Ausweichens vollends ausser Sorgen. Ich sehe genaue ein, wie bey der Schöpfung jedem derselben eine Masse von bestimmter Grösse, ein ihm und allen denen Körpern, denen er subordinirt ist, vollkommen angemessener Grad von Geschwindigkeit, und die behörige Richtung hat gegeben werden müssen, damit bey dieser fast unendlich zusammengesetzten Ordnung jeder Planet ein vollkommen richtiges Uhrwerk haben könnte, welches ihm Zeiträume von jeder Dauer anzeigte, und mit zunehmendem Zeitraume sich neue Triebräder zur Ausmessung äusserten. Denn ich verwundere mich nochmals darüber, daß bey diesem allem die einfachste Ordnung nur scheinbar, die wahre aber so sehr zusammengesetzt ist, als es nur immer seyn kann. Die wahre werden wir nie ganz übersehen können, und in so ferne würde sie uns nie dienen, wenn sie auch unter allen die einfachste wäre.

Aber so bequemt sie sich nach unserm Gebrauche, und so weit wir sie nöthig haben, stellt sie sich uns unter der einfachen Gestalt vor. Vielleicht ist dieser Schein so wesentlich, daß bloß um denselben zu erhalten, die wahre Ordnung so sehr hat verwickelt werden müssen. Eben die Sonnen, um welche Planeten und Cometen laufen müßten, sollten schwer seyn, oder Kürze halber mit Newton zu reden, eine anziehende Kraft haben. Sogleich hebt dieses ihre Ruhe auf, so wenig es auch anfangs betragen mochte. Um die Bewegung in einfachere Ordnung zu bringen, und das Ganze dauerhaft zu machen, mußten die Sonnen in Classen gebracht, oder in Systemen eingetheilt, und jedem System ein Regent gegeben werden. Allein da mehrere Systemen waren, so fiel eben diese Schwierigkeit vor, und die Regenten mußten selbst wieder einen Oberherrn haben, der sie mit ihrem Gefolge herum lenke. Dieses alles war noch zu wenig, und diese *Subordination* mußte mehrere Stuffen haben. Je mehr Stuffen hinzu kamen, desto zusammengesetzter wurde der Lauf der erstern Weltkugeln, allein das Scheinbare darinn bliebe einfach, wie es seyn sollte, wenn das Firmament einem jeden Planeten das vollkommenste Uhrwerk vorstellen sollte.

Sie haben mich, mein Herr, nun in die Hauptstadt geführt, und die Anlage des Ganzen sehen lassen. Allein wissen Sie, was mir noch dabey fehlt? Erinnern Sie sich, daß Sie mir vorwarfen, als wenn ich ohne sehen nicht glauben wollte? In der That, was getrauen Sie sich aus dem schwachen Lichte im Orion zu machen? Sie häufen mir so viele Betrachtungen auf einander, daß ich es bald als den hellern Theil von dem Regenten unseres Fixsternensystems ansehen würde. Denn ich glaube fast, daß es Ihnen damit Ernst ist und Sie suchen nur andere Gründe auf, um die *Autopsie* als nothwendig vorzustellen. *Derham* wollte es nicht für ein eigenes Licht ansehen, sondern nur für einen Wiederglanz? Es schiene ihme zu gleichförmig helle, und so genau abgeschnitten, als wenn es eine Oefnung wäre, durch welche man in einen erleuchteten Ort sehen könnte? Was kann genauer auf eine erleuchtete Fläche passen, deren reflectirtes Licht noch durch die Himmelsluft geschwächt und dadurch noch viel blasser und einförmiger wird? Ferner, man hat seine Gestalt verändert gefunden? Sollte man dieses von der Undurchsichtig-

Milchstraße regiert, und überhaupt alle die, um welche die Erde ihre *Cycloide* herum krümmet, sehen würden, und ihr scheinbarer *Diameter* noch groß genug dazu wäre.

Mein Beweis ist aus der *Analogie* hergenommen, und vermög dieser schliesse ich, der Körper, der ein System regiert, müsse auch an den äussersten Grenzen desselben einen wenigstens mit Fernröhren noch sehr sichtbaren *Diameter* haben. Bey den Satelliten in unserm Sonnensystem ist es ausgemacht. Sie sehen ihren Hauptplaneten so groß, daß er ihre Nächte erleuchten kann. Saturn, der äusserste der Planeten, sieht die Sonne noch unter einem Winkel von mehr als 3. Minuten. Der Comet von 1759. in seiner größten Entfernung sieht sie noch unter einem Winkel von einer Minute. Ein Comet, der sich noch 60mal weiter entfernen würde, könnte die Sonne noch unter einem Winkel von einer *Secunde* sehen, welches durch ein gutes Fernrohr noch 2. und mehr Minuten betragen mag. Ich glaube schwerlich, daß je ein Comet, der wieder kommen, oder in einer *Ellipse* laufen solle, sich so weit entferne. Die kürzeste Zeit seines Umlaufes wäre über 35000. Jahre, weil er 2200mal weiter wegbliebe als die Erde.[37])

Wiederum die anziehende Kraft eines Körpers nimmt ab, wie das *Quadrat* des *Sinus* seines scheinbaren Halbmessers. Solle sie nicht vollends unmerklich oder so geringe werden, daß sie die Oberhand nicht mehr behält, so kann man diesen scheinbaren Halbmesser nicht unmerklich annehmen, er muß noch eine kenntliche Größe behalten. Denn Sie geben zu, mein Herr, daß ein Körper, der ein System regieren solle, bis zu den Grenzen des Systems seine Herrschaft mit Nachdrucke zeigen müsse, oder umgekehrt, daß sein System sich nicht über den kräftigern Theil seines Wirkungskreyses ausdehne. Um desto mehr muß er auch an dem Umfange desselben einen noch beträchtlichen scheinbaren *Diameter* haben.[38])

Sie werden leicht sehen, wo dieses hinaus will? Unsere Erde gehört zu stuffenweis grössern Systemen. Sie ist demnach in dem Wirkungskreyse jeder Körper, so dieselbe regieren, daher in dem von der Sonne, in dem von dem Regenten unseres Fixsternensystems, in dem von dem Regenten unserer Milchstrasse, und so fort. Jeder dieser Körper sollte demnach einen noch kennbaren

Raum an unserm Himmel einnehmen, und daher wenigstens durch Fernröhren sichtbar seyn, wenn keine andere Hindernisse dabey wären. Allein ich glaube nicht, daß wir mehr als einen davon werden sehen können, weil die Schwächung des Lichtes durch die Himmelsluft und die nächtliche Klarheit unserer Erdluft, ein Licht, das nur reflectirt ist, und einen so ungeheuren Weg zurücke legen muß, nothwendig unsern Augen entziehen, so gute Dienste auch die Fernröhren uns hiebey thun können.

Welche Merkwürdigkeiten geben Sie uns noch am Firmamente zu entdecken? Oft findet man erst, wenn man ungefehr weiß, was man suchen solle. Ich bin je länger je mehr geneigt zu glauben, daß *Derham* auch nicht einmal im Traume an das *Caelum empyreum* gedacht hätte, wenn er gewußt hätte, daß man Körper von solcher Grösse auch noch hinterhalb etlichen Fixsternen suchen müßte, und eben so wenig würde ich an eine Milchstrasse gedacht haben. Aber nun ist es bey mir veste gesetzt. Ich werde Zeit und Anlässe dazu suchen, etwas aus dieser Entdeckung zu machen, und bringe ich den Regenten unsers Fixsternensystems heraus, so gebe ich Ihnen jede andere zu, so ungewöhnt uns ihre Grösse vorkommen mag.

So viel sehe ich gar wohl ein, daß auf diese Art, wie Sie sich, mein Herr, den Weltbau vorstellen, alles einfacher wird, je näher man dem Ganzen kömmt. Die Ellipsen, die wir in dem Copernicanischen System an den Planeten und Cometen als eine ungemein ordentliche und einfache Einrichtung bewundern, fallen deßwegen aus dem Weltgebäude nicht weg; Sie werden als die einfachsten nur an würdigere Stellen versetzt, und die Körper, die unmittelbar von dem Regenten der Schöpfung abhängen, bewegen sich in denselben, mit einer ihrem Range angemessenen einfachen und ernsthaften Majestät. Nächst diesem folgen Cycloiden vom ersten, zweyten, dritten und folgenden Graden, bis wir endlich auf die von den Satelliten kommen. So verbreitet sich ein einfaches Gesetz durch jede Stuffen über das Ganze, daß wir eben die Ordnung, die von innen heraus in der That herrscht, und sich von dem ersten Regenten auf seine nächst subordinirten, von diesen auf die folgenden und so weiter ausbreitet, bey jedem subordinirten Regenten, und wenn er auch der tausendste in der Ordnung wäre, hypothetisch annehmen, und seine nächst Untergebenen in den so einfachen und bequemen Ellipsen einher wandeln lassen können.

Ich gestehe Ihnen gerne, mein Herr, daß mir diese Ordnung so sehr einleuchtet, daß ich nichts harmonischers und nichts vollständigers aussinnen kann. Sie gleicht einer Reihe, daran jedes Glied nach einerley Gesetz aus dem nächst vorhergehenden formirt wird, und unter denen Reihen, die man *recurrentes* nennt, ist sie die einfachste und vollkommenste. Ich kann mich nicht genug dabey aufhalten, und würde sie bereuen, wenn je die Regenten, bloß wegen ihrer ungeheuren Grösse, sollten geläugnet werden.

Ich nehme z. E. die Reihe 1, 1, 2, 3, 5, 8, 13, 21, 34, 55, etc. ziehe ich jedes Glied von dem nächst folgenden ab, so bleibt 1, 1, 2, 3, 5, 8, 13, 21, 34, etc. welches wieder eben diese Reihe ist, und daher wieder eben diese Verwandlung leidet. Aber jedesmal fällt das erste Glied weg. Diß ist eben so viel, als wenn ich den Körper, der in einer *Ellipse* laufend angenommen worden, in Ruhe setze. Gleich werden jede von ihm abhängende Cycloiden um einen Grad einfacher, aber die Reihe bleibt. Wir können dieses so weit treiben, bis ein Körper von gegebenem Range ruht, oder in einer *Ellipse* läuft. Und so machen wir es in dem Copernicanischen System, wo wir die Sonne in Ruhe setzen, damit Planeten und Cometen in Ellipsen laufen mögen.

.

.

.

Aber wollen Sie, mein Herr, in Ernste die Wirbel wieder aufbringen? Muß ein Wirbel keinen grossen Körper als einen Regenten in seinem Mittelpuncte haben? Wenn dieses nicht nöthig ist, so verliere ich bald wieder die Hoffnung, im Orion etwas zu entdecken. Sie werden doch einen Wirbel nicht sich selbsten überlassen. Ich glaube, er wäre zu unordentlich, wie die, so in der Luft oder im Wasser entstehen, und wieder vergehen. Die Ordnung in dem Weltbaue muß viel gesetzter und einförmiger seyn. Es deucht mich, die Erfindung der Wirbel seye eine zu mißliche Sache, und ich weiß, daß Sie, mein Herr, lieber bey dem bloßen Gesetze der Schwere, als bey einer richtigen Erfahrung bleiben, als daß Sie auf einen *Mechanismus* sinnen sollten, für den man eben deßwegen nicht gut stehen kann, weil man immer zweifeln wird, ob nicht noch mehrere möglich sind.

.

.

.

Zwanzigster Brief

Sie haben, mein Herr, alle Ursache, mich zu fragen, wo ich noch weiter hinaus wollte, wenn es mir etwann einfiele, daß das bisherige noch nicht genug wäre. Der Weltbau ist ja nun ein zusammenhängendes, und nach einem allgemeinen Gesetze harmonisch eingerichtetes Ganzes. Wollten Sie, daß ich noch Stücke anflicken sollte, die nicht dazu gehören? Und recht betrachtet, bin ich nicht etwann bereits schon über die Grenzen des Glaubwürdigen hinaus geschweift? Ich machte Schlüsse, und zwar Schlüsse ohne jedesmal zulängliche Erfahrung dazu in Vorrathe zu haben, und ohne gleich zu wissen, wie weit sie führen würden. Aber Ihr letzters Schreiben, welches mir in allen Absichten sehr angenehm und verbindlich gewesen, stellt mir nun das Ganze in seinem Zusammenhange und auf allen Seiten vor, und zeigt mir, wie weit ich gegangen bin. Ist es nicht so, bis zum Ungläublichen?

An den netten Vorstellungen, die Sie, mein Herr, von dieser Einrichtung des Weltbaues machen, wird es gewiß nicht liegen, wenn sie nicht wahrscheinlich seyn sollte. Sie zeichnen die Ordnung, die sich darinn durch tausend Stuffen verbreitet, mit so lebhaften und einnehmenden Zügen, daß man bald fragen möchte, ob eine andere Ordnung da seyn könne, ohne wider die Analogie zu verstossen, und wenn dieses im Zweifel bliebe, so würde man mit den Welschen sagen: *Se non é vero, é ben truovato.*

Es ist in der Naturlehre schwer, so gar aus Erfahrungen richtige Schlüsse zu ziehen, zumal wenn man daraus ein System ohne Hypothesen errichten solle. Wie viel schwerer muß es seyn, wenn man die Erfahrung gar nicht zu Rathe zieht, sondern sich mit allgemeinen Betrachtungen begnügt! Dieses ist der Fall, in welchem ich mich befinde. Ich mache nicht etwann einen einigen, sondern eine lange und vielfache Reihe von Schlüssen. Solche Reihen sind wie weitläufige Rechnungen, wobey es rathsam ist, von Theil zu Theil eine Probe anzustellen, ob man sich nicht überrechnet habe, ehe man aufs Ungewisse weiter fortrechnet. Solche Proben bey meinen Schlüssen hätten Erfahrungen seyn sollen. Allein ich habe mich begnügt, sie nur anzugeben, und inzwischen getrost fortgeschlossen, als wenn alles ausser allem Zweifel und jede Erfahrung schon längsten angestellt wäre.

Ich kann demnach meine Schlüsse als ein Muster einer nicht geringen Verwegenheit ansehen, zumal da ich in Zeiten lebe, wo die Freyheit, die Natur nach seinem Sinne einzurichten, ganz verbannt ist. Und ich richte nicht etwann einzele Theile, sondern die ganze Natur, den ganzen Umfang der Schöpfung nach meinem Sinne ein! Kann man dreister seyn? Wer hat mir die Waagschal gegeben, jede Gründe zu prüfen, und jede Schlüsse genaue abzuwägen, oder die Weltkörper darauf zu legen, um zu sehen, wie viel Gewicht ich ihnen zugeben dürfe, da ich ohne Bedenken die Erde zum Sandkorn mache? Mag der Grund, daß wir nicht wissen, was groß oder klein ist, das Recht geben, Körper von jeder Grösse dahin zu setzen, wo man sie nöthig hat, um das System vollends aufzuführen? Sind die darinn eben so nothwendig, und ist das System bis dahin so strenge erwiesen, daß man sie nicht mehr weglassen kann? Muß das Gebäude der Welt solche Ecksteine und Pfeiler haben, um durch jede Zeiten durch dauerhaft zu seyn? Solle man sie so ungesehen zugeben? Wer ist jenseits der Milchstrasse gewesen, um sie in Augenschein zu nehmen, und das Maaß davon zurück zu bringen? Woher das Recht, Vermuthungen für bündige Schlüsse, und Erdichtungen für Wahrheiten auszugeben, und erst das Recht, grosse dahin zu setzen, wo wir es nie werden sehen können, und wo wir folglich auch nie sehen werden, ob nicht das Gegentheil oder ganz was anders statt finde? Wo sind die Beweise, wenn wir ohne Sehen glauben, und statt dessen sie gleiche Dienste thun sollen?

Sehen Sie, mein Herr, ich trete nun vor den Richterstuhl der Vernunft. Dieses ist ihre Stimme, und sie fordert die Prüfung meines Systems und meiner Gründe als ihr Eigenthum. Sie wird, was irrig ist, verwerfen, was übertrieben ist, behörig einschränken, was unreif ist, auf mehrere Erfahrungen aussetzen, das Bewiesene gutheissen, zu dem Beweisbaren tüchtige Gründe geben, das Unvollständige ergänzen, die Lücken ausfüllen, jede Theile verbinden, die zu engen Schranken bis zum Ganzen erweitern, und dieses in einen durchgängigen und vesten Zusammenhang bringen.

So billig ist diese Richterin, wo sie herrschet, daß ich mit Vergnügen vor sie trete, weil ich jeden Eigensinn verbanne, mein System ihrer Prüfung ganz unterwerfe, und da, wo ich geirrt habe, für den Irrthum Wahrheit erwarten kann. Jedesmal ist mir dieser Tausch erwünscht gewesen, und immer wird er mir noch angenehmer werden. Sie hasset den falschen Schmuck, mit welchem die Advocaten des Irrthums denselben einnehmend zu machen suchen. Sie fordert, daß man zweifele, wo die Gründe nicht zureichen, daß man jede Gründe entblößt von allem, was sie scheinbar macht, vorzeige, und da will sie nachhelfen, wenn ächte Mittel da sind, und behält sich vor, den Ausspruch zu thun, oder wenn sie ihn aufschiebt, noch anzuzeigen, was erfordert wird, zum Schlusse zu schreiten.

Sie haben mir, mein Herr, zu Errichtung meines Systems so viele Anlässe gegeben, daß ich bey jedem vorhergehenden Schreiben nicht wußte, was mir zu dem darauf folgenden einfallen würde. Und auf diese Art kam ich unvermerkt weiter, da Sie mir selbst anzeigten, wie weit mich meine Schlüsse führen würden. Nun übersehe ich sie ganz, und finde jeden Schritt, den ich dabey gethan habe. Ich werde sie nun in ihrer Stärke und Schwäche vorstellen. Urtheilen Sie sodann, mein Herr, wie weit sie reichen. Sie haben der Vernunft die völlige Einrichtung des Systems ihrer Gedanken überlassen. Ihr Ausspruch kann nicht davon abweichen, und ich werde dabey sehen, wie ferne mein Weltgebäude nach jeder erforderlichen Prüfung gut geheissen oder geändert werden muß. Sehen Sie nun das Register der Fragen, in die ich es einkleide, um vor einem so schätzbaren Richterstuhl untersucht zu werden.

1°. Ob die Fixsterne durch *Central*-Kräfte bewegt werden? Daß sie sich bewegen, ist aus der Erfahrung. Es ist also die Frage, ob ihre Bewegung geradlinicht, oder aber gebogen und ordentlich seye?

2°. Ob das Newtonische Gesetz der Schwere sich durch die ganze Welt ausbreite, und sie zu einem zusammenhängenden Ganzen mache?
Es ist die Frage, ob es der Materie oder der allgemeinen Himmelsluft eigenthümlich seye? Uebrigens solle die Welt ein Ganzes, und nicht ein Flickwerk seyn, und ihre Theile sollen eine nähere Verbindung haben, die Zeit und Raum in sich schliesse.

3°. Ob man die Milchstrasse in einzele Fixsternensystemen eintheilen solle, und ob die Fixsterne ausser der Milchstrasse ein solches System ausmachen?
Der Anblick der Milchstrasse gibt Anlass, das erste zu vermuthen, weil sie an mehrern Orten wie in kleine Wölklein vertheilt scheint. Das andere scheint daraus zu folgen, weil der Rand der Milchstrasse zu deutlich abgeschnitten ist.

4°. Ob die Sonne auch einen Kreyßlauf habe?
So gut als alle anderen Fixsterne.

5°. Ob in dem jährlichen Umlauf der Erde und Planeten kleine Abweichungen, und ob die Verrückungen der Knotenlinien und Aphelien daher entstehen?
Dieses kömmt bey dem Monde in Absicht auf die Sonne vor. Bey den Hauptplaneten muß es auch seyn. Man wird aber sehen müssen, ob die Abweichungen bemerkbar seyen, und was bey den Aphelien und Knotenlinien den Cometen müsse zugeschrieben werden. Das beständige darinn mag von dem Kreyßlaufe der Sonne herrühren.

6°. Ob die wahren Laufbahnen der Planeten und Cometen Ellipsen sind?
Sie wären es, wenn die Sonne in Ruhe bliebe. In der That aber sind es *Cycloidal*-Linien.

7°. Ob man die Ellipsen dennoch beybehalten könne?

Eben so wie bey dem Monde und den übrigen Satelliten.

8°. Ob in dem Mittelpuncte eines Fixsternensystems ein Körper seye, welcher dasselbe eben so in Ordnung erhalte, wie unsere Sonne ihre Planeten und Cometen?

Es scheint der *Analogie* gemäß, und die Ordnung in dem Umlaufe der Fixsterne des Systems wird einfacher. Es bleibt zu sehen, ob dieses nicht das einige Mittel ist, einen Beharrungsstand zu erhalten?

9°. Ob ein solcher Körper groß und leuchtend seyn müsse?

Er muß eine ansehnliche Masse haben. Die Grösse richtet sich nach der Dichtigkeit der Materie. Beydes muß der Grösse des Systems angemessen seyn. Er mag ein schwächeres eigenes Licht haben, oder von einer Sonne nächst um ihn beleuchtet werden. Sind die Sonnen nur zum leuchten bestimmt, so bleibt er dunkel, und wird erleuchtet.

10°. Ob man im letzten Fall den Körper entdecken könne, der in dem Mittelpunkt unseres Fixsternensystems ist?

Ist seine Masse nicht vielfach dichter als die von der Sonne oder den Planeten, so mag es angehen, weil er auch an den Grenzen des Systems noch einen beträchtlich scheinbaren *Diameter* haben wird.

11°. Ob er *Phases* haben werde?

Wenn eine Sonne um ihn läuft, und ihn erleuchtet. Und die Gestalt ändert sich, wenn er Flecken hat, und sich um seine Axe drehet, wie dieses allgemein zu seyn scheint.

12°. Ob das schwache Licht im Orion solche Abänderungen zeige, und ob man es sodann für einen solchen Körper ansehen könne? Das muß die Erfahrung lehren. Richten sich die Abänderungen nach einer einfachen oder doppelten *Periode*, und nach der *Theorie* der Phasen, so läßt es sich nicht anderst auslegen.

13°. Wenn die Fixsternensystemen solche Körper zu Regenten haben, ob sie nicht wieder zusammen ein grösseres System ausmachen, in dessen Mittelpunct wieder ein Regent ist, der seinen Wirkungskreyß durch dieses grössere System ausbreitet?

Die Systemen zusammen genommen machen bereits die Milchstrasse aus. Findet sich, daß jedes, oder wenigstens nur eines derselben einen Regenten habe, so mag die *Analogie* sicher fortgehen, und die Milchstrasse hat auch einen, der sie ganz beherrsche und herum lenke.

14°. Ob dieser Regent der Milchstrasse nicht eine noch beträchtlichere Grösse habe?

Seine Grösse wird seinem Gebiete angemessen seyn.

15°. Ob dieser Regent der letzte sey, von dem man nicht weiter gehen könne?

Die Milchstrasse mag zu noch mehrern andern wie zu einem noch grössern System gehören. Ist dieses, so wird die *Analogie* fortgesetzt. Sie fängt aber an, willkührlich zu werden, weil sie über unsere Gesichts-*Sphaere* hinaus läuft. Sie wird allem Anschein nach mehr Stuffen haben. Allein die erstern müssen zuvor, so viel möglich, aus der Erfahrung vestgesetzt werden, zumal was die Regenten der Systemen betrift.

Auf diese Art gedächte ich zu capituliren, wenn die Untersuchung des Gewissen und Ungewissen oder bloß Wahrscheinlichen in meinem System etwas schärfer angestellt werden sollte. Ich hätte noch mehr Fragen aufhäufen können, allein diese scheinen mir die vornehmsten, und zu einer Probe zureichend zu seyn. Sie, mein Herr, halten sich am liebsten bey der *Subordination* auf, die in diesem System von Stuffe zu Stuffe geht, und uns die bequeme Wahl läßt, aus Cycloiden von jedem Grade Ellipsen zu machen, und die uns zu jedem Zeitraume und seinem Maaße neue Triebräder dieses vollkommensten Uhrwerkes aufdeckt, und gebrauchen läßt. Beyde Bequemlichkeiten haben Sie auf eine so lebhafte Art ins Licht gesetzt, daß ich höchstens nur den Schatten dazu hergeben könnte, wenn ich mich länger dabey aufhalten wollte. Ich müßte zeigen, daß jede andere Einrichtung weder so vollkommen, noch so einfach, noch so bequem und harmonisch wäre als diese, und daß die *Analogie* ganz wegfallen würde, wenn die grösseren Systemen nicht nach dem Modelle, so wir in den kleinern sehen, eingerichtet wären. Dieses scheint doch wenigstens daher nothwendig zu seyn, weil in allen einerley *Central*-Kräfte vorkommen, und die Ordnung in den grössern ehender einfacher als zusammengesetzter werden solle. Solange man die Sonne und jede Fixsterne noch als ruhend angesehen, hat sich niemand daran gestossen. Die Ruhe schiene ihrer majestätischen Grösse angemessen. Sollten je noch grössere Körper zum Vorscheine kommen, so würden auch diese mehr Anspruch auf die Ruhe haben. Ich kann überhaupt noch nicht davon abgehen, die Bewegung desto einförmiger zu setzen, je grösser der Körper und sein Gefolge ist. Die Berechnung der Art, wie die Fixsterne eines Systems, ohne einen Regenten, um den gemeinsamen Mittelpunct ihrer Schwere einen Kreyßlauf haben könnten, fällt ins unendlich Weitläuftige, wenn man jede Fälle mitnehmen will, weil die Anzahl so gar groß ist. Nimmt man nur zween Körper, die in einer gleichen Fläche laufen sollen, so gibt es allerdings Mittel, sie in Ellipsen oder Circuln um den gemeinsamen Mittelpunct ihrer Schwere zu lenken, so daß sie immer einerley Laufbahn um diesen Punct behalten. Dieser Mittelpunct wird der Brennpunct beyder Ellipsen seyn. Ihre längern Axen liegen in gerader Linie, aber die Aphelien gegen einander über, und die Körper müssen sich so darinn bewegen, daß sie mit dem gemeinschaftlichen Brennpunct immer in gerader Linie sind. Daher kommen sie in gleicher Zeit herum. Eben so wenn drey und mehrere Körper in concentrischen Circuln laufen sollen, kann man sie so setzen, daß sie vermög der *Central*-Kräfte in gleicher Zeit umlaufen. Aber eine so vollkommene Gleichheit der Zeit ist in der Natur so gut als unmöglich. Nimmt man sie aber ungleich, oder solle die Bewegung in verschiedenen Flächen und Richtungen geschehen, so habe ich noch nicht finden können, daß Ordnung und Dauer dabey statt haben würde. Es ist immer besser dafür gesorgt, wenn sie einen Körper in dem gemeinschaftlichen Brennpuncte haben, wie es die Sonne in Absicht auf die Planeten und Cometen ist, die sie sämtlich, so viel ihrer seyn mögen, in bestimmter Ordnung erhält. Und ich kann mit Ihnen, mein Herr, fragen, wie sich ohne die Sonne ein Comet dem Jupiter nahen dürfte? Ich habe die Absicht nicht, die Bewegung der himmlischen Körper durch Wirbel zu erklären, ungeacht ich dieselben zugeben kann, so wenig es uns noch gelungen ist, ihre mechanische Einrichtung einzusehen. Es kömmt hiebey, wie in der Naturlehre überhaupt, auf eine Art analytischer Schlüsse an, die man gebrauchen muß, wenn man ohne eine *Hypothese* anzunehmen, aus dem, was uns die Erfahrung lehrt, die wahre Einrichtung heraus bringen will. Ausser der Astronomie haben wir noch sehr wenige Beyspiele von dieser *Methode*, und man ist noch so wenig daran gewöhnt, daß, da *Newton* sie gebrauchte, um das Gesetz der Schwere zu erfinden, die meisten dasselbe für nichts bessers als eine willkürliche *Hypothese* ansahen, und die, so die Stärke des Beweises fühlten, fast immer erinnern mußten, es seye keine *Hypothese*, sondern eine Erfahrung. *Newton* selbsten scheinet das Allgemeine in seiner *Methode* nicht eingesehen zu haben, so sehr er auch wußte, daß er auf seine Schlüsse bauen konnte; Und da er es überdiß mit dem Namen der *Attraction* belegte, so veranlaßte er selbst, daß man seine Erfindung unter die damals schon völlig veraltete *Qualitates occultas* rechnete, und desto geneigter würde, sie zu verwerfen. Da er überdiß den Raum leer setzte, so hatten die Cartesianer, die alles dichte ausfülleten, desto mehr scheinbare Gründe, die ganze Erfindung als etwas Willkührliches anzusehen. Ihre Wirbel lagen ihnen zu sehr am Herzen, als daß sie dieselben so leicht aufopfern sollten.

Es ist wahr, daß man mit dieser *Methode* nicht weit kömmt, und dabey leicht ungedultig wird, da man bey Hypothesen die Schlüsse durch ganze Lehrgebäude durch fortsetzen kann, und sich bey diesem Vergnügen nicht besinnet, daß in wenigen Jahren das ganze Lehrgebäude den Weg aller Erdichtungen gehen werde, die man höchstens nur wieder herfür zieht, um sie aufs neue zu verwerfen. In dieser Absicht haben Aesops Fabeln beträchtliche Vorzüge vor den physischen Hypothesen. Jene erhält das Sinnreiche in der Erdichtung und die Sittenlehre, diese fallen hin, so bald man weiß, daß sie nicht wahr sind.

Ich glaube inzwischen, daß bey der Bewegung der Weltkugeln

allerdings ein *Mechanismus* statt habe, und es müßte strenge bewiesen werden, daß Körper in einem vollkommen leeren Raume, und ohne Zwischenkunft einer *Materie* so in einander wirken können, wie Newtons Anhänger die *Attraction* erklären. Wir sind viel zu stark daran gewöhnt, bey jeder Wirkung ein mittelbares oder unmittelbares Berühren voraus zu setzen, als daß wir dasselbe ohne strenge Beweise jemals sollten weglassen können.

Wie man aber immer einen Wirbel annimmt, so zweifle ich sehr, ob man seinen Mittelpunct werde leer lassen können. Man gebraucht sie, um von zwoen Erfahrungen Rechenschaft zu geben. Entweder ein Wirbel, zum Exempel der von der Sonne, solle nur dienen, um die Planeten gegen die Sonne zu drücken, und in diesem Falle haben die Planeten ihre *vim centrifugam* oder ihre Geschwindigkeit für sich, und ohne Rücksicht auf den Wirbel. Oder dieser solle die Planeten völlig im Kreyse herum führen, und in diesem Falle bildet der Wirbel den Kreyß schon ab, weil die Materie desselben für sich diesen Weg nimmt, und den Planeten wie ein Strom mit sich fortreißt. Dieses würde angehen, wenn der Lauf jeder Planeten und Cometen *circular* und concentrisch wäre, und überdiß alle in gleicher Fläche lägen, und alle auf gleicher Seite herum getrieben würden. Da es aber eben so viele rückläufige Cometen als geradläuftige gibt, so müßte der Strom des Wirbels sich nach der Bahn eines jeden richten, der Wirbel würde aus so vielen einzeln Strömen bestehen, als es Bahnen von Cometen und Planeten giebt, und wie Sie, mein Herr, ihre Elliptischen Stangen durch einander verschrenkt haben, so müßten diese Ströme durch einander laufen, und die Geschwindigkeit müßte sich an jeden Orten nach den Keplerischen Gesetzen richten. Was wird nun diesen Strömen Lauf, Ordnung und Richtung geben? Die Frage kömmt immer wieder.

Verwandelt man aber den Strom in einen Druck, so hat dieser Druck entweder an jedem Orte die Richtung, die der Strom würde gehabt haben, um den Körper fortzutreiben, wenn dieser für sich keine Geschwindigkeit haben solle. Hiebey ist wiederum nichts einfaches, und die vorige Frage kömmt nochmals vor. Richtet sich aber der Druck schlechthin gegen den Mittelpunct oder gegen die Sonne, so haben wir in eigentlichem Verstande keinen Wirbel. Der Druck könnte sich äussern, wenn auch die Materie in Ruhe bliebe. Es käme auf die verschiedene Stuffen ihrer Dichtigkeit und Schnellkraft an, die vom Mittelpunct aus müßte stärker werden. Ich weiß wohl, daß Liebhaber der Wirbel diesen Druck durch verschiedene Arten von Bewegungen haben erklären wollen. Allein ich glaube nicht, daß wir noch genug Erfahrungen haben, um etwas hierinn veste zu setzen, und die Erklärung, wie dieser Druck geschehe, wird immer der Knote der Schwierigkeit bleiben, wenn er richtig erwiesen seyn solle.

Inzwischen kann man ihn zum Grunde setzen, und die Wirkung der Schwere einer Materie zuschreiben, so die Planeten, welche ihre eigene Geschwindigkeit haben, von der geraden Linie gegen die Sonne ablenkt. Man wird sodann auf die Frage verfallen: Ob diese Materie, die in dem Wirkungskreyse der Sonne ihren Druck äussert, mit der Sonne in ihrer Laufbahn herum kömmt, oder ob die Sonne, wo sie seyn mag, sich gleich wieder einen Wirkungskreyß errichtet. Im letzten Falle hängt der Druck der Materie oder des Wirbels von der Sonne ab, wie es auch immer damit zugehe, und da setze ich allerdings in jeden Wirbel einen Körper, der ihn beherrsche, und aller Orten verursache. Ist das erste, so verfallen wir allem Ansehen nach wieder auf Ströme, und müssen sie bey Planeten und Cometen wieder vornehmen, bloß mit dem Unterschiede, daß hiebey nur ein Theil des Stroms den Wirbel ausmacht. Der andere ist in Bewegung, weil er ausweichen muß. Die Frage, woher der Körper seine Bewegung hat, wird nun in die verwandelt, woher sie der Wirbel habe, und ist also so gut unaufgelößt, wie die erste. Da die Ströme so gar unschicklich sind, so würde ich bey dem letzten verbleiben, und den Druck der Schwere von jedem Körper selbst abhängen machen, so wenig sich auch der *Mechanismus* davon erklären läßt.

Der Druck richtet sich so genaue nach der Masse des Körpers, daß ich ohne einen Körper keinen Wirbel zugeben kann. Der Wirbel eines ganzen Fixsternensystems müßte von einer ganz andern Art seyn, wenn sein Druck nicht auch von einem Körper abhienge, gegen welchen jede Fixsterne, wie die Planeten gegen die Sonne, schwer wären. Man hat die Wirbel ausgesonnen, um eine einförmige Einrichtung durch den Weltbau zu verbreiten. Allein es scheint noch nicht Zeit zu seyn, an das Mechanische darinn zu gedenken. Es können mehrere Arten möglich seyn, und wir haben noch gar zu wenige *Data*, um eine Auswahl zu treffen.

Da unsere Sonne einen eigenen Lauf, und vermuthlich in einer sehr zusammengesetzten *Cycloidal*-Linie hat, so wird sich der Copernicanische Weltbau nicht wohl anderst als eine *Hypothese* erweisen lassen, und unsere sphärische und theoretische *Astronomie* unterscheiden sich nur dadurch, daß man in jener die Erde, in dieser aber die Sonne in Ruhe setzt. Es wundert mich, wie eine nach aller Strenge erwiesene *Astronomie* aussehen müsse. Es scheint, als wenn man darinn durch eine Reihe von Hypothesen zur Wahrheit gelange, und jede vorhergehende umstosse, um die folgende anzunehmen, und wieder wegzulassen. Dieses ist wenigstens der Weg, durch welchen man wirklich gegangen ist, und es ist die Frage, ob sich ein anderer finden lasse. Jede dieser Hypothesen berechtigt sich dadurch, daß sie den Schein der Sache aus einer Reihe von Gesichtspuncten vorstellt, und es ist unstreitig, daß man sie sicher annehmen könne, aber nicht weiter ausdehnen müsse, als es der Schein zuläßt, auf welchen sie sich gründet. Man nimmt an, der ganze Himmel drehe sich um die Erde, und hieraus muß man herleiten, die Erde drehe sich um ihre Axe. Dieses bleibt nun wahr. Aber da man damit nicht ausreicht, so nimmt man an, die Erde laufe um die ruhende Sonne, und daraus muß sich ergeben, die Sonne ruhe nicht, sondern sie verändere ihre Stelle, und so weiter. Es bleibt mir unausgemacht, ob man hierinn ohne mechanische und cosmologische Gründe auskommen könne, oder ob man sich nur mit einer Aufhäufung von Fragmenten einzelner Beweise aushelfen müsse, die zwar die Sache ausser Zweifel setzen, aber die in Absicht auf den Zusammenhang und Schärfe viel schöner seyn sollten.

Mit cosmologischen Gründen würde man sich hiebey bald aushelfen. Nehmen Sie, mein Herr, an, es seye in dem ganzen Weltbaue nichts in einer absoluten Ruhe, so stören wir gleich Erde, Sonne und Fixsterne auf, und sie müssen herum laufen. Nehmen Sie ferner an, in diesen Bewegungen müsse alle mögliche

Verschiedenheit in Absicht auf Zeit und Raum seyn, sogleich dreht sich die Erde um ihre Axe, damit die so gar gleiche Umdrehung jeder Fixsterne in 24. Stunden wegfalle, und der Abstand jeder himmlischen Körper wird ungleich. Eben so wenn Sie annehmen, daß hiebey Ordnung und allgemeine Gesetze seyn müssen, so werden bald Systemen entstehen, die Planeten in eine Classe gebracht, und die Fixsterne selbsten in Haufen abgetheilt werden.

Ich will eben nicht gutstehen, ob man diese Schlüsse für wahr halten würde, wenn sie nicht auch aus andern Gründen bewiesen wären, so geringe ist noch das Ansehen der cosmologischen Sätze! Die mechanischen Beweise hat man bereits schon versucht. Die abgeplattete Figur der Erde solle eine unverwerfliche Anzeige ihrer Bewegung um die Axe seyn, und ich sehe auch nicht, was man dawider einwenden kann. Die elliptischen Laufbahnen der Planeten und Cometen um die Sonne, die man, wenn die Sonne in Ruhe gesetzt ist, mechanisch aus dem Gesetze der Schwere beweisen kann, gehören ebenfalls hieher. Nun aber kann ich nicht sagen, nach welcher Ordnung dieser Beweis solle vorgetragen werden. Der Umlauf der Sonne ist gewiß genug, aber noch nicht *a posteriori* erwiesen, welches doch nothwendig zu seyn scheint. Die Ellipsen sind nur hypothetisch wahr, und es steht dahin, wie man sie ohne angenommene Sätze erweisen könne.

Es scheinet, wir seyen in der Astronomie glücklich auf die wahre Spur gekommen, und haben den Schein, so bald wir ihn unter der ersten Gestalt erkannt haben, so weit hinaus gerückt, bis er sich wieder aufs neue und unter einer andern Gestalt sehen liesse, um noch weiter hinaus gerückt zu werden. Und dabey werden wir vermuthlich bleiben müssen, weil es noch mehrere Entfernungen desselben erfordern wird.

Indessen kann ich mich mit Ihnen, mein Herr, nicht genug dabey aufhalten, daß dieser Schein jedesmal eine so einfache Ordnung zeigt, und in Absicht auf den Gebrauch, den wir davon zu machen haben, so gar bequem ist. Der Unterschied, den Sie zwischen demselben und dem Laufe der Dinge auf unserer Erde finden, wo der Schein lauter Unordnung zeigt, rühret fürnemlich daher, weil das Firmament sich nach einem einigen

Gesetze richtet, welches zwar die Bewegung durch jede Stuffe zusammengesetzter macht, aber immer auf eine gleiche Art, wie Sie es durch Ihre *Seriem reccurentem* erläutern. Hingegen bey uns sind mehrere und sehr verschiedene Gesetze, Ursachen und Triebfedern, die sich so durch einander mengen, daß es viele Zeit und das Uebersehen einer ganzen Reihe von Veränderungen erfordert, bis sich etwas Allgemeines darinn entdeckt. In dieser Absicht kennen wir den Himmel besser als die Erde, und vielleicht werden wir ehender die Fixsterne in Ordnung bringen, und die Veränderungen in ihrem Laufe bestimmen können, als die Veränderungen des Wetters und die Bewegungen des Barometers. Hier sind zu viele Ursachen, und jede hängt von unzähligen Umständen, und man kann sagen, von jeder Ungleichheit der Erdfläche ab. Jeder Berg, jedes Thal, jede Quelle, jede Beschaffenheit des Bodens trägt dazu bey.

Wir können auch hieraus schliessen, das Firmament habe dauerhafter seyn müssen, als die Dinge auf unserer Erde und die Reiche der Welt. Es sollte ein Uhrwerk seyn, welches für jede Zeiträume neue Triebräder und Zeiger hätte, und jedem Weltkörper sollte dieses Uhrwerk auf eine ihme angemessene Art dienen. Jedes Triebrad sollte sich erst hervor thun. Wenn die bereits verflossene Zeit anfängt, eine bemerkbare Verhältnis zu seinem Umlaufe zu haben. Wir kennen noch höchstens nur den Secunden- und Minutenzeiger dieses Uhrwerkes, oder unsere Tage und Jahre haben noch viel weniger zu sagen, wenn ich die Fragen überdenke, die Sie, mein Herr, hierüber aufgehäuft haben, und zu denen Sie sich gewöhnen, versichert, es werde an diesem Werke des Allerweisesten kein Triebrad ins Stecken kommen, wie es nur zu ofte an unsern Uhren geschicht.

Anmerkungen zu Lamberts „Cosmologischen Briefen“

Literaturangaben beziehen sich auf die Literatur zu Einleitung V.

1 Siehe hierzu Einleitung V, Fußnote 2.

2 LAMBERT nennt hier klar das eine Grundanliegen des Werkes: 1. Wie ist das Sonnensystem aufgebaut und 2. wie das Fixsternsystem. Diese Unterteilung nach beiden Fragestellungen beachte man auch in Einleitung V.

3 Dies ist das andere Grundanliegen des Werkes, mit Hilfe der teleologischen Argumentation die Natur zu erforschen und zu entdecken.

4 MAUPERTUIS war von 1745 bis zu seinem Tode 1759 Präsident der Königlich Preußischen Akademie der Wissenschaften zu Berlin gewesen. HARNACK [21] schreibt von ihm: „Aber auch MAUPERTUIS, der Schüler NEWTON's, scheint von der speculativen Philosophie in mancher Hinsicht ähnlich wie ein Wolffianer zu sprechen; doch weil er die Methoden der empirischen Forschung und den Begriff der mathematischen Gewißheit kannte, redete er viel vorsichtiger.“

5 Dieser Abschnitt ist nicht so zu verstehen, daß LAMBERT den Kosmos als endlich betrachtete. Die aus der NEWTONschen Dynamik abgeleitete hierarchische Kosmologie ist mit einem endlichen Kosmos unverträglich. Stellvertretend für den zweiten Satz dieses Abschnittes: „So groß und ausgedehnt . . .“ kann man das kosmische System S_i mit $i = \infty$ einführen (siehe Einl. V.). „Soweit das Weltgebäude reicht, . . .“ sollte man lesen: „So weit wir das Weltgebäude überblicken können . . .“ Im 1. Brief versteht LAMBERT unter „Weltgebäude“ auch nur die Milchstraße.

6 LUCIUS ANNAEUS SENECA, geb. 4 v. d. Z. (?), gest: 65 u. Z. (?), Lehrer von NERO.

7 Die Mondphasen beziehen sich in Wirklichkeit nur auf die Stellung Erde-Mond-Sonne. Die Stellung des Mondes in ausgezeichneten Örtern seiner Bahn, wie Perigäum und Apogäum, ist von den Mondphasen völlig unabhängig.

8 Gemeint sind die „Tables astronomiques de Halley“, die 1759 in Paris erschienen. Siehe hierzu [22].

9 LAMBERT scheint die Entdeckung der Eigenbewegung der Fixsterne durch HALLEY nicht gekannt zu haben. Abgesehen davon, daß

er sie aus der hierarchischen Kosmologie ableitet, erfährt er, daß T. MAYER die Eigenbewegung bis 1760 durch Vergleich seiner Beobachtungen mit denen von RÖMER nachgewiesen hatte (siehe [22]).

10 Wie schon in der Einleitung V bemerkt, beruft sich LAMBERT ausdrücklich auf die NEWTONsche Mechanik und das Gesetz der allgemeinen Gravitation.

11 Die heutige Beobachtung der Struktur der Galaxis leidet unter der gleichen Schwierigkeit; unser Beobachtungsort befindet sich innerhalb des Sternsystems und ist uns fest vorgegeben.

12 Gemeint ist ALPHONS VON CASTILIEN, 1223—1284. Unter seiner Leitung entstand ein astronomisches Sammelwerk „Libros del Saber de Astronomia del Rey D. Alfonso X.“ [22].

13 B. DE FONTENELLE (1657—1757) war Sekretär der Pariser Akademie und veröffentlichte 1686 u. 1742 zahlreiche Werke [22].

14 Weltgebäude = Milchstraße.

15 Die teleologischen Nebenabsichten sind in Wirklichkeit identisch mit den periodischen Störungen der Bahnen der Himmelskörper.

16 Man beachte, daß um die Mitte des 18. Jahrhunderts immer noch lautstark die Kometengefahr dargelegt wurde.

17 Der Komet von 1680 wurde von G. KIRCH entdeckt (Perihel 1680 Dez. 8).

18 LAMBERT meint hier die Bahnstörungen der Kometen durch die Planeten, insbesondere durch Jupiter. An Hand der Größe der Störungen hätte er schon auf eine sehr geringe Masse und damit auf Unbewohnbarkeit schließen können. Vermutlich hat ihn der Gedanke von den „Absichten der Schöpfung“ von einer solchen Erkenntnis ferngehalten.

19 Dies entspräche der wirklichen Siriusweite von etwa 8 Lj (genau 8,8 Lj).

20 Im 16. Brief vertritt LAMBERT wie W. HERSCHEL (s. d.) sogar die Auffassung, daß es Sterne gäbe, die sich zwischen den Sternsystemen befänden. In der modernen Auffassung ist es wissenschaftlich begründet, daß es zwischen den verschiedenen kosmischen Systemen S_i (z. B. Sterne, Sternsysteme) Materie mit verschiedenen physikalischen Eigenschaften gibt.

21 LAMBERT erwähnt in den Briefen nicht die Repulsivkraft. Die hier erwähnte Zentrifugalkraft entspräche dieser. Siehe auch 15. Brief.

22 Dies entspräche 10^6 Lj.

23 Die erste Fixsternparallaxe wurde erst 1838 durch F. G. WILHELM STRUVE bestimmt (die von Wega).

24 Etwa 8 Lj.

25 Entsprechend den räumlichen Abmessungen der Systeme wachsen auch ihre Distanzen an (siehe auch Einleitung V.).

26 W. DERHAM (1657—1735) war Pfarrer zu Upminster in England. Er argumentierte vornehmlich theologisch, z. B. in seiner „Astro-Theology", London 1714 [22].

27 Die beiden Abschnitte enthalten LAMBERTS Vorschlag zum Nachweis eines supermassiven Zentralkörpers an Hand von Anomalien in der Planetenbewegung (siehe Einleitung V).

28 Heute können wir das Problem so angehen: Da die Sonne sich ebenfalls bewegt, werden tatsächlich nur Relativgeschwindigkeiten erhalten. Es sind dies die scheinbaren Eigenbewegungen der Sterne, die sich aber bei Kenntnis der Sonnenbewegung in wahre Eigenbewegungen umwandeln lassen. Die Umlaufgeschwindigkeit der Sterne und ihre Abhängigkeit von der Entfernung vom Zentrum des Sternsystems ergibt sich dann aus der statistischen Untersuchung der Eigenbewegungen und der Radialgeschwindigkeiten als systematische Bewegung relativ zu den Kugelhaufen, die man als „Skelett" der Galaxis im Raume ruhend ansieht. Näheres hierzu im „Lehrbuch der Stellarstatistik" von VON DER PAHLEN [23].

29 Der Kern („Mittelpunkt") des Milchstraßensystems liegt in Wirklichkeit in Richtung der Sternbilder Scutum/Sagittarius.

30 Siehe das in Anmerkung 7 Gesagte.

31 Siehe Anmerkung 21. LAMBERT geht hier auf die Theorie der Zentralkräfte ein, braucht aber zusätzlich eine vorgegebene Bewegung, die unter Einwirkung der Zentralkräfte die Bewegung auf KEPLER-Bahnen ergibt. Bei KANT folgt die Bewegungsursache aus der Bewegung der „Urmaterie" (Bewegung als Daseinsweise der Materie). Da Lamberts Theorie kosmogonische Ideen fehlen, muß er sich mit „Fertigteilen" begnügen, die schon einer Bewegung unterliegen.

32 Siehe Anmerkung 20.

33 Platonisches Jahr ist die Dauer eines Umlaufs des Frühlingspunktes in der Ekliptik = 25700 Jahre. Die Sonne braucht für einen Umlauf etwa 10^4 Platonische Jahre.

34 In Wirklichkeit befindet sich die Sonne im Abstand von rund $3 \cdot 10^4$ Lj vom Milchstraßenzentrum.

35 Die dynamische Stabilität des Sternsystems (und jedes beliebigen Systems S_i) kann nur durch einen massereichen Zentralkörper garantiert werden (siehe Einl. V). Zu LAMBERTS Zeiten war es schwer vorstellbar, daß der gemeinsame Schwerpunkt aller Massen (ein rein mathematischer Punkt) die gleiche Wirkung wie ein Zentralkörper hat. Man beachte die schwerfällig-kritische Diskussion in diesem wie in den vorhergehenden Briefen.

36 Hier wird als Mindestdurchmesser der Durchmesser des zu LAMBERTS Zeiten bekannten Planetensystems angegeben. Wäre Uranus schon bekannt gewesen, hätte LAMBERT sicherlich dessen Bahndurchmesser als Mindestdurchmesser des Zentralkörpers angesehen.

37 Die Entfernung eines solchen Kometen läge in der Größenordnung 10^{11} km, entsprechend 0,01 Lj. Heute wird angenommen, daß Kometen bis zur gravischen Grenze des Sonnensystems in 2 Lj Entfernung vorkommen und dann auch Wanderer zwischen den Sternen sein können. Siehe dazu 16. Brief u. Anm. 20.

38 Diese Forderung ist nur erfüllt, wenn man den Zentralkörper mit einem zu LAMBERTS Zeiten guten Fernrohr noch deutlich als scheibenförmig wahrnehmen kann, was etwa mindestens dem angegebenen Winkeldurchmesser von 2′ entspricht. Mit dem bloßen Auge würde man dann den Körper unter einem Winkel von 1″ sehen (siehe vorherg. Abschn.). Da er aber dunkel oder höchstens von benachbarten Sternen mäßig angeleuchtet sein soll, wird seine scheinbare Helligkeit maximal vielleicht der des Pluto entsprechen (14^{m}).

Thomas Wright of Durham

Eine moderne Theorie oder neuartige Hypothese, die auf den Gesetzen der Natur beruht und mittels mathematischer Prinzipien die allgemeinen Erscheinungen der sichtbaren Schöpfung erklärt — insbesondere die Milchstraße

London 1750

Vorwort

Da der Verfasser durch Komplimente zu dem Glauben überredet worden ist, daß sich die folgenden Briefe wahrscheinlich von einigem Nutzen oder wenigstens als Zeitvertreib für die Welt erweisen können, hat er es auf Bitten seiner Freunde hin gewagt, sie der Öffentlichkeit zu übergeben. Sein Hauptziel ist es, zu versuchen, die Phänomene der „*Via Lactea*" zu erklären, und — als Folge dieser Erklärung — eine kunstgerechte und rationale Theorie des bekannten Universums zu entwerfen, wie sie vorher noch niemand in Angriff genommen hat. Aber er ist sich dessen völlig bewußt, daß es jedesmal eine schwierige Aufgabe ist, eine neue Doktrin mit Erfolg zu propagieren. Schon immer sind diejenigen, die versucht haben, astronomische Entdeckungen zu verbreiten, für ihre Anstrengungen nur schlecht belohnt worden, obgleich diese sich schließlich als von allergrößtem Nutzen und Gewinn für die Menschheit erwiesen haben. Diese unangenehme Lektion lernen wir aus dem Schicksal jener geistreichen Männer, die in unwissenden Zeiten für ihre höheren Kenntnisse und Entdeckungen ungerecht leiden mußten. So wurden diejenigen, die zuerst die Erde als Ball begriffen, wegen ihrer — wie man sagte — müßigen und lächerlichen Annahme nur mit Verachtung behandelt; und derjenige, der als erster versuchte, die Möglichkeiten von *Antipoden* zu begründen, verlor dadurch sein Leben. Doch in unserer Generation haben die Philosophen nichts dergleichen zu fürchten. Die großen Nachteile, die die Autoren jetzt erwarten, sind von ganz anderer Natur. Sie werden von der endlosen Zahl derer verursacht, die Zuständigkeit in dieser Wissenschaft beanspruchen. Und von untauglichen Richtern ist viel zu befürchten — nichts jedoch von berufenen, denn nichts ist gewisser als dieses: so sehr eine Sache die gewöhnliche Fähigkeit der Leser übersteigt, so sehr wird das Werk gemeinhin verdammt. Den Schein von Zuständigkeit wahrt man dann dadurch, daß man wenigstens tadelt. Diese eitle Anmaßung führt gewöhnlich Menschen, die keine wirkliche Begründung für ihr Urteil vorzubringen haben, dazu, das lächerlich zu machen, von dem sie nur zu genau wissen, daß sie es nicht verstehen. Daher begleiten in der Öffentlichkeit wie auch privat nur zu oft dieselben Nachteile ein außerordentlich gutes Erzeugnis in der gleichen Weise wie ein sehr schlechtes. Aber der Autor ist nicht eitel genug, sein Werk frei von Fehlern zu halten. Er hat vielmehr Grund, wegen der Schwäche seiner eigenen geistigen Fähigkeit zu fürchten, daß es deren viele enthalten könnte. Aber er hofft, daß die Anlage des Ganzen gewissermaßen die Unvollkommenheit der Teile entschuldigt — falls die Hauptpunkte des Entwurfs nicht ausreichen sollten, ihn ohnehin dafür zu entschuldigen, daß er einen so umfangreichen Gegenstand in Angriff genommen hat.

.

.

.

Und es ist weiter zu hoffen, daß der Autor — bei einem Werk, das auf einem gänzlich neuen Plan fußt und das der Anfang gleichsam einer neuen Wissenschaft ist, wie sie bisher noch in keiner Sprache versucht worden ist — gewiß auf jede Nachsicht Anspruch hat, nachdem er alle seine Gedanken aus den Bergwerken der Natur gegraben hat.

Mit einem Wort, wenn wir auf das Universum als eine weite Unendlichkeit von Welten blicken, die unter der Einwirkung einer ewigen Kraft stehen und gedrängt voll sind von Wesen, die alle durch ihre verschiedenen Zustände hindurch nach einer letzten Vollendung streben, und wenn wir über die vielen berühmten Persönlichkeiten nachdenken, die es von Zeit zu Zeit als eine

Art Pflicht ansahen, Beobachter, und dadurch Bewunderer, dieser wunderbaren Sphäre von Urkörpern und fleißige Erforscher der allgemeinen Gesetze und Prinzipien der Natur zu werden, wer kann dann verhindern, daß er von begeistertem Verlangen danach erfüllt wird, als einer von ihnen anerkannt zu werden, der so seinen winzigen Beitrag zum Ganzen leistend — bescheiden danach strebt, zur gebührenden Anbetung des großen und göttlichen Urhebers des Universums beizutragen.

4. Brief

Sir,

Sie teilen mir mit, daß Sie anfangen, ein leidlich guter *Copernicaner* zu sein und daß Sie sich jetzt freuen würden, mehr von meiner Ansicht über die Natur von Sonne und Sternen zu erfahren, und von der Vermutung, daß sie wie feurige Körper seien. Dies, so sagen Sie, wird sehr dazu beitragen, Sie in der Vorstellung zu bestärken, für die Sie sich zu begeistern beginnen, daß es eine Vielzahl von Systemen und eine beträchtlich größere Vielfalt von Welten gibt, als sie unser kleines Sonnensystem gestatten kann. Außerdem zeigt dies in sehr klarem Licht, daß die in meinem ersten Brief zitierten Autoritäten sich auf die reinste Vernunft gründen.

Anaxagoras, sagen Sie, hielt die Sonne für einen rotglühenden Eisenklumpen; *Euripides* dachte, sie sei ein Goldklumpen; und andere hatten die noch lächerlichere Vorstellung, sie sei ein dunkler Körper ohne alle Hitze. Daß die Sonne ein riesiger Körper glühender Materie ist, wird ungeachtet der verschiedenen Meinungen jener urtümlichen Weisen, — glaube ich — kaum bezweifelt werden können. Denn die bekannte Wärme ihrer überaus fruchtbaren Strahlen und die sichtbare Wirkung des Brennglases machen es dem Vermögen unserer gegenwärtigen Sinne unmöglich, nur im geringsten dagegen Einwände zu erheben. Und wie berechtigt unsere Vorstellung ist, daß die Sterne alle von gleicher oder ähnlicher Beschaffenheit sind, wird aus den folgenden Erwägungen ausreichend sichtbar: Erstens ist es allen Mathematikern gut bekannt, daß der Anblick eines jeden sichtbaren Objekts von fester Größe in den eines physikalischen Punktes verwandelt werden kann, indem man das Auge des Beobachters innerhalb der endlichen Sichtweite in eine geeignete oder entsprechende Entfernung von ihm bringt, und daß der scheinbare Durchmesser jedes leuchtenden Himmelskörpers immer umgekehrt proportional zur Entfernung vom Auge abnimmt, bis er überhaupt nicht mehr wahrnehmbar ist.

So erschiene die Sonnenscheibe, die wir auf der Erde unter einem Winkel von etwa $^1/_2$ Grad sehen, vom Planeten *Saturn* aus nicht viel größer als die Planeten *Venus* oder *Jupiter* für uns in ihrer größten Erdnähe, und folglich wäre für ein Auge im Aphel der Bahn des großen *Kometen* von 1680 ihr scheinbarer Durchmesser so verkleinert, daß sie nur wenig größer als der hellste Stern zu sein schiene. Wenn wir Raum und Entfernung erlauben, unendlich zu sein, was — wie ich bescheiden zur Kenntnis nehme — nicht bezweifelt werden darf, dann ergibt dieselbe Analogie oder Schlußweise, daß die gesamte Materie des Universums, wäre sie vereinigt und zu einem Klumpen zusammengeballt, in bezug auf die Wahrnehmung des Auges so verkleinert und einem mathematischen Punkt angenähert werden könnte, daß sie fast unseren Vorstellungen vom Nichts entspräche.

Dies muß jedem einigermaßen sachkundigen Optiker ein klarer Wahrheitsbeweis der modernen Astronomie sein, nach dem nunmehr ohne Einschränkung alle diese strahlenden Sternenkörper als von der gleichen Natur wie die Sonne aufzufassen sind, und ebenso sicher als nichts anderes als ungeheure Kugeln strahlender Materie, die alle zweifellos durch ihr eigenes, ursprüngliches Licht leuchten.

.

.

.

Es bleibt nun, glaube ich, nur noch übrig zu zeigen und den Beweis dafür erbringen, daß die Sterne nicht nur leuchtende Körper von der Art der Sonne sind, sondern daß sie wirklich so viele Sonnen sind, die in regelmäßiger Ordnung die gleichen Wärme- und Schwerefunktionen in allen Teilen der sichtbaren

Welt ausüben — im Gegensatz zu einer Ansicht, die Sie früher angedeutet haben, nach der sie in einem anderen Sinn von sekundärer Natur seien.

Alle Objekte innerhalb des physischen Anziehungs- und Wirkungsbereichs der Sonne können bis zu einem gewissen Grade durch ein gutes Teleskop vergrößert werden; aber die Sterne stehen alle weit außerhalb dieses Bereichs, daß die besten Linsen keine andere Wirkung auf sie haben, als daß sie sie intensiver oder kräftiger erscheinen lassen, während man im Gegensatz dazu bei allen von Natur aus glanzlosen Körpern, die nur ein geborgtes Licht von einem Hauptkörper reflektieren, beobachtet, daß sie ihr Licht im gleichen Verhältnis verlieren, wie sie vergrößert werden, und daß sie durch alle Linsen dunkler werden als sie sonst dem bloßen Auge erscheinen. Daraus dürfen wir ohne weiteren Beweis schließen, daß die Sterne alle leuchtende Körper sind mit eigenem Glanz und daß Körper wie die bekannten Planeten dies offensichtlich aus demselben Grunde nicht sein können, weil ihre Entfernung ... sie alle in einem solchen Falle unsichtbar machen würde.

.
.
.

Wenn nun zugestanden wird, daß die Sterne alle von der gleichen Art sind, darf, glaube ich, angenommen werden, daß das, was wir für einen von ihnen beweisen, für jeden anderen als wahr gelten darf und infolgedessen auch für alle übrigen. Nachdem ich bis zu diesen *Postulata* vorgedrungen bin, werde ich als nächstes untersuchen, was der wirkliche Nutzen und Zweck so vieler strahlender Körper ist, oder wozu sie gemacht sein könnten.

.
.
.

Wenn die Sterne nur zu unserem Nutzen eingesetzt wären, weshalb dann so viel Verschwendung und Gepränge in bezug auf Anzahl, Art und Aufbau? Denn eine viel geringere Menge und kleinere Körper, die uns näher ständen, würde in jeder Weise dem eitlen Zweck entsprechen, zu dem wir sie verwenden; und außerdem ist die Natur in allen anderen Dingen sehr sparsam und schlägt bei allen ihren Werken den kürzesten Weg ein, um den Willen Gottes[1]) auszuführen und zu vollziehen.

.

.

.

... deshalb dürfen wir mit Recht annehmen, daß so viele leuchtende Körper nicht nur geschaffen worden sind, um eine unendliche Leere zu erhellen, sondern um ihre sehr viel zahlreicheren Begleiter sichtbar zu machen und um, statt eine ungeheure, grenzenlose, öde Leere zu enthüllen, ein unendliches, unförmiges Universum zu offenbaren[2]), das mit Myriaden erhabener Welten angefüllt ist, die sich alle in verschiedenster Weise um sich selber drehen und als Atome einer unbegrenzten Schöpfung mit einer unvorstellbaren Mannigfaltigkeit von Wesen und Zuständen die grenzenlose Kugel des unendlichen Raumes beleben und füllen.

Daß die siderischen Planeten für uns nicht sichtbar sind, kann kein Einwand gegen ihre wirkliche Existenz und ihr dortiges Vorhandensein sein, wie aus folgendem deutlich wird: es ist wohlbekannt, daß die Sterne selbst, die die Zentren ihrer Systeme und die einzigen leuchtenden Körper sind, für uns auf der Erde wenig mehr sind als mathematische Punkte.

5. Brief

Tafel XV zeigt die *Plejaden*[3]), einen wohlbekannten Sternhaufen im Sternbild *Taurus*, wie sie mir durch ein Spiegelteleskop von 1 Fuß erschienen. *Tafel* XVI ist eine Ansicht von den *Perseiden*, einem weiteren bewunderswerten Haufen im Sternbild *Perseus*, wie sie durch ein Rohr mit 2 konvexen Linsen[4]) erscheinen. Es gibt noch andere leuchtende Stellen in den Sternenregionen, die der Milchstraße[5]) gleichen, für die ich aber keine Gelegenheit zur Beobachtung hatte, so z. B. die *Nebeculae*, nahe dem Südpol, die die Seeleute die *Magellan*-Wolken nennen und die uns, ebenfalls durch ein Teleskop betrachtet, kleine

Nebulae mit dazwischen eingestreuten kleineren Sternen zeigen. Einer dieser Art liegt zwischen *Hydrus* und *Dorado*, und ein weiterer, etwas kleinerer, zwischen *Hydrus* und *Tucan*.

Wenn wir jetzt davon ausgehen, daß die Breite der *Via Lactea* im Mittel nur 9 Grad beträgt, und wenn wir in jedem Quadratgrad nur zwölfhundert Sterne annehmen, dann müssen in der gesamten ringförmigen Fläche fast 3888000 Sterne sein, und diese alle in einem winzig kleinen Teil des großen Himmelsraumes.[6])

.

.

.

Durch die regelmäßige Wiederkehr der Kometen — die wir alle als durch die Gesetze dieses Systems regiert finden[7]) und die wir ungestört durch irgend eines der anderen annehmen müssen — können wir nicht umhin zu schließen — ... — daß die Entfernung der nächsten Sterne nicht kleiner sein kann als zweimal der Radius der größten zur Sonne gehörenden Bahn.[8]) Die meisten Mathematiker meinen, daß dies bei weitem zu nahe sei, da dies bedeuten würde, daß alle Systeme in Berührung sind. Ich glaube, daß wir, um ihre Anziehungssphären zu trennen, gut wenigstens die Hälfte dieser Entfernung hinzuaddieren dürfen, was im Ganzen ungefähr 420 Bahnhalbmesser der Erde ausmachen wird, d. h. 33600000000 Meilen.[9]) Daß dies viel zu wenig ist, versucht sogar der sinnreiche Mr. Huygens zu beweisen; und seine Argumente sind so, daß sie nicht einfach zurückgewiesen werden können. Sein Prinzip gründet sich auf die bekannten Analogiegesetze, wie sie bei Größenverhältnissen heller Oberflächen betrachtet werden, und ist folgendermaßen. Indem er mit Hilfe eines kleinen Loches am Ende seines Teleskops die Sonnenscheibe auf die Helligkeit des Sirius reduziert und diesen Teil ihrer Oberfläche mit der ganzen Scheibe der Sonne vergleicht, schließt er, daß die Entfernung des Sterns zu der der Sonne sich wie 27664:1 verhalten muß.[10]) Folglich wird Sirius fast (unter Berücksichtigung nur der Ziffern in den ersten Dezimalen) 2213120000000 Meilen von uns entfernt sein.[11]) Aber ich halte diesen Wert für so viel zu groß, wie der vorhergehende zu klein ist. Dennoch, da Mr. Bradley mit einigem Recht alle Sterne aus der Parallaxensphäre verbannt hat, ist letztere die einzige Methode, von der wir wahrscheinlich überhaupt mit einer Art von Vertrauen Gebrauch machen können. Sir Isaac Newton bemüht sich, sie mit großer Gewalt der Argumente als das wahrscheinlich einzige Mittel zu empfehlen, mit dessen Hilfe wir überhaupt eine vertretbare Abschätzung dieser ungeheuren Raumabmessungen vornehmen können.[12])

.

.

.

Da nun der Abstand zwischen Sonne und Erde so klein ist im Verhältnis zur Entfernung der Sterne von uns und untereinander, dürfen wir ohne weiteres die Sonne als unser Beobachtungszentrum oder unsere Position im allgemeinen System oder Rahmen der Natur betrachten. Die Sterne sind durch gute Teleskope bis zur 9. oder 10. Größe gut sichtbar. Wenn wir daher die primäre Entfernung des Sirius[13]) oder irgend eines anderen seiner Klasse multiplizieren mit dieser Zahl der zwischen ihnen liegenden Räume[14]), so wird das Produkt gleich dem Radius des für das Sonnenauge[15]) sichtbaren Weltalls. Nach dieser Regel erhalten Sie beim Zugrundelegen eines Sterns 6. Größe ungefähr (wenn Sie nur die erste Dezimale nehmen) 6000000000000 Meilen[16]), und bei einem Stern der 9. Größe 9000000000000 Meilen[17]). Diese Rechnung nimmt aber eine mittlere gegenseitige Entfernung der Sterne in einer Art Syzygien oder Richtung auf einer Geraden an, was nicht realistisch ist, denn man muß annehmen, daß die Sterne bezüglich ihrer Größenklassen nicht in einem mathematischen Verhältnis schwächer werden, sondern eher in einem geometrischen oder gar musikalischen; wenn z. B. die Entfernung eines ersten 3 wäre, müßte die eines zweiten ungefähr 5 sein, und von einem dritten 8,333 usw. *ad infinitum.*[18]) Da aber ihre wirklichen Entfernungsverhältnisse unbekannt sind, wird das obige für unseren gegenwärtigen Zweck ausreichend sein, welcher nur ist, ohne Übertreibung den Raum zu zeigen, den wir jetzt wirklich wahrnehmen können.

Dies habe ich hier ausführlicher betrachtet, um allen Einwänden zuvorzukommen, die Sie gegen die Wahrscheinlichkeit der allgemeinen Bewegung der Sterne machen könnten, indem ich zeige, daß vermutlich kein Widerspruch aus ihrer scheinbaren Nähe, Anzahl oder unregelmäßigen Verteilung entstehen kann. Da ihre Entfernungen so unermeßlich groß sind, kann keine Unordnung oder Verwirrung in irgendeiner Richtung oder irgendeiner Bewegung für sie angenommen werden. Die größte Entfernung der Planeten, die sich alle ungestört um die Sonne bewegen, beträgt ungefähr dreihundertdreiundfünfzig Millionen Meilen, aber die kleinste Entfernung eines Sterns vom anderen ist mehr als zweitausendachthundertzweiunddreißig mal diese Entfernung oder eine Million von Millionen von Meilen.[19]) Da keine merkliche Unordnung unter den solaren Planeten beobachtet werden kann, welchen Grund haben wir dann zu der Annahme, daß sie unter den Sternen auftritt oder daß eine allgemeine Bewegung dieser primären Leuchtkörper um einen gemeinsamen Mittelpunkt irgendwie unvernünftig oder unnatürlich wäre?

6. Brief

Zuerst also, daß die Sterne nicht ohne Unterschied, ohne Ordnung und Plan im ganzen Weltraum unendlich verstreut und verteilt sind, ist ohne Zweifel aus diesem ungeheuren zusammengesetzten Lichtkörper[20]) klar ersichtlich, da kein solches Phänomen vermutlich durch Zufall hervorgebracht werden oder ohne eine geplante Anordnung seiner Körper gezeigt werden könnte.

Wenn also irgendeine regelmäßige Ordnung der Sterne nachgewiesen werden kann, die dieses Phänomen auf natürliche Weise als eine Wirkung des Standpunkts des Beobachters erklärt, müssen Sie, glaube ich, zugestehen, daß eine solche Lösung wenigstens vernünftig ist, wenn nicht die Wahrheit. Das ist es gerade, was ich mit meiner neuen Theorie vorschlage.

Für einen Beobachter, der in einem unbegrenzten Raum steht, scheinen alle sehr entfernten Objekte gleich weit vom Auge entfernt zu sein, und wenn wir die *Via Lactea* nur von den Phänomenen her beurteilen, müssen wir sie natürlich für einen riesigen Ring von Sternen[21]) halten, die wahllos um eine exakte Kreislinie am Himmel verstreut liegen.

.

.

.

An erster Stelle muß zugegeben werden, daß die Sterne, da sie alle von der gleichen Art sind, entweder alle beweglich oder alle feststehend sind, d. h. alle von ein und demselben Prinzip regiert werden.

Sie jetzt alle als feststehend und in endloser Unordnung durch die unendlichen Weiten verstreut zu betrachten, was lange die Meinung vieler sehr fähiger Astronomen unter den Alten gewesen ist und selbst jetzt von sehr vielen der Modernen angenommen wird, bedeutet, eine Inaktivität jener riesigen und einflußreichen Körper anzunehmen. Das wäre so sehr das Gegenteil von dem, was erwartet werden kann und was wir täglich bei allen übrigen ihrer Begleiter beobachten, nämlich ihren eigenen entsprechenden Satelliten, daß wir vermutlich mit vernünftigen Gründen kein einziges Argument vorbringen können, um auch nur eine Vermutung in dieser Richtung zu hegen, ohne die größte Dummheit zu verraten und beinahe mit Sicherheit den gesamten Rahmen der Natur und aller körperlicher Wesen auf einen phantastischen sinnlosen Zufall zurückzuführen, der aus einem unnatürlichen Mißklang und Durcheinander entspringt.

.

.

.

... wie absurd es ist, sich einen Teil der Schöpfung regelmäßig und den anderen unregelmäßig vorzustellen oder eine sichtbare zirkulierende Ordnung der Dinge, die mit Unordnung vermischt und von endlosem Durcheinander umgeben ist, das ist dem schwächsten Verstande klar. Daher können wir mit Recht erwarten, daß die *Via Lactea*, die ein jedem Auge sichtbarer, offenkundiger Kreis unter den Sternen ist, schließlich beweisen wird, daß das Ganze zusammen ein ungeheures und wundervoll regelmäßiges Werk von Wesen ist, die aus dem wunderbaren Willen oder der wunderbaren Schöpferkraft der ewigen und unendlich *einen*, auf sich selbst beruhenden Ursache hervorgegangen sind, und daß alle seine Unregelmäßigkeiten nur solche sind, wie sie natürlicherweise aus unserer exzentrischen Sicht entstehen. Um dies vollständig und unbestreitbar zu zeigen, möchten wir nur die eine Forderung zugestanden haben, nämlich die, *daß alle Sterne in Bewegung sind oder sein können.* Ich bin überzeugt, daß Sie — wenn das Ganze nach der Ähnlichkeit und Regierung seiner Teile beurteilt werden darf — das für eine sehr vernünftige Annahme halten werden. Aber damit Sie eine gute Meinung von dieser Annahme in sich bilden und sich dieser viel wünschenswerteren Hypothese vollständig anschließen können, möchte ich, daß Sie die folgenden Argumente beachten.

Erstens ist — wie ich mich zu zeigen bemüht habe — von allen modernen Philosophen anerkannt, daß die Sonne und die Sterne alle von gleicher oder ähnlicher Beschaffenheit sind und daß folglich die Sterne alle Sonnen sind und die Sonne selbst ein Stern ist.[22])

.

.

.

Es ist wahr, man kann von der Sonne sagen, daß sie der Lenker aller dieser Körper um sich herum ist. Aber wie? Nicht anders, als sie selbst von einem stärkeren Agens oder einer noch aktiveren Kraft gelenkt werden kann; und mich dünkt, es ist kein bißchen absurd, anzunehmen, daß sie es nicht ist, da wir durch unbezweifelbare Beobachtungen entdeckt haben, daß dieselbe Gravitationskraft allen gemeinsam ist und daß die Sterne selbst keiner anderen Lenkung unterworfen sind als derjenigen, die den gesamten Mechanismus der Natur bewegt.

Drittens, auf Grund des Vergleichs von vielen Beobachtungen der Pole und der Schiefe des Erdäquators bezüglich der Ebene ihrer Sonnenbahn, vermutet man sehr zu Recht, daß die Sonne ihre siderische Lage geändert hat, und dies muß entweder aus einer Veränderung in der Lage der Tagesachse der Erde herrühren oder von einem Wegrücken der Sonne selbst aus der ursprünglichen Ebene des *Orbis Magnus* heraus.[23]) Ich glaube, Sie sind genug Mathematiker, um zu wissen, daß, wenn eine dieser Tatsachen anerkannt wird, die von mir gewünschte Konsequenz folgt. Ich werde deshalb hier nicht in weitere Erörterungen darüber eintreten. Aber ich glaube, es wird erforderlich sein, Ihnen einige Beobachtungen zur Berücksichtigung zu unterbreiten, die Sie davon überzeugen müssen, daß es irgendwo eine so zu entdeckende Bewegung gibt, wobei ich es Ihrer eigenen Entscheidung anheimstelle, ob in der Sonne oder in den Sternen oder in beiden.

7. Brief

Und ungeachtet der vielen wundervollen Werke der Natur auf diesem unserem vertrauten Wohnsitz, scheint doch die Erde, wenn man sie mit anderen Körpern unseres eigenen Systems vergleicht, weit davon entfernt, der bedeutendste in ihm zu sein. Und es erscheint nicht nur möglich, sondern höchst wahrscheinlich, daß es — nach dem, was gesagt worden ist, und nach dem, was wir außerdem noch zeigen können — eine ebenso große Vielzahl von in den verschiedenen Teilen des Universums verstreuten Welten gibt, wie es vielgestaltige Objekte in dem Teil gibt, den wir bewohnen. Da wir nun keinen Grund haben, anzunehmen, daß die Beschaffenheit unserer Sonne sich von der der übrigen Sterne unterscheidet, und da wir überhaupt nicht beweisen können, daß sie auch nur im geringsten diesen großartigen Körpern überlegen ist, wie können wir uns dann mit dem geringsten Schein von Recht vorstellen, daß sie das allgemeine Zentrum der gesamten, d. h. sichtbaren Welt ist und ihren Platz im Mittelpunkt des Weltraums hat? Das ist meiner bescheidenen Meinung nach zu schwach, als daß man auch nur Mutmaßungen anstellen könnte; ihre scheinbare Verteilung und unregelmäßige Anordnung sprechen nichts als dagegen.[24])

.

.

.

Dies ist die erhabene Ordnung der Natur, die ich jetzt zu untersuchen unternehme. Ich werde dadurch die Phänomene der *Via Lactea* erklären. Zu diesem Zweck will ich nur etwas voraussetzen, das ohne weiteres akzeptiert werden kann, nämlich, daß die *Milchstraße* aus einer ungeheuren Anzahl kleiner Sterne[25]) gebildet wird. Wir wollen uns einen ausgedehnten, unermeßlichen Strudel[26]) vorstellen oder ein Medium, das sich wie eine Ebene in jede Richtung erstreckt, und das zwischen zwei Flächen eingeschlossen und auf beiden Seiten fast eben, aber von solcher Tiefe oder Dicke ist, daß es einen Raum einnimmt, der gleich dem doppelten Radius oder Durchmesser der sichtbaren Welt ist, d. h., daß es von der mittleren Position aus senkrecht zur Ebenenrichtung in jeder Richtung einen der schwächsten Sterne erfaßt — so genau wie möglich unserer Vorstellung von ihrer wahren Entfernung entsprechend.[27])

Aber um dieses Bild ein wenig verständlicher zu machen und es so weit wie möglich jedermanns Auffassungsgabe anzupassen — ich meine die Auffassungsgabe derer, die sich diese Art fortgeführten Tierkreises nicht vorstellen können —, wollen wir das gesamte System der Natur in Form eines künstlichen Horizonts einer Kugel annehmen. Dabei möchte ich keinesfalls behaupten, daß dies tatsächlich der Fall ist, sondern nur die Sache so darstellen, um Ihrer Vorstellungskraft zu helfen, besser zu erfassen, was ich erklären möchte. *Tafel* XXI[28]) zeigt einen genauen Ausschnitt. Stellen wir uns nun vor, daß in diesem Raum alle Sterne wahllos verstreut sind, aber in einer derartigen Entfernung voneinander, daß sie das ganze Medium mit einer Art regelmäßiger Unregelmäßigkeit von Objekten füllen. Dann wollen wir uns überlegen, was das für ein Auge bedeutete, das sich nahe dem Mittelpunkt oder irgendwo in der mittleren Ebene, etwa am Punkt *A*, befindet. Glauben Sie nicht auch, daß es ganz klar ist, daß die Sterne dort auf jeder Seite wahllos verstreut erschienen und mehr und mehr zu Unordnung neigten, wenn der Beobachter seine Position nach einer der beiden Oberflächen hin verlagerte, etwa näher an *B* oder *C* — daß sie aber in der Richtung der allgemeinen Ebene gegen *H* oder *D*, infolge der fortgesetzten Verdichtung der Sehstrahlen, die sich wie bei *H* zwischen den Grenzen *E* und *G* zusammendrängen, unweigerlich in äußerstem Durcheinander enden müßten? Wenn Sie Ihre Optik im Stich läßt, bevor Sie diese äußersten Regionen erreichen, stellen Sie sich nur vor, wie unendlich viel größer die Anzahl der Sterne in die-

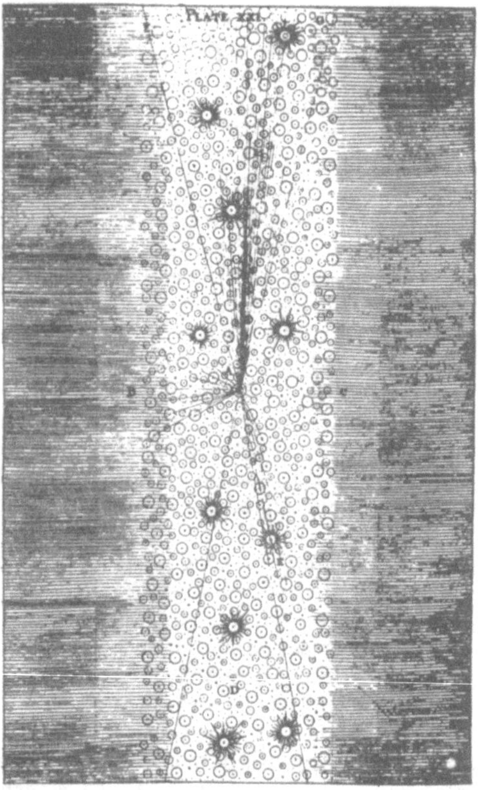

Abb. 3.
WRIGHTS Ausschnitt der Milchstraße auf Tafel XXI.

sen entfernten Teilen sein würde, die dann noch aus ihrem sich immer weiter fortsetzenden Gedränge erscheinen würden, so wie es alle anderen Objekte gegen den Horizontpunkt ihrer Perspektive tun, die erst im Unendlichen endet. Da sich schließlich alle ihre Strahlen fast vereinigen, müssen sie, wenn sie sich im Auge treffen, als beinahe in Kontakt erscheinen und eine vollkommene Lichtzone bilden. Dies nehme ich als den wirklichen

Sachverhalt und die wahre Natur unserer *Milchstraße* an. Alle Unregelmäßigkeit, die wir in ihr von der Erde aus beobachten, halte ich für allein durch die Lage unserer Sonne in diesem großen Firmament bedingt und durchaus erklärbar auf Grund ihrer Exzentrizität und durch die Vielgestaltigkeit der Bewegung, die man sich natürlich unter den Sternen selbst vorstellen kann und die hier und da in verschiedenen Teilen des Himmels einen wolkigen Haufen von Sternen, wie vielleicht bei *E*, verursachen kann.

Aber um jetzt diese Hypothese auf unser gegenwärtiges Vorhaben anzuwenden und mit unseren Vorstellungen einer *kreisförmigen* Schöpfung und den bekannten Gesetzen der kreisförmigen Bewegung abzustimmen, so daß die Schönheit und Harmonie des Ganzen mit der sichtbaren Ordnung seiner Teile in Einklang gebracht werden, muß unser Verstand jetzt zu der Analogie der Dinge Zuflucht nehmen. Wenn wir uns nun darüber geeinigt haben, daß die Sterne in Bewegung sind, was — wie ich in meinem letzten Brief zu zeigen versuchte — nicht weit von einer unleugbaren Wahrheit entfernt ist, müssen wir als nächstes überlegen, in welcher Weise sie sich bewegen. Einfach anzunehmen, daß sie sich auf Geraden bewegen, widerspräche, wie Sie wissen, allen bisher bekannten Gesetzen und Prinzipien. Da es nur zwei Arten gibt, auf denen sie sich überhaupt in einer natürlichen Ordnung bewegen können, nämlich entweder auf Geraden oder auf Kurven, und da erstere unmöglich und daher nur letztere möglich sind, heißt das, daß es *Bahnkurven* sein müssen. Folglich, wenn wir imstande wären, sie von ihrer mittleren Lage aus zu betrachten, wie mit dem Auge, das im Mittelpunkt der *Tafel* XXV sitzt[29]), müßten wir sie sich unabhängig voneinander in allen möglichen Richtungen um einen gemeinsamen Mittelpunkt bewegen sehen, so wie es dort dargestellt ist. Es bleibt jetzt nur noch zu zeigen, wie eine Anzahl von Sternen, die so in kreisförmiger Weise um irgendein vorgegebenes Zentrum angeordnet sind, die vor uns liegenden Phänomene zu erklären vermögen. Man kann nur zwei Wege vorschlagen, dies zu tun. Einer von ihnen scheint mir überaus einleuchtend. Aber welcher der beiden Ihre Billigung finden wird, wage ich nicht zu entscheiden. Ich sende Sie Ihnen anliegend beide.

Der erste ist in der oben beschriebenen Art, *d. h.*, alle bewegen sich in gleicher Weise und weichen nicht sehr von ein und derselben Ebene ab, wie es die Planeten in ihrer heliozentrischen Bewegung um den Sonnenkörper tun. In diesem Falle sind die primären, sekundären und tertiären Bahnkomponenten usw., die die Hypothesen bilden, in *Tafel* XXII dargestellt[30]), und die Folge einer solchen Theorie, die sich aus diesem universellen Bewegungsgesetz ergibt, in *Tafel* XXIII[31]), wo *B*, *D* die lokale Bewegung der Sonne auf dem wahren *Orbis Magnus*[32]) bezeichnet und *E*, *C* die der Erde auf ihrer eigenen sekundären Bahn, von der selbstverständlich angenommen wird — wie in der Abbildung gezeigt — daß sie ihre siderischen Positionen in der gleichen Weise ändert, wie dies der Mond um die Erde tut, und infolgedessen eine Art Prozession oder jährliche Änderung des Standorts der Sonne bewirkt — vergleichbar der Verschiebung der Äquinoktien, der Bewegung aller Sterne zusammen von West nach Ost um die Pole der Ekliptik, deren Ursache sie wahrscheinlich auch in einem gewissen Grade ist. Dieser Winkel ist, allerdings sehr vergrößert, durch die Linien *F*, *C*, *G* dargestellt[33]) und die Widernatürlichkeit oder Absurdität einer geradlinigen Bewegung der Sonne durch die Linie *I*, *H*.

Die zweite Methode, dieses Phänomen zu erklären, geht von einer sphärischen Anordnung der Sterne aus, wobei sich die Sterne alle in verschiedener Richtung um ein gemeinsames Zentrum bewegen, etwa wie die Planeten und Kometen um die Sonne, nur in einer Art Sphäre oder Hohlkugel. Ersteres kann man sich dabei nach dem, was bereits gesagt worden ist, leicht vorstellen; letzteres ist genau so leicht zu verstehen, wenn Sie sich ein Kugelsegment vorstellen können, wobei Ihnen die beiliegenden Abbildungen, wie ich hoffe, helfen werden. Die Lehre dieser Bewegungen wird Ihnen vielleicht vollständig klar werden, wenn Sie sich die folgenden Tafeln genau ansehen.[34])

.

.

.

Aber durch diese Theorie sind wir nicht nur an diese Form gebunden. Wie bei den Planeten kann es auch bei den Sternen verschiedenartige Systeme geben, die sich bezüglich Anordnung und Verteilung ihrer Sterne so sehr unterscheiden können wie

PLATE XXII.

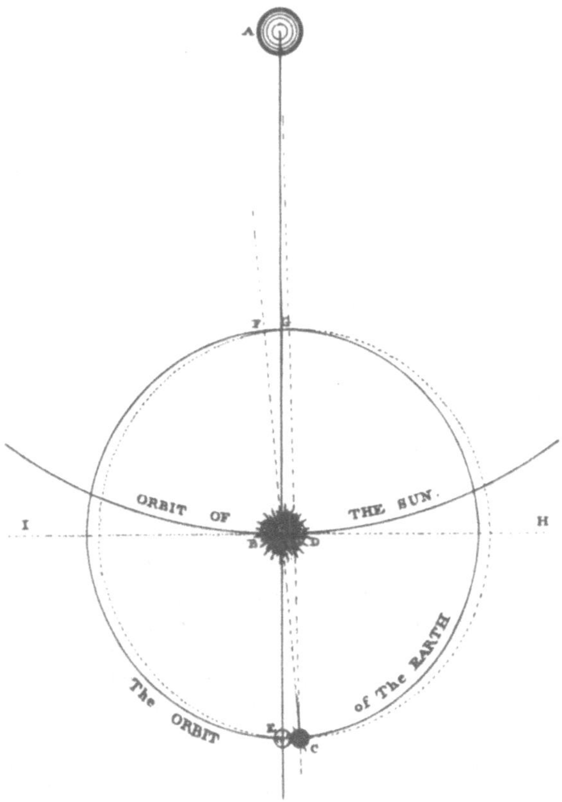

Abb. 4.
WRIGHTs Darstellung der Veränderung der Örter von Erde und Sonne in der Milchstraße durch die Bahnbewegung beider Himmelskörper auf Tafel XXII (im Text als Tafel XXIII bezeichnet).

die Zonen des *Jupiter* von den Ringen des *Saturn*. Es ist daher keineswegs erforderlich, daß sich alle Kollektivkörper von Sternen in dieselbe Richtung oder nach demselben Bewegungsmuster bewegen. Es ist vielmehr genauso vernünftig, anzunehmen, daß ihre Bewegungen so verschiedengestaltig sind wie die unserer Planeten und Kometen.

Daher können wir uns vorstellen, daß einige Sternwelten sich auf vollkommenen Sphären bewegen können mit verschieden geneigten, rechtläufigen und rückläufigen Bahnen und daß andere wiederum — wie es die Hauptplaneten tun — sich vorwiegend in einer Zone oder Tierkreis bewegen, oder — besser noch — nach der Art der *Saturn*ringe, ja sogar vielleicht Ring in Ring, bis zu einer dritten oder vierten Ordnung. Denn wie in *Tafel* XXVIII[35]) gezeigt wird, ist nichts einleuchtender als die Tatsache, daß die allgemeinen Phänomene unserer Sterne selbst erklärt wären, wenn sich alle Sterne, die wir sehen, in einem riesigen Ring (wie die *Saturn*ringe) um einen zentralen Körper oder Punkt bewegten. Siehe dazu *Tafel* XXIX, Abb. 1 und 2, wo die eine die vollständige Ebene dieser Bewegungen, die andere ein Profil derselben darstellt: bei *B* und *C* ist je eine sichtbare Schöpfung, *A* ist ein zentraler Körper, der als *incognitum* angenommen wird und außerhalb der verfügbaren Sichtweite liegt.[36]) Auf diese Weise können nicht nur die Phänomene der *Milchstraße* erklärt werden, sondern auch alle Wolkenflecken und deren unregelmäßige Verteilung. Ich kann nicht umhin, der Meinung zu sein, daß wir, wenn wir *Saturn* durch ein dazu geeignetes Teleskop betrachten könnten, herausfänden, daß seine Ringe nichts anderes sind als eine riesige Anzahl kleinerer Planeten, die noch viel kleiner als alle diejenigen sind, die wir seine Satelliten nennen. Was mich dazu veranlaßt, das zu glauben, ist dies: dieser Ring oder diese Ansammlung kleiner Körper erscheint manchmal sehr exzentrisch, d. h. auf der einen Seite entfernter vom Körper des *Saturn* als auf der anderen und mit einem sichtlich größeren Zwischenraum zwischen Körper und Ring, was kaum der Fall wäre, wenn der Ring oder die Ringe verbunden oder fest wären, denn wir haben guten Grund zu der Annahme, daß diese auf allen Seiten durch den Körper des *Saturn* gleich stark angezogen werden und dadurch überall eine gleiche Entfernung von ihm ein-

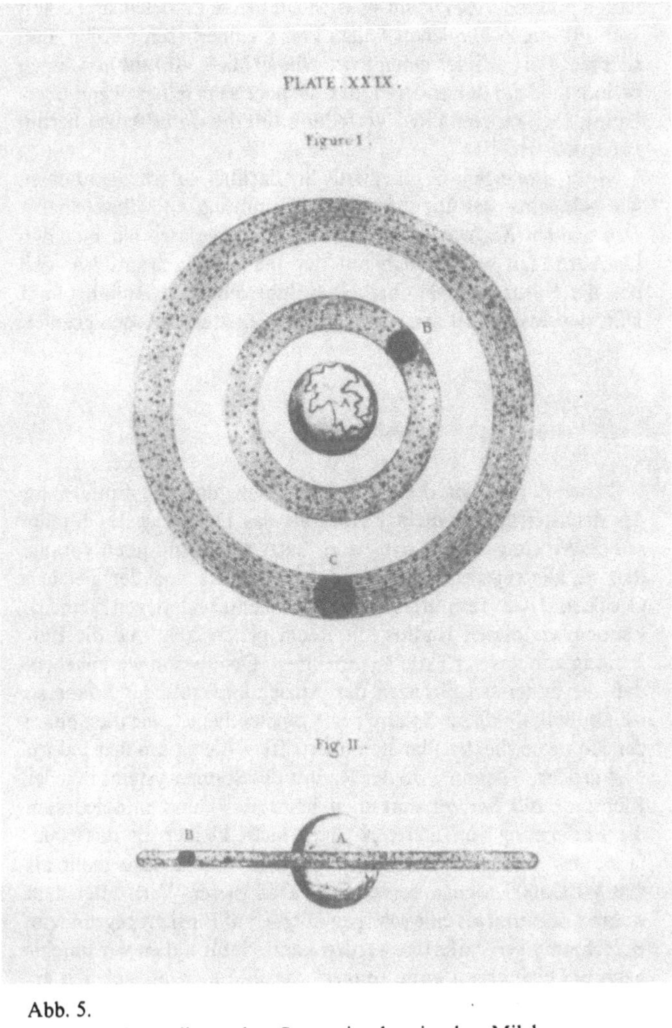

Abb. 5.
WRIGHTS Darstellung der Saturnringtheorie der Milchstraße auf Tafel XXIX.

halten müßten. Aber wenn sie wirklich kleine Planeten sind, kann von uns aus in ähnlichen Fällen klar nachgewiesen werden, daß sich meistens auf der einen Seite eine größere Anzahl von ihnen befindet als auf der anderen, daß sie aber sehr selten, wenn überhaupt, eine gleichmäßige Verteilung um die *Saturn*kugel herum haben können.[37])

Möge Ihre eigene Wißbegierde Sie darüber entscheiden lassen, wie sehr eine Bestätigung dieser Vermutung zu wünschen ist. *Den wahren Sachverhalt herauszufinden*, überlasse ich hier den Optikern. Ich werde mich mit der Bemerkung begnügen, daß uns die Natur niemals ohne einen hinreichenden Anhaltspunkt läßt, der uns auf all den notwendigen Erkenntnispfaden geleitet.

8. Brief

Daher dürfen wir durchaus annehmen, daß die Entfernung des nächsten Sterns nicht kleiner als das Dreifache des Radius seiner Wirkungssphäre sein kann. Setzt man dann noch voraus, daß sie alle regelmäßig angeordnet und etwa von der gleichen Größe sind (was vermutlich keine Argumente widerlegen können), können wir diesen Radius mit Recht gleich 2000 mal die Entfernung von unserer Erde[38]) annehmen. Denn wenn wir zugeben, daß die äußersten Grenzen der Anziehungskraft der Sonne so weit außerhalb dieser Sphäre der Kometen liegen, wie die Sphäre der Kometen die der Planeten übertrifft — sie ist um den Faktor 14,4 größer —, dann wird der Radius des Sonnensystems in jeder Richtung 200 *Saturn*bahnradien betragen[39]) und infolgedessen die Entfernung von Stern zu Stern nicht kleiner als das 6000-fache des Radius unseres *Orbis Magnus*[40]) sein, also mehr als 480000000000 Meilen betragen.[41]) Daß dieser Wert unter dem wahren liegt und als eine sehr gemäßigte, auf Einsicht gegründete, Berechnung gerechtfertigt werden kann, dafür haben wir unfehlbare Beweisführung zum Zeugen, die ihn auch als solchen erscheinen lassen.

Wir wissen aus der Art der Entfernung und Bewegung, daß die Sterne eine jährliche Parallaxe haben können. Aber sie ist derartig klein, daß die allerbesten Astronomen bisher noch nicht imstande waren, ihre wirkliche Größe zu bestimmen. Doch nimmt man allgemein an, daß sie vermutlich nicht mehr als eine Bogenminute beträgt, wahrscheinlich sogar viel weniger.[42]) Mr. *Flamstead* hat sie nach wiederholten Beobachtungen bei einigen von ihnen für größer als 40″ gehalten. Mr. *Bradley* hat indessen zu beweisen versucht, daß sie überall zu klein ist, um bestimmt werden zu können; er schreibt diesen Winkel einer anderen Ursache zu.[43]) Auf diese Weise können wir daher ihre Entfernung nicht kleiner machen. Um zu beweisen, daß sie etwas größer ist, als ich angegeben habe, wollen wir sogar die zweifelhafte Parallaxe von 40″ auf das, was sie möglicherweise höchstens sein kann, nämlich auf 60″ oder 1′, vergrößern. Durch die Berechnung des Dreiecks finden wir dann, daß der nächste Stern 6875mal dem Radius der Erdbahn von der Sonne entfernt ist. Dieser Wert ist größer als all die anderen, und doch liegt er unbestreitbar immer noch unter dem wahren[44]), wie natürlich jeder Mathematiker weiß. Sie selber müssen es einfach glauben, wenn man Ihnen sagt, daß ein Körper um so weiter von uns entfernt ist, je kleiner der Winkel der Parallaxe ist. Auf Grund dieser Regel müßte nach den Beobachtungen von Mr. *Flamstead* die Entfernung noch größer sein; nach dem optischen Experiment*) von Mr. *Huygens* sogar noch größer; und nach Mr. *Bradley* so groß, daß sie überhaupt nicht mehr ermittelt werden kann.

Wenn wir nun davon ausgehen, daß alle übrigen Sterne gleichgroße Systeme besitzen und ihre Wirkungen dieselben Reichweiten haben, und einmal annehmen, sie befänden sich mit diesen Abmessungen in einem mit Luft erfüllten Raum, dann müßten wir, um von einem Stern zum anderen zu gelangen, eine weite Strecke reinen Raumes oder Äthers durchmessen. Wollten wir eines der nächstgelegenen Systeme besuchen und könnten so schnell reisen wie der schnellste Adler fliegt, z. B. 500 Meilen am Tag, dann wären wir 3000000 Jahre unterwegs, ehe wir dort ankämen; und flögen wir weiter, um die übrigen Gebiete im In-

*) 27664 Radien des *Orbis Magnus*, gleich der Entfernung des *Syrius*; dem müßte eine Parallele von nur 14″48‴ entsprechen.[45])

neren des bekannten Weltalls zu besichtigen, würden wir Myriaden von Jahren zubringen und dürften doch nicht einmal hoffen, die Gesamtheit auch nur der kleinsten Konstellation zu sehen.

.

.

.

Wie man an den Sternbildern *Taurus*, *Perseus* und *Orion* sieht, können wir Sterne bis zur 6. und 9. Größe deutlich wahrnehmen; erstere mit blossem Auge, die anderen mit Hilfe von Teleskopen. Die sichtbare Welt kann daher nicht weniger als 4320000000000 Meilen im halben Durchmesser betragen. Und wenn wir eine regelmäßige Verteilung jener Urkörper untereinander annehmen, kann die Tiefe, können die entferntesten Grenzen des *Vortex Magnus* nicht weniger als 8 Billionen 640 Milliarden Meilen auseinanderliegen[46]) — wobei dies also nicht mehr ist, als was wir sehen. Wenn wir schließlich annehmen, unser System liege fast in der Mitte des *Vortex Magnus* (was wir aus der sichtbaren Anordnung der Sterne mit größter Wahrscheinlichkeit durchaus vermuten dürfen), dann wird die kürzeste Entfernung des *Ens Primum*, in den Reichen des ewigen Lichtes, auf 30000000000000 Meilen, aber noch wahrscheinlicher auf 100000000000000 Meilen ansteigen, was für den ganzen Bereich der Schöpfung von Rand zu Rand im ersteren Falle 68 Billionen Meilen im Durchmesser, im letzteren über 200 Billionen ergibt. Aber wenn wir die Entfernung der Sterne nach der Art von *Huygens* berechnen, dann folgt auf Grund der von ihm angegebenen Entfernung des *Sirius* von der Sonne, daß die Entfernung der Region der Unsterblichkeit durchaus auf nahezu 1000000000000000 Meilen anwachsen kann.[47])

.

.

.

Nachdem ich so versucht habe, Ihre Vorstellungen von der Welt im allgemeinen zu erweitern und in gewisser Weise die Unbeschränktheit des Raumes betrachtet habe, werde ich jetzt dazu übergehen, Ihnen über meine Vorstellungen von der Zeit zu berichten.

Wie die Entfernung das Maß der Größe und aller Ausdehnung

ist und unseren Vorstellungen zu den Begriffen des Raumes verhilft, so sind fortschreitende Zeitpunkte das Maß der Geschwindigkeit und lassen uns Dauer empfinden. Und wie der Raum durch alle Unendlichkeit ausgedehnt werden kann, so kann die Zeit fortgeführt werden in bezug auf die Ewigkeit. Diese Aufeinanderfolge zeitlicher Vorstellungen, die im Verstand eingeprägt oder erregt sind als eine Wirkung von in Bewegung befindlicher Materie, die eine dauernde Veränderung sowohl irdischer als himmlischer Objekte hervorbringt, befähigt uns, nicht nur über vergangene Schicksale der Natur nachzudenken, sondern aus ihren regelmäßigen Bahnen, aus der bekannten Ordnung und Wiederkehr zukünftige Phänomene vorauszusagen und die periodischen Effekte der konstanten Naturgesetze so richtig und sicher zu beweisen, daß mit Recht gesagt werden kann, die Zeit koexistiere mit der Bewegung.

.

.

.

Man hat beobachtet, daß der für uns größte Stern[48]) sich in hundert Jahren kaum eine Minute weiterbewegt und der entfernteste in Jahrhunderten unmerklich. Deshalb und auf Grund dessen, was bereits über die gedachte Entfernung des allgemeinen Mittelpunktes gesagt worden ist, können wir die einleuchtende und wohlbegründete Vermutung äußern, daß der mittlere Umlauf eines Sterns nahe der Mitte des *Vortex Magnus* nicht in weniger als einer Million Jahren gemacht werden kann und es möglich ist, daß — obgleich für uns nicht wahrnehmbar — die Sonne sich auf ihrer eigenen Bahn viele Meilen am Tag fortbewegt.[49]) Außerdem, wenn eine lokale Bewegung unter den Sternen bewiesen werden kann[50]), kann es Geringeres geben als die Ewigkeit, das sie wieder in ihre ursprüngliche Ordnung und in ihren anfänglichen Zustand zurückversetzt? So unermeßlich viel Platz in der Natur — wie *Milton* es so schön ausdrückt — muß seinen guten Grund haben; und es fehlt nur noch der absolute Beweis (der wegen ihrer Beschaffenheit und Entfernung nicht erwartet werden kann), um den großartigen Plan zu bestätigen, der dem unendlichen Vermögen der Gottheit so angepaßt und zum ewigen Nutzen aller ihrer Geschöpfe ist, vor allem der vernunftbegabten Wesen, und im besonderen der Menschheit.[51])

Es mag nicht unangebracht sein, einmal auszurechnen, wieviele der bewohnbaren Welten, so wie die Erde, es gibt – bei denen allen wir vermuten können, daß sie ebenso von einer festlandartigen oder aus Wasser und Land zusammengesetzten Beschaffenheit und von der Sterblichkeit unterworfenen Wesen der menschlichen Rasse bevölkert sind – die sich in jeder sternklaren Nacht innerhalb unserer Sichtweite befinden. Es ist schon gezeigt worden, daß es vermutlich mindestens 10000000 Sonnen oder Sterne innerhalb des Radius der sichtbaren Welt gibt. Wenn man annimmt, daß sie alle von der gleichen Anzahl von Hauptplaneten umkreist werden, findet man, daß es im gesamten Himmelsgebiet 60000000 planetare Welten wie die unsere geben muß. Und wenn wir zu diesen die der sekundären Klasse hinzurechnen, also solche wie der Mond, von denen wir sicherlich annehmen dürfen, daß sie einzelne Körper erster Ordnung begleiten, und zwar der Zahl nach überall mehr oder weniger so wie in unserem System, dann können sich solche Satelliten im Ganzen vielleicht auf 100000000 oder mehr belaufen. Alles zusammengenommen dürfen wir sicher mit 170000000 rechnen und immer noch in vernünftigen Grenzen bleiben. Unberücksichtigt geblieben sind dabei die Kometen, die ich für den bei weitem zahlreichsten Teil der Welt halte.[52])

9. Brief

Ich glaube, daß es ganz natürlich für jemanden ist, der es liebt, die Natur so weit zu verfolgen, so weit wir können, daß er – wenn er einmal zugestanden hat, daß sich alle Sterne um ein gemeinsames Zentrum bewegen, fragt, was wohl in diesem Zentrum vorhanden sein könnte. Denn da wir zugeben müssen, daß diese Stelle jeder anderen im bekannten Universum weit überlegen ist, ist es höchst wahrscheinlich, daß dort ein Körper von siderischer oder irdischer Substanz seinen Sitz hat, wo die göttliche Gegenwart – oder ein körperhafter Vertreter voll von allen Tugenden und Vollkommenheiten — ganz unmittelbar über ihre eigene Schöpfung herrscht. Und hier könnte dieser erste Vertreter des allmächtigen und ewigen Wesens thronen, als im *Primum Mobile* der Natur, und in Harmonie mit dem ewigen Willen tätig sein. Zu diesem gemeinsamen Zentrum der Gravitation hin, von dem man annehmen darf, daß es alle Tugenden anzieht und alle Laster zurückstößt, können alle Wesen als zu ihrer Vollendung streben. In ihm entspringt letztlich die Quelle der Wirksamkeit aller Körper, und von ihm aus werden sie in ihren verschiedenartigen Bewegungen gelenkt.[53])

So würde ich bereitwillig im Fokus oder Mittelpunkt der Schöpfung eine Urquelle einführen, die ständig von göttlicher Gnade überfließt und aus der alle Naturgesetze ihren Ursprung haben. Ich glaube, damit wäre das ganze Universum auf echte Ordnung und wohlbegründete Harmonie zurückgeführt, und zugleich wären unsere Vorstellungen von der göttlichen Gnade erweitert und unser Ausblick in den schönen Weingarten der Natur, in das weite Feld unseres gesamten zukünftigen Erbes, geöffnet.

Was aber dieser zentrale Körper wirklich ist, werde ich mich hier nicht zu sagen erkühnen. Und doch kann ich nicht umhin zu bemerken, daß er notwendigerweise, wenn die Schöpfung real und nicht nur ideell ist, entweder ein der Sonne überlegener Feuerball oder aber eine ungeheure, aus Wasser und Land zusammengesetzte oder festlandartige Kugel sein muß, . . .

.

.

.

.

Daß dies in aller Wahrscheinlichkeit wirklich der Fall sein kann, ist uns einigermaßen augenscheinlich gemacht durch die vielen gerade noch von uns wahrnehmbaren wolkigen Flecken, die sich weit außerhalb unserer Sternregionen befinden und in denen nicht ein einziger Stern oder individueller Bestandteil zu erkennen ist. Sie sind höchstwahrscheinlich außerhalb der unseren gelegene Schöpfung, die an die unsere grenzt, aber so weit entfernt ist, daß sie nicht einmal von unseren Teleskopen erreicht wird.[54])

Anmerkungen zur Textsammlung Thomas Wright

Zum besseren Verständnis des komplizierten englischen Satzstiles WRIGHTS wurden die Textstellen ins Deutsche übersetzt. Im allgemeinen wurde darauf geachtet, eine originale englische Translation zu geben, um das Eingehen des Lesers in die gedankliche Vorstellungswelt WRIGHTS zu ermöglichen. Jedoch führte gerade diese Berücksichtigung auch dazu, an verschiedenen Textstellen auf linguistische Genauigkeit zu verzichten.

Mein Dank gilt Frl. M. EICHHORN, Sonneberg, für die Translation und Dr. H.-J. BRÄUER, Sonneberg, für die fachlich-kritische Durchsicht der übersetzten Texte.

Im Vorwort geht WRIGHT auf das Hauptziel seiner Theorie ein, die Milchstraße zu erklären, um daraus eine rationale Theorie für das unbekannte Universum zu entwerfen. So sehr beschaulich WRIGHT sein Werk gestaltet hat, so zeigt er doch, daß er dieses Anliegen bis zum Schluß im 9. Brief verfolgt. Das Neue in seiner Theorie ist die unbestrittene Tatsache, daß sie, abgesehen von seinem früheren kleineren Werk „Theorie des Universums" von 1734, das man vielleicht als Grundlage oder erste Gedanken zu seiner „modernen Theorie" ansehen darf, die erste auf der NEWTONschen Physik basierende Kosmologie ist. Da WRIGHT in der Milchstraße den Prototyp ferner Welten sieht, den es erst exakt zu erkennen gilt, widmet er sich im gesamten Werk besonders ihrem strukturellen Aufbau.

Den Teil des Universums, den wir zur Zeit überschauen und daher erforschen können — das ist vor allem der sichtbare Teil der Galaxis — bezeichnet WRIGHT als „visible creation" (sichtbare Welt oder Schöpfung).

Gegen Ende des Vorwortes ist deutlich der Einfluß G. BRUNOS zu erkennen, den WRIGHT im 1. Brief nachdrücklich als einen der bedeutendsten Autoren der Vergangenheit erwähnt.

Die ersten drei Briefe erschienen für das Verständnis der WRIGHTschen Kosmologie nicht so wesentlich, daß hier Textauszüge gegeben werden müßten. Stattdessen erfolgen einige Erläuterungen über ihren Inhalt:

Im 1. Brief schreibt WRIGHT, daß das jetzige Werk das Ergebnis seiner astronomischen Studien vor 15 Jahren ist und beruft sich auf sein Werk von 1734. Dann geht er auf die Ansichten bedeutender Gelehrter der Vergangenheit ein, deren physikalische und kosmologische Vorstellungen er sich zu eigen machte. Hier erwähnt er besonders G. BRUNO (WRIGHT bringt Auszüge aus einem Bericht von J. TOLAND über BRUNOS Werke), J. MILTON, C. HUYGENS (Auszug aus „Planetary Worlds"), I. NEWTON (Auszug aus der Scholia zu „Philosophiae naturalis principia mathematica") sowie auch W. DERHAM (Auszug aus „Astro-Theology"). In allen Auszügen haben solche Fragen, wie die nach der Häufigkeit der Planetensysteme, nach einem einheitlichen physikalischen Aufbau von Sonne und Sternen, nach der Stabilität des Sternsystems und nach dem Gravitationskollaps (NEWTON) eine vorrangige Bedeutung.

Im 2. Brief beschreibt WRIGHT den wissenschaftlichen Fortschritt, der dadurch gegeben ist, daß alle wissenschaftliche Tätigkeit notwendigerweise zu neuem Wissen führt. Die großen Entdeckungen seiner Zeit (siehe NEWTON) sind von den Leistungen der vorangegangenen Generationen inspiriert. Es wäre auch in Zukunft gottlos, der Wissenschaft eine Grenze zu setzen. NEWTON hat alle seine Vorgänger — aber mit durch deren Leistung — übertroffen. Wo die Mathematik keine Beweise erbringen kann, muß man sich mit der „moralischen Gewißheit" zufrieden geben, durch die etwa in induktiver Weise Ergebnisse vorweg gedacht werden, die später erst mathematisch bewiesen werden können.

Der 3. Brief beinhaltet eine kurze Darlegung der copernicanischen Lehre, auf die sich u. a. seine Vorstellungen vom Bau der Welt (insbesondere Planetensystem) gründen. Dann folgt eine ausführliche Beschreibung zum geometrischen und physischen Aufbau des Planetensystems.

1 Wie schon im Vorwort und den vorhergehenden Briefen wird hier auf das Wirken Gottes eingegangen. Eine Natur, die den Willen Gottes ausführt, muß aber nach dem Willen Gottes zweckentsprechend beschaffen sein. Die Vielfalt der Welten (Sterne mit Planetensystemen) soll allen Bewohnern (nicht nur denen der Erde) die Erhabenheit und Allmacht der Schöpfung zeigen. WRIGHT behauptet, daß als ein späteres Ergebnis astronomischer Beobachtungen ein zukünftiger Zustand der Welt erkennbar würde mit den Sitzen (Wohnstätten) der Belohnungen und Strafen.

2 WRIGHT wiederholt nun eine schon kurz vorher gemachte Bemerkung, wonach er die Anzahl der Sterne (hier: „erhabene Welten")

als unendlich annimmt (hier: „Myriaden"), wobei er das Universum selbst als unendlich ansieht. Eine hierarchische Struktur über die Galaxis hinaus scheint zu fehlen (man beachte jedoch den Auszug des 9. Briefes!).

3 Auf die Wiedergabe der Tafeln XV und XVI wird verzichtet.

4 Gemeint ist ein astronomisches Fernrohr.

5 Nachfolgend erwähnt WRIGHT zwei von der Galaxis unabhängige Sternsysteme (die beiden MAGELLANschen Wolken); ob er sie wirklich als Sternsysteme ansah, bleibt unsicher.

6 Die wirkliche Anzahl der Sterne in der Galaxis ist etwa $2{,}5 \cdot 10^5$ mal so groß. Hier ist nicht sicher, ob WRIGHT seine Abschätzung wirklich auf die Galaxis bezieht oder nur auf den zu seiner Zeit überschaubaren Teil.

7 Bezieht sich vor allem auf das Gravitationsgesetz.

8 D. h., die gravischen Wirkungsradien zweier Sterne berühren sich.

9 Die englische Meile = 1609,34 m (1 statute mile). Dann beträgt (nach Wright) der mittlere Erdbahnradius $r_E \approx 1{,}3 \cdot 10^8$ km $\triangleq 8{,}0 \cdot 10^7$ miles. Die „Anziehungssphäre" der Sonne entspricht dann $140\, r_E \approx 1{,}8 \cdot 10^{10}$ km; zum Vergleich: die mittlere Entfernung des Pluto beträgt $5{,}94 \cdot 10^9$ km. Heute nimmt man als gravischen Wirkungsradius der Sonne etwa 2 Lichtjahre an, nämlich die Hälfte der Entfernung bis zum nächsten Stern (siehe Anmerkung 8). Bis zu dieser Entfernung werden noch Kometen unseres Sonnensystems vermutet.

10 Als Einheit wird $r_E = 8{,}0 \cdot 10^7$ miles angenommen.

11 $2{,}21312 \cdot 10^{12}$ miles $= 3{,}541 \cdot 10^{12}$ km $\approx \frac{1}{3}$ Lichtjahr. Tatsächlich ist Sirius 8,8 Lichtjahre von der Sonne entfernt.

12 In einem folgenden kleinen Abschnitt schlägt WRIGHT vor, den Mittelwert zwischen seinem und dem HUYGENSschen Wert der Entfernung der nächsten Sterne anzunehmen.

13 Nach S. 34 bei WRIGHT ist Sirius ein Stern 1. Größe.

14 „Räume" = Vielfaches des Abstandes Sonne — Sirius.

15 Hier setzt WRIGHT willkürlich die Sonne als Zentrum der sichtbaren Welt ein, was prinzipiell richtig ist, da man vom Sonnensystem aus (Sonne blickt wie ein Auge), entsprechend den optischen Möglichkeiten („optischer" Radius), einen sphärischen Raum überblicken kann.

16 Mittlerer Wert der Entfernung Sonne — Sirius $= 1 \cdot 10^{12}$ miles.

17 Die Entfernung für Sterne 9. Größe, vorausgesetzt, daß sie die gleiche Leuchtkraft wie die Sonne hätten, was WRIGHT annimmt,

wäre dann 1,5 Lichtjahre. Die wirkliche Entfernung bei Vernachlässigung der interstellaren Absorption beträgt etwa 260 Lichtjahre.

18 WRIGHT vermutet, daß sich die Entfernung bei Zunahme der Größenklassendifferenz um 1^m um den Faktor 1,6667 vergrößert. Dies ist eine frühe Vorwegnahme des WEBER-FECHNERschen Gesetzes. Nach diesem beträgt der wirkliche Wert 1,585.

19 Gleich Entfernung Sonne — Sirius (siehe Anmerkung 16).

20 Gemeint ist die Milchstraße.

21 Man beachte, daß hier nur das Phänomen Milchstraße gemeint ist und nicht die Struktur der Galaxis.

22 Anschließend beschreibt WRIGHT unter 2. die Rotation der Sonne.

23 Im heutigen Sinne meint WRIGHT die Präzessionsbewegung der Erdachse. Unter „Orbis Magnus" ist die Erdbahn zu verstehen.

24 Dieser letzte Satz bezieht sich auf die Verteilung und Anordnung der Sterne.

25 Gemeint sind Sterne geringer scheinbarer Helligkeit.

26 Englisch: „a vast infinite Gulph". Die Übersetzung „Strudel" ist „Golf" insofern vorzuziehen, da es besser dem mit physikalischer Materie erfüllten Raum (im Sinne von „Medium") entspricht (Darstellung der Galaxis als Strudel).

27 WRIGHT erfaßt mit seinem Modell alle sichtbaren Sterne, auch die schwächsten, die weit außerhalb der galaktischen Ebene stehen. Deshalb setzt er Durchmesser d der Milchstraße und Höhe h $d = h = 2r$ (r = Radius der Milchstraße). Die Milchstraße wird hier als Kugel dargestellt (eigentlich ihr überschaubarer Teil). Das Medium oder der Strudel erstreckt sich viel weiter, nämlich wie eine Ebene in jede Richtung (Scheibenmodell der Milchstraße).

28 Unter dem künstlichen Horizont ist eine Tangentialebene zu verstehen. Tafel XXI muß richtig Tafel XXIII lauten.

29 Auf die Abbildung der Tafel XXV kann verzichtet werden.

30 Tafel XXII (eigentlich Tafel XXI) ist hier nicht abgebildet. Sie zeigt die Hierarchie in der Galaxis an Hand der Bewegungen des Mondes um die Erde, der Erde um die Sonne und der Sonne um das galaktische Zentrum.

31 Tafel XXIII muß Tafel XXII heißen.

32 Gemeint ist hier die Bahn der Sonne um das galaktische Zentrum.

33 Siehe Einleitung VI.

34 Auf die Abbildung der vier Tafeln wird hier verzichtet. Sie stellen die Galaxis als Kugelschale bzw. als mehrere ineinandergeschachtelte Kugelschalen dar. Im Zentrum befindet sich jeweils ein größerer Körper.

35 Die Tafel XXVIII enthält das ebene ringförmige Äquivalent zu

den Abbildungen auf den Tafeln der Anmerkung 34. Eine Wiedergabe ist nicht erforderlich.

36 Der Zentralkörper der Galaxis bleibt wegen der begrenzten optischen Methoden für die „sichtbaren Schöpfungen" unsichtbar.

37 Die frühen Beobachter des Saturn nahmen wegen der mangelhaften Qualität ihrer Beobachtungs- und Meßinstrumente eine asymmetrische Verteilung der Saturnringe wahr.

38 Einige Zeilen vorher gibt WRIGHT die Entfernung Erde — Sonne mit $r_E = 8{,}1 \cdot 10^7$ miles gleich 6877,5 Durchmesser der Erde an (siehe Anmerkung 9). Der Erddurchmesser wäre dann 11 777,5 miles = 18950 km (in Wirklichkeit beträgt der Äquatordurchmesser 12756,33 km). Die größte Entfernung des Saturn von der Sonne beträgt $r_s = 8{,}58 \cdot 10^8$ miles $= 1{,}38 \cdot 10^9$ km (wirklicher Wert: mittlere Entfernung $= 1{,}43 \cdot 10^9$ km). Das Aphel des großen Kometen von 1680 liegt bei $14{,}4 \cdot r_s = 19{,}9 \cdot 10^9$ km $\approx$ 3fache Entfernung Pluto — Sonne.

39 Nämlich $14{,}4 r_s \cdot 14{,}4 = 200 r_s = 2{,}8 \cdot 10^{12}$ km $\approx$ 1/3 Lichtjahr (siehe Anmerkung 9 und 11 sowie die entsprechenden Textstellen im 5. Brief).

40 Gemeint ist der Radius der Erdbahn.

41 $4{,}8 \cdot 10^{11}$ miles $= 7{,}7 \cdot 10^{11}$ km (siehe Anmerkung 8).

42 Die trigonometrischen (jährlichen) Parallaxen sind kleiner als eine Bogensekunde. Die erste Messung einer trigonometrischen Parallaxe wurde 1838/39 von F. W. BESSEL durchgeführt.

43 Gemeint ist die Aberration.

44 $r_E = 8{,}1 \cdot 10^7$ miles (siehe Anmerkung 38). 6875 $r_E = 5{,}57 \cdot 10^{11}$ miles $\approx 9 \cdot 10^{11}$ km. In Wirklichkeit ist der nächste Stern (Proxima Centauri) 4,3 Lichtjahre von der Sonne entfernt.

45 Trignonometrische Parallaxe des Sirius $\pi = 0\overset{''}{,}373$. Die von WRIGHT zu groß geschätzte Parallaxe von 14″ 48‴ lautet in der dezimalen Schreibweise $14\overset{''}{,}8$ (siehe auch Anmerkung 11). Die abwegige Parallaxe entsteht vor allem durch den zu klein bestimmten HUYGENSschen Wert 27664 (5. Brief).

46 „Vortex Magnus" = großer Strudel (siehe 7. Brief).

47 Diese religiös-phantasievolle Textstelle zeigt deutlich die Verknüpfung religiöser und naturwissenschaftlicher Argumente WRIGHTS als gleichberechtigte Grundlage für sein Bild vom Kosmos. Die Unsterblichkeitsregion ist uns doch sehr nah — nur etwa 100 Lichtjahre entfernt.

48 Gemeint ist der scheinbar hellste und damit nächste Stern, wenn man im Sinne WRIGHTS annimmt, daß alle Sterne etwa gleiche Leuchtkraft wie die Sonne haben.

49 Eine Revolution der Sonne um das Zentrum der Galaxis dauert $2{,}5 \cdot 10^8$ Jahre bei einer Bahngeschwindigkeit von 250 km/s.

50 Dieser Gedanke WRIGHTS hat sich als richtig erwiesen. So bewegt sich die Sonne relativ zu den Sternen ihrer Umgebung mit einer Geschwindigkeit von 19,4 km/s (Pekuliarbewegung der Sonne). Die Pekuliarbewegungen der Sterne sind Relativbewegungen untereinander, die sich aus den kinematischen Verhältnissen ihrer Bahnen ergeben und unmittelbar nichts mit der Rotation um das galaktische Zentrum zu tun haben.

51 Diese Aussage über die Beziehungen zwischen Natur und Gott ist identisch mit den teleologischen Ansichten LAMBERTS.

52 Zur Zeit WRIGHTS waren im Planetensystem nur 6 Planeten bekannt, dazu schätzt er 10 Monde. Abgesehen von meteoritischen Körpern sind die Kometen zwar am zahlreichsten, ihre Gesamtmasse bleibt trotzdem sehr gering (etwa 0,1 Erdmasse).

53 Läßt man das teleologische Beiwerk weg, lautet WRIGHTS Ansicht, daß sich im galaktischen Zentrum ein supermassiver Körper befindet, der auch das gravische Zentrum für alle Massen in der Galaxis ist. Diese Ansicht entspricht völlig der späteren LAMBERTschen. „Primum Mobile" = erster Beweger, entspr. Bewegungszentrum.

54 Vor diesem Absatz legt WRIGHT dar, daß er sich das moralische Recht zu dieser Vermutung mittels des Argumentes verschafft, daß die Größe des Werkes seinen Schöpfer verherrliche. Die Astronomen würden sich mit dem Erforschten niemals zufriedengeben. Es sei nicht abzusehen, wo wissenschaftliche Tätigkeit endet. Die Textstelle selbst sagt aus, daß WRIGHT in den „wolkigen Flecken" extragalaktische Sternsysteme vermutet. Diese Vermutung wurde wenig später von KANT wiederholt und dynamisch in seiner Weltinseltheorie begründet. LAMBERT gelangte vor allem durch seine Überlegungen zur hierarchischen Struktur des Kosmos zum gleichen Ergebnis.

IMMANUEL KANT

Auszug aus Kants Allgemeiner Naturgeschichte und Theorie des Himmels

von J. F. Gensichen,
einschließlich dessen Vor- und Nachwort,
als Anhang zu William Herschels Über den Bau des Himmels

von 1791

Veranlassung zu demselben

Die Besorgnis, daß verschiedene theils öffentliche theils Privat-Nachfragen nach *Kants Naturgeschichte und Theorie des Himmels*, Königsberg und Leipzig 1755 eine ungebetene neue Auflage dieser Schrift nach sich ziehen möchten, bewog den verehrungswürdigen Verfasser derselben zu dem Entschluß, einen das Wesentliche enthaltenden Auszug aus derselben, doch mit Rücksicht auf die seit ihrer Erscheinung geschehene große Erweiterung der Sternkunde zu veranstalten. Er beehrte mich mit dem Auftrage, einen solchen Auszug zu machen, und ich liefere ihn hierdurch nach seiner Durchsicht und mit seiner Genehmigung; wobey ich nur bemerke, daß ich überall, wo es sich thun ließ, die Worte des Verfassers beybehalten, und nur das in den Auszug gebracht habe, was der Verfasser im Jahr 1755 nach meiner Vorstellung geschrieben haben würde, wenn er seine Gedanken in *der* Kürze, die hier mein Zweck seyn mußte, hätte vortragen wollen. Königsberg den 21sten April 1791.

M. Joh. Friedr. Gensichen
zweyter Inspector des Alumnats
auf der hiesigen Universität.

Auszug aus
Kants Naturgeschichte und Theorie des Himmels

Von der systematischen Verfassung unter den Fixsternen

Jeder, der den bestirnten Himmel in einer heitern Nacht betrachtet, wird denjenigen lichten Streifen gewahr, der durch die Menge der Sterne, die daselbst mehr als anderwärts gehäuft sind, und wegen der in der großen Weite sich verlierenden Kenntlichkeit derselben ein einförmiges Licht darstellet, welches man mit dem Nahmen der *Milchstraße* benannt hat. Sie nimmt beynahe die Richtung eines größten Kreises in ununterbrochenem Zusammenhange um den ganzen Himmel ein. Die übrigen Sterne, die in dem weißlichten Streife der Milchstraße nicht befindlich sind, sieht man doch desto gehäufter und dichter, je näher ihre Oerter dem Kreise der Milchstraße sind, so daß von den 2000 Sternen, die das bloße Auge am Himmel entdeckt, der größte Theil in einer nicht gar breiten Zone, deren Mitte die Milchstraße einnimmt, angetroffen wird, der übrige Theil aber auf beyden Seiten dieser Zone mehr zerstreuet ist.

Da die Sterne nicht auf die scheinbare hohle Himmelssphäre gesetzt sind, sondern in ungleichen Entfernungen von unserm Gesichtspunkt sich in der Tiefe des Himmels verlieren; so folgt aus dieser Erscheinung, daß sie sich in Entfernungen, darin sie einer hinter dem andern von uns abstehen, nicht einer nach allen Seiten gleichgültigen Zerstreuung befinden, sondern sich auf eine gewisse Fläche vornehmlich beziehen müssen, die unsern Gesichtspunkt nahe vorbey geht, und welcher sie sich so nahe als möglich zu befinden bestimmt sind. In der Nähe dieser Fläche befindet sich daher auch unsere Sonnenwelt und macht mit den übrigen Sternen in derselben ein System aus.[1])

Denn wenn wir uns eine ebene Fläche durch den Sternhimmel hindurch in unbeschränkte Weiten gezogen denken, und annehmen, daß zu dieser Fläche alle Fixsterne und Systeme eine allgemeine Beziehung ihres Orts haben, um sich derselben näher als andern Gegenden zu befinden; so wird ein Auge, das dieser Beziehungsfläche nahe ist, bey seiner Aussicht in das Feld der Gestirne, an der hohlen Kugelfläche des Firmaments diese dichteste Häufung der Sterne in der Richtung der gezogenen Fläche unter der Gestalt einer von mehrerm Lichte erleuchteten Zone erblikken. Dieser lichte Streif wird beynahe nach der Richtung eines größesten Kreises fortgehen, weil der Stand des Zuschauers nahe bey der Fläche ist. In dieser Zone wird es von Sternen wimmeln, welche wegen der nicht zu unterscheidenden Kleinheit der hellen Punkte, die sich einzeln dem Auge entziehen, und durch ihre scheinbare Dichtigkeit einen einförmig weißlichten Schimmer, mit einem Worte, eine Milchstraße darstellen. Das übrige Himmelsheer, dessen Beziehung gegen die gezogene Fläche sich nach und nach vermindert, oder welches sich auch dem Stande des Beobachters näher befindet, wird mehr zerstreut, doch der zunehmenden Häufung nach auf eben diese Fläche beziehend gesehen werden.[2])

Es ist zwar der Natur einer Kraft, die der Materie wesentlich einverleibt zu seyn scheint, wie der Anziehungskraft, gemäßer, unbeschränkt zu seyn[3]); indessen wollen wir doch nur zugestanden wissen, daß die Anziehungskraft der Sonne ungefähr bis zum nächsten Fixstern reiche, und daß die Fixsterne als eben so viel Sonnen in gleichem Umfange wirken, um zu folgern, daß alle Sonnen des Firmaments Umlaufsbewegungen entweder um einen gemeinschaftlichen Mittelpunkt, oder um viele haben. Denn da unter dieser Annahme das ganze Heer der Fixsterne einander durch die Anziehung zu nähern bestrebt ist; so finden sich alle Weltsysteme in der Verfassung, durch die gegenseitige Annäherung, die unaufhörlich und durch nichts gehindert ist, über kurz oder lang in einen Klumpen zu fallen, wofern diesem Ruin nicht so wie bey den Kugeln unsers planetischen Systems durch die den Mittelpunkt fliehenden Kräfte vorgebeugt worden, welche die Himmelskörper von dem geraden Falle abbeugen und dadurch in Verbindung mit den Kräften der Anziehung die ewigen Kreisläufe zu wege bringen, dadurch das Gebäude der Schöpfung vor der Zerstörung gesichert wird.

So wie nun eben dieselbe Ursache, wie im folgenden gezeigt werden wird, die den Planeten die Centerfliehkraft[4]), durch die sie ihre Umläufe verrichten, ertheilte, ihre Laufbahnen auch so gerichtet hat, daß sie sich alle auf eine Fläche beziehen; so kann man auch nach der Analogie schließen, daß die Ursache, die den Sonnen, als Wandelsternen höherer Weltordnungen, den Schwung des Umlaufs gegeben, ihre Bahnen zugleich so viel möglich auf eine Fläche zu bringen und die Abweichungen von derselben einzuschränken bestrebt gewesen sey.[5])

Der Einwurf, welcher gegen diesen Lehrbegriff von der fortrückenden Bewegung der Sonnen aus der scheinbaren Unveränderlichkeit ihres Orts hergenommen werden könnte, läßt sich auf folgende Art beantworten. Wenn mit Huygen angenommen wird, daß die Weite des unsrer Sonne nächsten Fixsterns[6]) von derselben wenigstens 21000mal größer seyn müsse, als die Entfernung der Erde von der Sonne; so folgt aus dem ausgemachten Gesetze der Umlaufszeiten[7]), die im Verhältniß der Quadratwurzeln aus den Würfeln der Entfernungen vom Mittelpunkt stehen, daß, wenn dieser Fixstern um die Sonne liefe[8]), die Zeit, in der dieses geschähe, über 3 Millionen Jahre betragen, und er also in 8000 Jahren noch nicht um einen Grad fortgerückt seyn würde.[9]) Da nun vielleicht sehr wenige Fixsterne der Sonne so nahe sind, als Huygen von dem Sirius gemuthmaßt hat, und also die meisten zu solchen periodischen Umlaufe ungleich längere Zeit brauchen würden, überdem auch wahrscheinlicher ist, daß die Bewegung der Sonnen des Sternenhimmels um einen gemeinschaftlichen Mittelpunkt gehe, dessen Abstand ungemein groß, und die Fortrückung der Sterne daher überaus langsam seyn kann; so läßt sich hieraus mit Wahrscheinlichkeit abnehmen, daß alle Zeit, seit der man Beobachtungen am Himmel angestellt hat, vielleicht noch nicht hinlänglich sey, die Veränderungen, die in ihren Stellungen vorgegangen, zu bemerken. Man darf indessen noch nicht die Hoffnung aufgeben, auch diese mit der Zeit zu entdecken. Überdem haben *Bradley*, *de la Hire* und andere wirklich Fortrückungen bey einigen Sternen beobachtet*)[10]).

Wenn ein System von Fixsternen, welche in ihren Lagen sich auf eine gemeinschaftliche Fläche beziehen, so wie wir die Milchstraße entworfen haben, so weit von uns entfernt ist, daß alle

---

*) Was seitdem von neuern Astronomen, besonders von *Herschel* hierin geschehen, und daß jetzt die Bewegung wenigstens unserer Sonne so gut als erwiesen sey, ist fast allgemein bekannt.

Kenntlichkeit der einzelnen Sterne, daraus es besteht, sogar dem Sehrohre nicht mehr empfindlich ist; wenn seine Entfernung zu der Entfernung der Sterne in der Milchstraße eben das Verhältniß, als diese zum Abstande der Sonne von uns hat; kurz, wenn eine solche Welt von Fixsternen in einem so unermeßlichen Abstande von dem Auge des Beobachters angeschaut wird; so wird dieselbe unter einem kleinen Winkel als ein mit schwachem Lichte erleuchtetes Räumchen erscheinen, dessen Figur cirkelrund seyn wird, wenn seine Fläche sich dem Auge geradezu darbietet, oder elliptisch, wenn diese von der Seite gesehen wird. Die Schwäche des Lichts, die Figur und die kennbare Größe des Durchmessers werden ein solches Phänomen, wenn es vorhanden ist, von allen Sternen, die einzeln gesehen werden, deutlich unterscheiden.

Diese Bewandniß hat es mit den neblichten Sternen, oder vielmehr mit einer Gattung derselben, die der Herr von *Maupertuis* so beschreibt: *daß es kleine, etwas mehr als das Finstere des leeren Himmels erleuchtete Plätzchen seyn, die alle darin übereinkommen, daß sie mehr oder weniger offene Ellipsen vorstellen, aber deren Licht weit schwächer ist, als irgend ein anderes, das man am Himmel gewahr wird.*[11]) Am natürlichsten und begreiflichsten ist es, daß dieses nicht einzelne große Sterne, sondern Systeme von vielen sind, deren Entfernung sie in einem so engen Raume darstellt, daß das Licht, welches von jedem derselben einzeln unmerklich ist, bey ihrer unermeßlichen Menge in einen einförmigen blassen Schimmer ausschlägt. Die Analogie mit dem Sternensystem, darin wir uns befinden, ihre Gestalt, welche gerade so ist, als sie es nach unserm Lehrbegriff seyn muß, die Schwäche des Lichts, die eine vorausgesetzte überaus große Entfernung erfordert: alles stimmt vollkommen überein, diese elliptische Figuren für eben dergleichen Weltordnungen, und so zu reden Milchstraßen zu halten, deren Verfassung wir eben entwickelt haben; und wenn Muthmaßungen, in denen Analogie und Beobachtung vollkommen übereinstimmen, einander zu unterstützen, eben dieselbe Würde haben, als förmliche Beweise; so wird man die Gewißheit dieser Systeme für ausgemacht halten müssen.

Die Fixsterne, die wir noch einzeln unterscheiden, beziehen

sich also mit der unzählbaren Menge derer, die durch ihr vereinigtes Licht den Schimmer der Milchstraße verursachen, auf eine gemeinschaftliche Fläche, und machen dadurch ein zusammengeordnetes Ganzes, welches eine Welt von Welten ist. In unermeßlichen Entfernungen giebt es mehr solcher Sternensysteme (die neblichten Sterne), und die Schöpfung ist in dem ganzen unendlichen Umfange ihrer Größe allenthalben systematisch und auf einander beziehend.

Man könnte noch muthmaßen, daß eben diese höhern Weltordnungen nicht ohne Beziehung gegen einander seyn, und durch dieses gegenseitige Verhältniß wieder ein noch unermeßlicheres System ausmachen möchten. Und in der That muß eben die Anziehungskraft, aus der wir die Bewegung der Sonnen gefolgert haben, auch bey diesen höhern Weltordnungen eine Bewegung theils nöthig gemacht, theils hervorgebracht haben.[12])

.

.

.

Dieß ist nun das Wesentlichste aus der Naturgeschichte und Theorie des Himmels, was Hr. Professor *Kant* dem Publico jetzt noch einmal vorzulegen sich bewegen ließ. Das übrige, meint er, enthalte zu sehr bloße Hypothesen, als daß er es jetzt noch ganz billigen könnte[13]). Ich, meines Theils, würde mich glücklich schätzen, wenn sich mir dergleichen Hypothesen darbieten möchten, und sicher seyn, durch ihre Bekanntmachung die Aufmerksamkeit der gelehrten Welt auf mich zu ziehen.

Ich habe nun zum Schluß noch folgendes anzumerken:

1. Herr Prof. *Kant* hat seine Vorstellung der Milchstraße, als eines unserm Planetensystem ähnlichen Systems bewegter Sonnen schon seit 6 Jahren geliefert, als *Lambert* in seinen *cosmologischen Briefen über die Einrichtung des Weltbaues*, die erst im Jahr 1761 herauskamen, eine ähnliche Idee bekannt machte. Es gebührt also dem ersten das Recht des ersten Besitznehmers einer Sache, die noch Niemanden angehörte. Ueberdem scheint auch die Lambertische Vorstellung sich sehr, und, wie mich dünkt, zum Vortheil der letzteren zu unterscheiden, indem Lambert die Milchstraße in unzählige kleinere Theile

theilte, und annahm, daß unser Planetensystem in einem solcher Theile, zu dem auch alle Sterne außer der Milchstraße gehören sollten, befindlich sey (S. 128. 137. 151. 158)[14]).

2. *Lambert* scheint ungewiß gewesen zu seyn, wofür er die Nebelsterne halten sollte. Denn, ob man gleich aus einigen Stellen in seinen Briefen schließen möchte, er habe sie für entfernte Milchstraßen angesehen (S. 129. 147); so läßt sich doch wieder aus andern Stellen vermuthen, daß er sie, wenigstens den Lichtschimmer im Orion, für das Licht angesehen habe, das seine von benachbarten Sonnen erleuchteten dunkeln Centralkörper bis zu uns reflectirten (S. 254. 285. 302, n. 9. 310, n. 12). Gewiß scheint zu seyn, daß *Lambert* das Daseyn mehrerer Milchstraßen vermuthet (S. 129. 147. 158. 305), aber es scheint nicht, daß er die Nebelsterne für dergleichen entfernte Milchstraßen ansieht.[15]) Man kann also diese Vorstellung nicht eigentlich *einen von Lambert gewagten Gedanken* nennen, wie *Erxleben* in seiner Naturlehre 1772. S. 540 sagt, und wie es in den neuern durch H. Hofr. *Lichtenberg* vermehrten Ausgaben stehen geblieben ist; und da dieser Gedanke von *Kant* schon im Jahr 1755 und zwar ganz bestimmt vorgetragen worden ist, so wird, auf welcher Seite die Priorität dieser Vorstellungsart sey, ferner nicht gezweifelt werden können.

3. Da sich die von Kant vor mehr als 30 Jahren berechnete Zeit der Achsendrehung des Saturns durch die Folgerungen, die Bugge aus der beobachteten Abplattung des Saturns in Ansehung dieser Achsendrehung zieht, imgleichen die Zeit, in welcher die Theile des innern Randes seines Ringes umlaufen, durch Herschels Beobachtungen, jetzt so schön zu bestätigen scheint; so erhält dadurch die *Kantische* Theorie, von der Erzeugung des Ringes und der Erhaltung desselben nach bloßen Gesetzen der Centralkräfte, einen sehr hohen Grad der Glaubwürdigkeit.

4. Die höchst wahrscheinliche Richtigkeit der Theorie der Erzeugung dieses Ringes aus dunstförmigem Stoffe, der sich nach Centralgesetzen bewegte, wirft zugleich ein sehr vortheilhaftes

Licht auf die Theorie von der Entstehung der großen Weltkörper selbst, nach eben denselben Gesetzen, nur daß ihre Wurfskraft durch den von der allgemeinen Schwere verursachten *Fall* des zerstreuten Grundstoffs, nicht durch die Achsendrehung des Centralkörpers, erzeugt worden; vornehmlich, wenn man (ich bediene mich hier eigener Worte des H. Prof. Kant) die durch H. Hofr. *Lichtenbergs* wichtigen Beyfall gewürdigte spätere, als Supplement zur Theorie des Himmels hinzugekommene Meynung damit verbindet: daß nämlich jener dunstförmig im Weltraum verbreitete Urstoff, der alle Materien von unendlich verschiedener Art im *elastischen Zustande* in sich enthielt, indem er die Weltkörper bildete, es nur dadurch that, daß die Materien, welche von chemischer Affinität waren, wenn sie in ihrem Falle nach Gravitationsgesetzen auf einander trafen, wechselseitig ihre Elasticität vernichteten, dadurch aber dichte Massen, und in diesen diejenige Hitze hervorbrachten, welche in den größten Weltkörpern (den Sonnen) äußerlich mit der leuchtenden Eigenschaft, an den kleinern aber (den Planeten) mit inwendiger Wärme verbunden ist.[16])

Brief von Kant an Johann Friedrich Gensichen vom 19. 4. 1791[17])

Herrn Magister Gensichen

Mein Herr, Sie hätten in Ihrer Abhandlung jedermann zugestanden, was ihm im Blick auf die Geschichte der astronomischen Wissenschaften zuzuschreiben ist, wenn Sie am Schluß Ihrer Arbeit die Güte gehabt hätten, zu unterscheiden, was Späteren zukommt, und zu erwähnen, was — wenn es auch wenig ist und glücklichere Vermutungen als Beweisgründe enthält — jedenfalls mir gehört.

1. Daß die Vorstellung, die Milchstraße sei ein System sich bewegender Sonnen, das unserem Planetensystem gleicht, von mir angegeben worden ist, und zwar sechs Jahre bevor Lambert eine ähnliche Vorstellung in seinen cosmologischen Briefen veröffentlicht hat.

2. Daß die Vorstellung, die Nebelsterne seien eine entsprechende Anzahl weit entfernter Milchstraßen, nicht — wie Erxleben in seiner Naturphilosophie 1772, S. 540, behauptet, und wie es auch in der durch Hofrat Lichtenberg erweiterten Ausgabe noch heißt — eine Idee ist, die Lambert vorzubringen gewagt hat, der vielmehr die Nebelflecken (oder wenigstens einen von ihnen) für dunkle Körper gehalten hat, die durch benachbarte Sonnen beleuchtet werden.

Anmerkungen zur Textsammlung Kant

KANTS „Allgemeine Naturgeschichte und Theorie des Himmels" von 1755 ist so häufig nachgedruckt bzw. kommentiert worden, so z. B. anläßlich der 250. Wiederkehr seines Geburtstages im Jahre 1974, daß hier bewußt keine Textauszüge aus diesem Werk gebracht werden. Dagegen ist der 1791 von J. F. GENSICHEN in W. HERSCHELS „Über den Bau des Himmels" als Anhang veröffentlichte Auszug der „Allgemeinen Naturgeschichte und Theorie des Himmels" verhältnismäßig unbekannt. Da er vor allem die kosmologischen Ansichten KANTS in ihren wesentlichen Details darlegt, wurde der kosmologische Teil des Auszuges hier wiedergegeben. Literaturangaben beziehen sich auf die Literatur zu Einleitung VII.

1 KANT sieht die Milchstraße als eine dünne Scheibe an. Die Entfernung der Sonne von der Milchstraßenebene beträgt etwa nur 15 pc, so daß die Abschätzung — wir befänden uns nahe der Ebene des Systems — völlig zu Recht besteht.

2 In diesem Abschnitt wird die Scheibentheorie wiederholt und durch die morphologische Struktur des Phänomens „Milchstraße" erhärtet (siehe auch den 7. Brief bei WRIGHT).

3 In der „Allgemeinen Naturgeschichte" steht vorher noch: „Die Sonne schränkt die Weite ihrer Anziehungskraft nicht in den engen Bezirk des Planetengebäudes ein. Allem Anschein nach erstreckt sie selbige ins Unendliche.", was dem NEWTONschen Gravitationspotential $\varphi = -fm/r$ (f = Gravitationskonstante, m = Masse, hier die der Sonne, r = Abstand vom Gravitationszentrum) entspricht.

4 Es ist aber eine Fehlinterpretation, anzunehmen, daß die Trägheitskräfte (hier die Zentrifugalkraft) identisch mit der postulierten kosmischen Repulsivkraft sind. Schon KANT hatte sich gegen eine solche Auffassung gewandt.

5 In der „Allgemeinen Naturgeschichte" erklärt das KANT so, daß die Körper eines Systems im Zustand der kleinsten Wechselwirkung sein müssen, damit ein System — abgesehen von sonstigen notwendigen physikalischen Voraussetzungen — in sich konsistent ist.

6 Gemeint ist Sirius.

7 Dem 3. KEPLERschen Gesetz.

8 Die Sonne wird in diesem Beispiel im Zentrum der Milchstraße stehend angenommen. In seiner Kosmologie ordnet KANT der Sonne keinen ausgezeichneten Ort zu. Siehe [1], 2. Teil, 7. Hauptstück.

9 Genau: 1/375 des Kreises.

10 Die Eigenbewegung der Sterne, die hier gemeint ist, wurde um 1718 von HALLEY entdeckt. In seiner Mitteilung „On the change of the latitudes of some of the principal fixed stars" [16] wies er nach, daß einige Sterne, wie Sirius, Arktur, Aldebaran u. a., von anderen Sternen abweichende Positionsänderungen haben müssen. 1783 entdeckte dann W. HERSCHEL die Eigenbewegung (Peculiarbewegung) der Sonne, wobei er sich auf die von T. MAYER um 1760 beobachteten Eigenbewegungen an Fixsternen stützte (siehe auch [17, 18, 19]). BRADLEY (1692—1762) wurde vor allem durch die Entdekkung der Aberration 1727 bekannt. BRADLEY und DE LA HIRE (1640 bis 1718) waren gleichermaßen hervorragende Beobachter, die sowohl zur Verbesserung der Beobachtungsmethoden wie der Beobachtungstechnik beitrugen und damit wesentliche Grundlagen für die Beobachtung geringer Ortsveränderungen der Fixsterne schufen. So hat DE LA HIRE, wie KANT [1] bemerkt, 1693 seine Beobachtungen der Plejadensterne mit denen des RICCIOLUS (1598—1671) verglichen und dabei Ortsveränderungen wahrgenommen.

11 Siehe Einleitung VII, Fußnote 4.

12 KANT legt in [1], z. B. im 7. Hauptstück des 2. Teiles, ausführlicher seine Gedanken zu einer hierarchischen Kosmologie dar. Mit diesem Abschnitt endet der kosmologische Teil des Auszugs aus KANTS „Allgem. Naturgesch. u. Th. d. Himmels".

13 Dieser Auszug aus der „Allgem. Naturgesch. u. Th. d. Himmels" wurde in KANTS „kritischer" Schaffensperiode geschrieben. Daher auch seine kritische Einstellung zu seiner „Allgem. Naturgesch.".

14 LAMBERT hat KANTS Priorität nie streitig gemacht. LAMBERTS Vorstellung wirkt insofern etwas moderner, als die Galaxis tatsächlich aus einer Anzahl von Untersystemen aufgebaut ist, wenn auch verständlicherweise nicht als Sternhaufenwelt, wie es sich LAMBERT aus hierarchischen Gründen vorstellte.

15 Aus LAMBERTS hierarchischer Kosmologie folgt die Existenz weiterer Galaxien. Trotzdem ist die kritische Bemerkung von GENSICHEN gerechtfertigt. LAMBERT hält in seinen „Cosmologischen Briefen" die „Nebelsterne" teilweise für „Weltinseln", teilweise aber auch für Zentralkörper galaktischer Untersysteme.

16 Um die Schlußbemerkungen von GENSICHEN vollständig zu lassen,

wird auch der Punkt 3 wiedergegeben, obwohl er größtenteils für die Kosmologie KANTS nicht wesentlich ist.

17 Dieser Brief wurde dem Briefwechsel von IMMANUEL KANT in drei Bänden, 2. Band, herausgeg. von H. E. FISCHER, München 1912, entnommen. Er ist von KANT in Englisch geschrieben. Eine Bemerkung hierzu siehe Einleitung I.

Briefwechsel zwischen Lambert und Kant

aus
Briefwechsel von Immanuel Kant in drei Bänden
Herausgegeben von H. E. Fischer
1. Band
Verlag Georg Müller
München

1912

Brief von Lambert an Kant vom 13. Nov. 1765

Mein Herr!

Ich glaube, daß dieses Schreiben und die Freimütigkeit, alle Umschweife des sonst üblichen Styli darin wegzulassen, durch die Ähnlichkeit unserer Gedankensart vollkommen entschuldigt wird. Und der Anlaß, den mir des Herrn Prof. und Prediger Reccard Abreise nach Königsberg gibt, ist zu schön, als daß ich denselben nicht gebrauchen sollte, Ihnen das Vergnügen zu bezeugen, welches ich daran finde, daß wir in sehr vielen neuen Gedanken und Untersuchungen auf einerlei Wege geraten.

.

.

.

Ich kann Ihnen, mein Herr, zuversichtlich sagen, daß mir Ihre Gedanken über den Weltbau, wovon Sie in der Vorrede des *einigen möglichen Beweises* usw. Erwähnung tun, noch dermalen nicht vorgekommen. Was in den Kosmologischen Briefen pag. 149 erzählt wird, ist von Anno 1749 zu datieren. Ich ging gleich nach dem Nachtessen, und zwar wieder meine damalige Gewohnheit, in mein Zimmer und beschaute am Fenster den gestirnten Himmel und besonders die Milchstraße. Den Einfall, so ich dabei hatte, sie als eine Ekliptik der Fixsterne anzusehen, schrieb ich auf ein Quartblatt, und dieses war alles, was ich Anno 1760, da ich die Briefe schrieb, aufgezeichnet vor mir hatte.[1]) Anno 1761 sagte man mir zu Nürnberg, daß vor einigen Jahren ein Engländer[2]) ähnliche Gedanken in Briefen an andere Engländer habe drucken lassen, es sei aber sehr unreif, und die zu Nürnberg angefangene Übersetzung sei nicht vollendet worden. Ich antwortete, die Kosmologischen Briefe werden kein Aufsehen machen, bis etwa künftig ein Astronome etwas am Himmel entdecken werde, das sich nicht anders werde erklären lassen; und wenn dann das System *a posteriori* werde bewährt gefunden sein, so werden Liebhaber der griechischen Literatur kommen und nicht ruhen, bis sie beweisen können, das ganze System sei dem Philolao, Anaximandro oder irgend einem griechischen Weltweisen schon bekannt gewesen und man habe es in den neueren Zeiten nur hervorgesucht und besser aufgeputzt usw. Denn dieses sind Leute, die in den Alten alles finden, sobald man ihnen sagt, was sie suchen sollen. Indessen nimmt mich mehr wunder, daß nicht schon Newton darauf verfallen, weil er doch an die Schwere der Fixsterne gegen einander gedacht hat.

In Absicht auf Sie, mein Herr, habe ich mehrere Wünsche. Den einen werde ich zwar nicht sagen, weil ich nicht weiß, ob und wiefern die hiesige Verfassung der Sachen denselben wirklich werden lassen. Indessen kann ich sagen, daß ich ihn nicht allein habe. Der andere ist, daß es mir sehr angenehm sein wird, wenn Ihnen Zeit und Geschäfte erlauben, mir jede beliebige Anlässe zu einem Briefwechsel zu geben. Kosmologie, Metaphysik, Physik, Mathematik, die schönen Wissenschaften mit deren Regeln usw., kurz jede Anschläge zu neuen Ausarbeitungen, sowie auch jede Anlässe zu Gefälligkeiten. Wir verfielen ja bisher fast auf einerlei Untersuchungen, ohne es zu wissen.[3]) Sollte es damit nicht besser vonstatten gehen, wenn wir es einander voraus sagen? Wie leicht wird man in den Folgen einig, wenn man in den Gründen eins ist, und wie nachdrücklich läßt sich sodann der Ton geben!

Brief von Kant an Lambert vom 31. 12. 1765

Mein Herr.

Es hätte mir keine Zuschrift angenehmer und erwünschter sein können als diejenige, womit Sie mich beehrt haben, da ich, ohne etwas mehr als meine aufrichtige Meinung zu entdecken, Sie vor das erste Genie in Deutschland halte, welches fähig ist in derjenigen Art von Untersuchungen, die mich auch vornehmlich beschäftigen, eine wichtige und dauerhafte Verbesserung zu leisten.

.

.

.

Es ist mir kein geringes Vergnügen, von Ihnen die glückliche Übereinstimmung unserer Methoden bemerkt zu sehen, die ich mehrmalen in Dero Schriften wahrnahm, und welche dazu gedient hat, mein Zutrauen in dieselbe zu vergrößern, als eine logische Probe gleichsam, welche zeigt, daß diese Gedanken an dem Probiersteine der allgemeinen menschlichen Vernunft den Strich halten. Dero Einladung zu einer wechselseitigen Mitteilung unserer Entwürfe schätze ich sehr hoch, und da ich mich durch diesen Antrag sehr geehrt finde, so werde ich auch nicht ermangeln, davon Gebrauch zu machen, wie ich denn, ohne mich selbst zu verkennen, einiges Zutrauen in diejenige Kenntnis setzen zu können vermeine, welche ich nach langen Bemühungen erworben zu haben glaube, da andererseits das Talent, was man an Ihnen, mein Herr, kennt, mit einer ausnehmenden Scharfsinnigkeit in Teilen eine überaus weite Aussicht ins grosse zu verknüpfen, allgemein zugestanden ist und sofern Sie belieben, mit meinen kleineren Bestrebungen Ihre Kräfte zu vereinbaren, vor mich und vielleicht auch vor die Welt eine wichtige Belehrung hoffen läßt.

Anmerkungen zum Briefwechsel zwischen Lambert und Kant

Der Briefwechsel zwischen LAMBERT und KANT ist sehr gering und umfaßt nur die fünf Briefe

LAMBERT an KANT vom 13. 11. 1765
KANT an LAMBERT vom 31. 12. 1765
LAMBERT an KANT vom 3. 2. 1766
KANT an LAMBERT vom 2. 9. 1770
LAMBERT an KANT vom 13. 10. 1770.

Der Inhalt der Briefe befaßt sich vorwiegend mit philosophischen Darlegungen. Nur in den ersten beiden Briefen finden sich Bemerkungen zum hiesigen Problemkreis, die deshalb hier wiedergegeben sind. Der Briefwechsel wurde 1765 durch LAMBERT eingeleitet. Der Herausgeber des „Briefwechsel von Immanuel Kant in drei Bänden", H. E. FISCHER, schreibt dazu in seiner Einleitung:

„Das Jahr 1765 bringt ein für die Fortentwicklung seiner Gedanken äußerst wichtiges Ereignis in dem von ihm mit freudigem Danke begrüßten Angebot Lamberts zu gemeinsamer Arbeit auf dem Felde der Philosophie. Die beiden Männer sind eins in der Beurteilung der Zeitströmung, die, vom Interesse für die schönen Künste ganz erfüllt, ernsten philosophischen Studien abhold sei, sie sind aber auch eins in dem Gefühl einer Krisis der Gelehrsamkeit und in der Verurteilung des Zustandes der Philosophie und eins in dem, was für die wahre Methode der Metaphysik not tue. Die Notwendigkeit einer „bloß negativen" Wissenschaft, die der Metaphysik vorhergehen müsse, wird erörtert, und Lambert wirft die wichtige Frage auf, ob und inwieweit die Kenntnis der Form zur Kenntnis der Materie unseres Wissens führe. Doch auf diese eingehende Darlegung vom 3. Februar 1766 schweigt Kant. Erst nach fünf Jahren wird die Korrespondenz wieder aufgenommen, um bald für immer aufzuhören."

Auf den letzten Brief von LAMBERT an KANT blieb die Antwort von KANT aus. Er hat später sehr bedauert, daß er mit LAMBERT so wenig Kontakt hatte.

1 Die von KANT im Brief an GENSICHEN 1791 aufgeworfene Prioritätsfrage (siehe S. 242) wird hier von LAMBERT 1765 vorweg beantwortet.

2 THOMAS WRIGHT.

3 Am Anfang wie hier am Ende des ersten Briefes verweist LAMBERT auf das Grundanliegen seiner Bitte um Briefwechsel, da sich ihre Forschungsmethoden (und zum Teil auch die Forschungsthemen) sehr ähnlich sind. Heute könnte man LAMBERTS Idee der Absprachen und Zusammenarbeit als Forschungskooperation ansehen.

WILLIAM HERSCHEL

Über den Bau des Himmels

Drey Abhandlungen
aus dem Englischen übersetzt

Königsberg 1791

I.
Nachricht von einigen Beobachtungen zum Behuf der Erforschung des Baues des Himmels

Vielleicht wäre es rathsamer gewesen, daß ich länger gewartet hätte, um die Entdeckungen vollständiger zu machen, welche für dieses Instrument[1]) erreichbar zu seyn scheinen und durch dasselbe mir bereits gewisser Maßen aufgegeben sind. Ohne Zweifel würde ich, wenn ich mir längere Zeit genommen hätte, in den Stand gesetzt worden seyn, zuversichtlich von dem *innern Bau* des Himmels und seinen mancherley *Nebel- und Sternschichten* (daß ich der Naturhistorie einen Ausdruck entlehne) zu sprechen, wovon dieser Aufsatz vorjetzt nur einige Umrisse oder vielmehr einzelne Züge geben kann. Zur Rechtfertigung indessen dieser Eilfertigkeit ließe sich sagen: daß, da der Endzweck aller Entdeckungen die Mittheilung ist, wir nie hurtig genug seyn können, Thatsachen und Beobachtungen zu liefern, was es auch mit unserm Urtheil darüber für eine Bewandniß habe.

Bisher hat man sich den Sternhimmel, nicht unpassend zum vorhabenden Zwecke, als eine hohle Kugelfläche vorgestellt, in deren Mittelpunkt man sich das Auge eines Beobachters hingestellt dachte. Freylich selbst dann gaben die mancherley Größen der Fixsterne klärlich die Idee, von einem nach drey Abmessungen ausgedehnten Firmament, an die Hand und würden dieser Idee angemessener gewesen seyn; aber die Beobachtungen über die ich mich jetzt weiter auslassen will, zeigen noch klärer und stärker die Nothwendigkeit, den Himmel aus diesem Gesichtspunkt zu betrachten. In Zukunft also, wollen wir jene Regionen, in welche wir durch Hülfe großer Teleskope eindringen mögen, so ansehn, wie ein Naturforscher eine weite Strecke Landes oder eine Kette von Bergen betrachtet, welche in mannigfaltigen Neigungen und Richtungen hinlaufende und aus sehr verschiedenen Materialien bestehende Schichten enthalten. Die Fläche eines Globus oder einer Charte wird nur sehr schlecht die innere Theile des Himmels abbilden.

Man kann es wohl erwarten, daß der große Vortheil einer weiten Oeffnung, sich am auffallendsten bey allen solchen Gegenständen zeigen müsse, die viel Licht erfordern, dergleichen die sehr kleinen und unermeßlich weit entfernten Fixsterne, die sehr schwachen Nebelflecke, die zusammengedrängten Sternhäuflein und die entfernten Planeten sind.

Da ich das Teleskop auf einen Theil der *Milchstraße* richtete, fand ich, daß es den gesammten weißlichen Schein völlig in lauter kleine Sterne auflöste, welches zu bewirken mein voriges Teleskop aus Mangel an gnugsamem Lichte nicht vermochte. Das Stück von diesem weitausgedehnten Streife, dessen Beobachtung mir bisher am gelegensten fiel, ist das unmittelbar um die Hand und Keule des Orions herum. Die herrliche Menge Sterne von allen möglichen Größen, die sich hier vor meinen Blick darstelleten, war in der That zum Erstaunen; aber, da der blendende Glanz von funkelnden Sternen leicht verleiten kann, ihre Zahl größer zu schätzen, als sie wirklich ist: so bemühte ich mich, diesen Punkt dadurch auszumachen, daß ich mehrere Felder überzählte, und nach einem Durchschnitt berechnete, was ein gewisses gegebenes Stück von der Milchstraße an Sternen enthalten möchte. Nach vielen Versuchen von dieser Art fand ich den vergangenen 18ten Januar, daß sechs Felder ohne Wahl genommen eins nach dem andern 110, 60, 70, 90, 70 und 74 Sterne enthielten. Ich versuchte darauf die ledigste Stelle, die in der Nachbarschaft zu finden wäre, auszulesen, und zählte 63 Sterne. Ein Durchschnitt von den sechs ersten giebt 79 für jedes Feld. Angenommen also 15 Minuten eines größten Kreises für den Durchschnitt meines Gesichtsfeldes, so folgt, daß ein

Streif 15 Grade lang und 2 breit, oder die Menge, die ich durch das Feld meines Teleskops oftmahls in einer Stunde Zeit habe durchgehen sehen, wohl nicht weniger als 50000 Sterne enthalten konnte, die noch groß genug waren, daß man sie deutlich zählen konnte. Aber außer diesen vermuthete ich wenigstens noch zweymahl so viel, die aus Mangel an Licht nur dann und wann mittelst matter und unterbrochener Aufschimmerungen gesehen werden konnten.

.

.

.

Ein sehr merkwürdiger Umstand an den Nebelflecken und Sternhaufen[2]) ist es, daß sie in Schichten geordnet sind, die in eine große Weite fortzulaufen scheinen; und einige von ihnen bin ich schon im Stande gewesen so weit zu verfolgen, daß ich ziemlich wohl über ihre Form und Richtung muthmaßen kann. Es ist glaublich genug, daß sie die ganze scheinbare Spähre des Himmels umgeben mögen, nicht ungleich der Milchstraße, die ohne Zweifel nichts anders als eine Schichte von Fixsternen ist. Und so wie dieses letzte unermeßliche Sternenlager, nicht allenthalben von gleicher Breite und Klarheit ist, noch in einer geraden Richtung fortläuft, sondern gekrümmt und ein beträchtliches Stück hindurch so gar in zwei Striemen getheilt ist; so läßt sich gleicher Weise die größte Mannigfaltigkeit in den Schichten der Sternhaufen und Nebelflecken erwarten. Eins von diesen Nebellagern ist so reichhaltig, daß, da ich nur einen Abschnitt desselben, in der kurzen Zeit von 36 Minuten durchging, ich nicht weniger als 31 Nebelflecke entdeckte, die auf einem schönen blauen Himmel, alle deutlich sichtbar waren. Ihre Lage und Gestalt sowohl als Beschaffenheit, scheint alle nur erdenkliche Mannigfaltigkeit anzuzeigen. In einer andern Schichte oder vielleicht in einem verschiedenen Arm der ersteren, sahe ich doppelte und dreyfache Nebelflecke, die auf mannigfaltigste Weise geordnet waren; große mit kleinen die da Trabanten zu seyn scheinen[3]); schmale aber sehr ausgedehnte lichte Nebelflecke oder glänzende Tüpfel; einige von der Gestalt eines Fächers, der aus einem lichten Punkte, gleich einem electrischen Büschel herauskommt; andere von kometenartigem Aussehen mit einem anscheinenden Kern im Mittelpunkt; oder gleich wolkigen Sternen, umringt mit einer neblichten Atmosphäre; eine noch verschiedene Gattung wiederum enthielt einen Nebel von der milchichten Art, gleich jener wundersamen unerklärlichen Erscheinung um das ϑ des Orions[4]); indeß andere mit einer Art von matterem geflecktem Lichte schimmern, welches ihre Auflösbarkeit in Sterne verräth[5]).

.

.

.

Es ist sehr wahrscheinlich, daß die große Sternschichte, Milchstraße genannt, diejenige sey, in welcher die Sonne sich befindet, obwohl vielleicht nicht in dem eigentlichen Mittelpunkt ihrer Dicke.[6]) Es läßt sich dieses aus der Gestalt der Milchstraße abnehmen, die den gesammten Himmel in dem größten Kreise zu umringen scheint, wie sie es allerdings thun muß, wenn die Sonne sich innerhalb derselben befindet. Denn angenommen, eine Anzahl von Sternen sey zwischen zwey in einem gegebenen beträchtlichen Abstande von einander parallel gestellten und nach allen Seiten hin unbestimmt weit ausgedehnten Ebenen geordnet; welche Anordnung man eine Sternschichte heißen mag; so wird ein Auge, das irgendwo innerhalb derselben gestellt ist, sämmtlich längs den Ebenen der Schichte geordnete Sterne in einem großen Kreise perspectivisch entworfen sehen, welcher nach Maßgabe der Anhäufung der Sterne heller sich zeigen wird, mittlerweile die übrigen Gegenden des Himmels an den Seiten nur mit Sternbildern bestreuet zu seyn scheinen werden, die mehr oder weniger zusammengedrängt aussehen, je nachdem sie mehr oder weniger von den Ebenen abstehen, oder je nachdem die Anzahl der in der Dicke oder den Seiten der Schichte enthaltenen Sterne mehr oder weniger groß ist.

So würde ein Auge bey *S* (Fig. 16 Taf. II) die innerhalb der Schichte *ab* nach der Richtung ihrer Länge *ab* oder Höhe hintereinanderstehenden sammt allen zwischengeordneten Sternen in einen hellen Kreis *ACBD*, entworfen (*projected*) sehen; mittlerweile die Sterne an den Seiten *mv*, *nw*, über den übrigen Theil des Himmels bey *MVNW*, zerstreut erscheinen würden.

Stände ein Auge irgendwo ausserhalb der Schichte, in einem

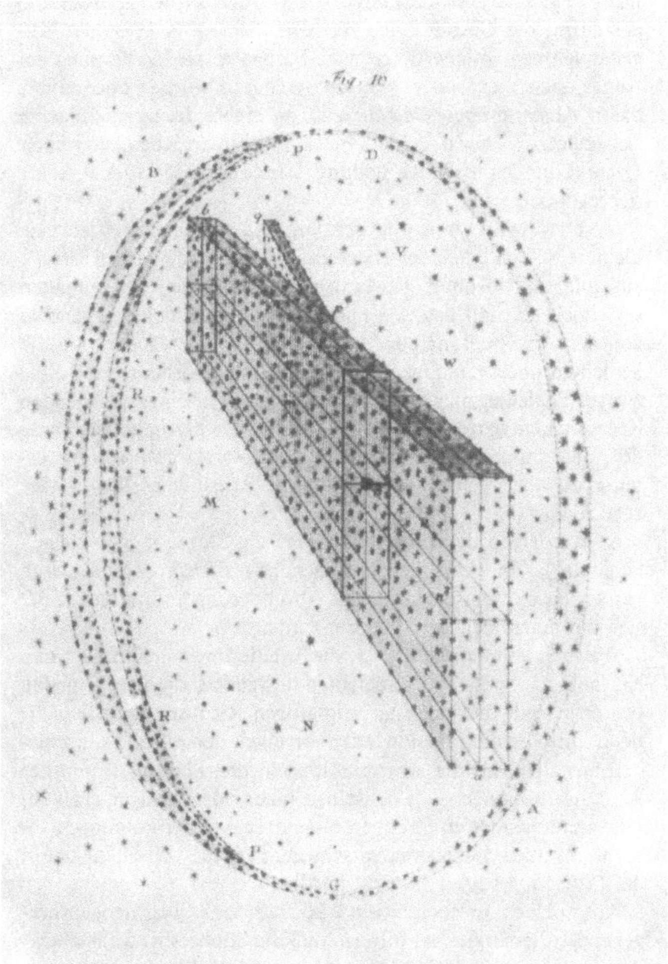

Abb. 6.
W. HERSCHELS Beispiel von Sternschichten in der Milchstraße auf Fig. 16, Tafel II.

nicht zu großen Abstande davon, so würden die Sterne innerhalb derselben, die Gestalt eines von den kleinern Kreisen der Kugel annehmen, welcher Kreis nach Maßgabe oder Entfernung des Auges, sich mehr oder weniger verengern würde; und nähme dieser Abstand über alle Maße zu, so müßte die ganze Schichte sich zuletzt in einen lichten Fleck zusammenziehen, von einer Gestalt, die sich nach der Stellung, Länge und Höhe der Schichte richten möchte.

Gesetzt, wir nehmen ferner an, daß ein Zweig oder eine kleinere Schichte aus der ersteren nach einer gewissen Richtung auslaufe, und ebenmäßig zwischen zwey Parallelebenen enthalten sey, doch so, daß das Auge in der großen Schichte, irgendwo vor der Absonderung, und nicht weit von der Stelle, wo die Schichten noch vereiniget sind, sich befinde. Alsdann wird diese zweyte Schichte, nicht, gleich der vorigen, in einen glänzenden Kreis sich entwerfen, sondern wie ein lichter Zweig gesehen werden, der von dem ersten ausgehet, und in einer gewissen Entfernung, die aber kleiner als ein Halbkreis ist, zu demselben wieder zurückkehret.

So werden in derselben Figur (16) die Sterne in der kleinen Schichte *pq* in einen hellen Bogen bey *PRRP*, perspectivisch entworfen werden, der nach der Absonderung vom Kreise *CBD* sich mit demselben bey *P* wieder vereinigt.[7])

Was hier von Parallelebenen zur Erläuterung angeführt worden ist, läßt sich leidlich auf Schichten anwenden, die unregelmäßig begrenzt sind, und nach mannigfaltigen Richtungen fortlaufen; denn ihre Projectionen werden in eben dem Maße verschieden ausfallen, als die Abwechselung in den Schichten, und der Abstand des Auges von denselben mehr oder weniger groß ist. Und auf solche Weise können alle Arten von Krümmungen sowohl, als auch mancherlei verschiedene Grade von Helligkeit in der Projection hervorgebracht werden.

Aus solchen Erscheinungen also, läßt sich nach den vorhergehenden Bemerkungen folgern, daß die Sonne sehr wahrscheinlich in einer von den großen Schichten der Fixsterne sich befinde und allem Vermuthen nach nicht fern von der Stelle, wo irgend eine kleinere Schichte als ein Zweig davon ausläuft. Eine solche Annahme, kann auf eine befriedigende Weise und mit aller Einfalt die sämtlichen Erscheinungen der Milchstraße erklären, als welche, dieser Hypothese zu Folge, nichts anders denn eine perspectivische Erscheinung der in dieser Schichte und in ihrem Nebenzweige enthaltenen Sterne ist. Was uns noch ferner bewegen muß, die Milchstraße aus diesem Gesichtspunkt anzusehen, ist der Umstand, daß wir nicht länger zweifeln können, ihr weißliches Aussehen entspringe aus dem vereinigten Glanze der zahllosen Sterne, die selbige ausmachen. Wollten wir uns nun die Milchstraße als einen unregelmäßigen Ring von Sternen denken, da wir dann nahe bey dessen Mittelpunkt die Sonne hingestellt annehmen müßten; so wird es etwas ganz außerordentliches seyn, daß die Sonne, die eben ein solcher Fixstern ist, als jene, die den eingebildeten Ring ausmachen, sich gerade in dem Mittelpunkte einer solchen Menge von Himmelskörpern befinden sollte, ohne daß sich irgend ein Grund zu diesem sonderbaren Vorzuge absehen ließe; dagegen nach unserer Annahme, jeder Stern in dieser Schichte, wenn er nicht sehr nahe am Ende ihrer Länge oder ihrer Höhe stehet, so gestellt seyn wird, daß er gleichfalls seine eigene Milchstraße habe, nur mit solchen Abwechselungen in der Gestalt und dem Glanze derselben, als von der besondern Lage eines jeden Sterns entstehen würden.

.
.
.

Wenn die Sonne in der großen Sternschichte der Milchstraße stehen sollte, und zwar wie wir oben vermuthet haben, nicht weit von der Stelle, wo eine Nebenschichte ausläuft; so wird uns das sehr natürlich Anleitung geben, die Ursache der vermuthlichen Bewegung des Sonnensystems zu errathen; denn die sehr glänzende Schlinge oder Knoten der Milchstraße, oder die Vereinigung der zwey Schichten um den Cepheus und die Cassiopeia, und um den Scorpion und Schützen herum, deutet einen Zusammenfluß von Sternen an, der offenbar wohl hinreichend ist, in irgend einem nicht sehr weit davon abstehenden Stern einen Zug gegen jenen Knoten hin zu verursachen: und der Umstand, daß der Nebenzweig der Milchstraße nicht viel kleiner ist, als ein Halbkreis, scheint anzuzeigen, daß eine solche Stellung unseres Sonnensystems in der großen ungetheilten Schichte die wahrscheinlichste sey.

Was in einem vorigen Aufsatze über die Bewegung des Sonnensystems gesagt worden*), scheint ebenmäßig diese Hypothese von dem Standort der Sonne zu unterstützen; denn die dort angegebene Spitze (*apex*) liegt beynahe in der Richtung einer Bewegung der Sonne nach dem Knoten der Schichte zu [6].

.

.

.

Bey meinen letzteren Beobachtungen über die Nebelflecken fand ich bald, daß ich sie gemeiniglich vielmehr in gewissen bestimmten als in andern Richtungen entdeckte; daß die vor ihnen hergehenden Räume gemeiniglich ganz ihrer Sterne beraubt waren, und oft mehrere Gesichtsfelder ohne einen einzigen Stern darbothen; daß die Nebelflecken gemeinhin einige Zeit nachher zwischen Sternen von einer gewissen beträchtlichen Größe, und nur selten zwischen sehr kleinen Sternen erschienen; daß wenn ich zu einem Nebelfleck kam, ich gemeiniglich noch etliche mehrere in der Nachbarschaft fand; daß nachher eine ziemliche Zeit verging, ehe ich auf eine andere Parthey kam; und da diese Ereignisse, oft in verschiedenen Höhen meines Instruments, und einige davon bey einem beträchtlichen Abstande von einander wiederkamen, so fiel mir ein, ob nicht die Mittelräume zwischen den Musterungen auch Nebelflecke enthalten möchten; und da ich fand, daß es mehr als einmahl eintraf, so rief ich auf gut Glück meinem Gehülfen bey der Uhr, „sich bereit zu halten, weil ich erwartete, in wenig Minuten auf eine Schichte von Nebelflecken zu kommen, indem ich mich bereits (wie ich damals figürlich sagte) auf neblichtem Grunde befände."

---

*) Philosoph. Transact. Vol. LXXIII for the year 1783. p. 273. *Ueber die eigene Bewegung der Sonne und des Sonnensystems.* Hr. *Herschel* nennt daselbst *apex* denjenigen Punkt, gegen den sich unser Sonnensystem hinzubewegen scheint. Er setzt ihn nahe dem Stern *λ*. (*Doppelmay. N.*) im Sternbilde des Herkules.

Hierin glückte es mir auch unverzüglich; so daß ich mir jetzt getraue, verschiedene nicht weit abstehende Stellen anzuweisen, wohin ich nächstens mein Teleskop hinrichten will, in der Erwartung, viele Nebelflecke daselbst anzutreffen.

.

.

.

Eine andere Schichte, die dem Sonnensystem vielleicht näher liegt, als irgend eine von den übrigen, und deren Lage gegen die große Sternschichte, in welcher die Sonne stehet, beynahe rechtwinkelig ist, ist die *Schichte des Haupthaares der Berenice*, wie ich sie nennen werde. Ich vermuthe das Haar selbst sey eines, von den in derselben befindlichen Sternhaufen, und nur der Nähe wegen erscheine es so zerstreut. Es hat selbiges manche Haupt-Nebelflecken sehr nahe um sich herum, und aller Wahrscheinlichkeit nach läuft diese Schichte eine beträchtliche Strecke fort. Sie mag vielleicht gar in einem Kreise um den ganzen Himmel herumgehen, obwohl vermuthlich nicht in einem der größten Kreise der Kugel: denn wofern sie nicht etwa die vorher erwähnte große Sternschichte der Milchstraße gerade an der Stelle durchschneidet, wo die Sonne stehet; so könnte eine solche Erscheinung wohl schwerlich Statt finden. Sollte indessen die Schichte des Haupthaares der Berenice sich so weit erstrecken, (wie ich es nach Maßgabe der vortreflichen Beobachtungen der Herren *Messier* und *Mechain* über die zerstreuten Nebelflecke sowohl, als auch früherer Beobachtungen, die ich selbst gemacht habe, vermuthe) so gehet wahrscheinlich die Richtung derselben nordwärts zu, mit einigen Wendungen durch den großen Bär nach der Cassiopeia hin; von da durch den Gürtel der Andromeda und den nordlichen Fisch, geht sie weiter fort gegen den Wallfisch zu; indeß sie sich südwärts hin durch die Jungfer, vermuthlich nach dem Schwanz der Wasserschlange und dem Kopfe des Centaurs zieht. Ungeachtet ich aber bereits das Daseyn und die Richtung dieser Schichte auf mehr als 30 Grade eines großen Kreises völlig ausgemacht, und sie fast allenthalben reich an herrlichen Nebelflecken gefunden habe, möchte es gleichwohl noch mißlich seyn, weitern Muthmaßungen nachzugehen, die vorjetzt alle nur einen schwankenden Grund haben.[8])

.

.

.

II.
Ueber den Bau des Himmels

Zuerst aber sey es mir erlaubt zu erinnern, daß, wenn wir irgend einigen Fortschritt in einer Nachforschung von dieser so delicaten Art zu machen hoffen wollen, wir zwey entgegengesetzte Abwege zu vermeiden haben, von denen sich kaum sagen läßt, welcher der gefährlichste sey. Hängen wir unserer phantastischen Einbildungskraft nach, und bauen Welten nach Belieben; so ist es kein Wunder, wenn wir vom Pfade der Wahrheit und der Natur weit abkommen; doch diese werden verschwinden, gleich den Cartesianischen Wirbeln, die bald besseren Theorien Platz machten.[9]) Auf der andern Seite, wenn wir Beobachtung häufen, ohne allen Versuch, aus denselben nicht bloß gewisse Schlüsse, sondern auch muthmaßliche Vorstellungsarten zu ziehen; so verstoßen wir gegen den eigentlichen Endzweck, um dessentwillen allein Beobachtungen angestellt werden sollten. Ich will mich bemühen, eine gehörige Mittelstraße zu halten; sollte ich aber von derselben abkommen; so wünschte ich wohl nicht in den letzten Fehler zu fallen.

Daß die Milchstraße eine sehr ausgedehnte Schichte von Sternen verschiedener Größe sey, läßt nicht länger den geringsten Zweifel übrig; und daß unsere Sonne wirklich einer von den Himmelskörpern sey, die zu derselben gehören, ist eben so augenscheinlich. Nun habe ich diese schimmernde Zone nach fast allen Richtungen besichtigt und *geaicht*, und finde sie aus Sternen zusammengesetzt, deren Anzahl, nach Maßgabe dieser Aichungen, beständig ab- oder zunimmt, im Verhältniß wie sie dem bloßen Auge mehr oder minder glänzend erscheint. Um aber die Gedanken über das Weltall, die mir bey meinen neuerlichen Beobachtungen eingefallen sind, zu entwickeln; wird es am besten seyn, den Gesichtspunct zur Betrachtung dieser Sache, in einem beträchtlichen Abstande in Absicht auf Raum so wohl als Zeit, zu nehmen.

Theoretische Vorstellung

Lassen Sie uns also annehmen, unzählbare Sterne von mannigfaltigen Größen seyn über einen unbestimmten Theil des Raums zerstreut, dergestalt, daß sie durchgängig beynahe gleichmäßig vertheilt seyn. Die Gesetze der Anziehung, die ohne Zweifel zu den entferntesten Regionen der Fixsterne sich erstrecken, werden auf solche Weise wirken, daß allem Vermuthen nach folgende merkwürdige Wirkungen entstehen werden.[10])

Bildung der Nebelflecken

Iste Form.

Fürs erste, da wir angenommen haben die Sterne seyn von mancherley Größe; so wird es sich häufig ereignen, daß ein Stern, wenn er beträchtlich größer, als seine benachbarten ist, selbige stärker anziehen wird, als sie ihrerseits von andern, die unmittelbar um sie herum stehen, werden angezogen werden; hiedurch werden sie mit der Zeit sich gleichsam um einen Mittelpunkt zusammendrängen, oder mit andern Worten, sich zu einem Sternhaufen bilden, dessen Gestalt, nach Verschiedenheit der Größe und des ursprünglichen Abstandes der ringsumher befindlichen Sterne, mehr oder minder, vollkommen Kugelförmig seyn wird. Die Perturbationen dieser wechselseitigen Anziehungen müssen ohne Zweifel sehr verwickelt ausfallen, wie man leicht begreifen wird, wenn man dasjenige erwägt, was Herr *Isaac Newton* im ersten Buch seiner Prinzipien, in der 38ten und den folgenden Aufgaben sagt; um aber das Räsonnement dieses großen Schriftstellers von Körpern, die sich in Ellipsen bewegen, auf solche anzuwenden, dergleichen, wie wir hier vor der Hand annehmen, keine andere Bewegung haben, außer derjenigen, welche ihre wechselseitige Schwere ihnen mitgetheilt hat; so müssen wir die conjugirten Axen dieser Ellipsen uns unendlich verkleinert denken, wodurch die Ellipsen zu geraden Linien werden würden.

IIte Form.

Der nächste Fall, der eben so oft als der vorige sich ereignen kann, ist, wenn es sich trift, daß einige wenige Sterne, obgleich an Größe den übrigen nicht überlegen, einander etwa näher stehen, als die rundumher befindlichen; denn hier wird ebenfals eine überwiegende Anziehung in ihrer aller gemeinschaftlichem Schwerpunkte entstehen, welche verursachen wird daß die benachbarten Sterne sich zusammenziehen; freylich nicht so, daß sie eine regelmäßige oder kugelförmige Gestalt annehmen, aber doch auf eine solche Art, daß sie gegen den gemeinschaftlichen Schwerpunkt des gesammten unregelmäßigen Sternhaufens sich verdichten. Und diese Bildung verstattet die äußerste Mannigfaltigkeit von Gestalten, nach Maßgabe der Zahl und Stellung derjenigen Sterne, welche den ersten Anlaß zur Verdichtung der übrigen gaben.

IIIte Form.

Aus der Zusammensetzung und wiederholten Verbindung der vorigen Formen läßt sich eine dritte herleiten, wenn einige große Sterne oder verbundene kleine, in lang gestreckten, regelmäßigen oder gekrümmten Reihen, Haken oder Zweigen stehen; denn diese werden ebenfals die rund umherbefindlichen anziehen; wodurch Figuren von verdichteten Sternen entstehen werden, ähnlich den ersteren, die zu diesen Verdichtungen Anlaß gaben.

IVte Form.

Wir können auf gleiche Weise noch ausgebreitetere Verbindungen annehmen; wenn zu ebenderselben Zeit, da sich ein Sternhaufen in einem Theil des Raumes bildet, ein anderer in einem ganz verschiedenen, aber vielleicht nicht weit abstehenden Revier sich sammelt; wodurch eine wechselseitige Annäherung gegen ihren gemeinschaftlichen Schwerpunkt verursacht werden kann.

Vte Form.

Fürs letzte, wird es eine natürliche Folge von den ersteren Fällen seyn, daß große Höhlungen oder Lücken, durch das Zurücktreten der Sterne gegen die mancherley Mittelpunkte ihrer Anziehungen, entstehen werden; so daß hier offenbar im Ganzen ein weites Feld für die himmlischen Körper ist, durch die wechselseitigen und verbundenen Anziehungen die größte Mannigfaltigkeit hervorzubringen. Ich will daher, ohne mich über diese Materie weiter auszubreiten, zu einigen wenigen Bemerkungen fortgehen, die von selbst einem jeden aufstoßen müssen, der diese Sache in dem Lichte ansieht, worin ich sie hier angesehen habe.

Einwendungen erwogen

Beym ersten Anblick wird es scheinen, als ob ein System, so wie es in den vorhergehenden Paragraphen entwickelt worden ist, augenscheinlich auf eine allgemeine Zerstöhrung durch den Stoß eines über einen andern fallenden Sterns, hinauslaufen werde. Es würde eine hinreichende Antwort seyn, wenn man sagte: daß, wofern eine Beobachtung nur bewiese, dies sey wirklich das System des Weltalls, es nicht zu zweifeln sey, der große Urheber desselben werde reichlich für die Erhaltung des Ganzen gesorgt haben; ob es gleich uns nicht einleuchtet, auf was für Art dieses bewirket werde. Allein ich will überdies noch verschiedene Umstände anzeigen, die offenbar auf eine allgemeine Erhaltung abzwecken; als, fürs erste, den unermeßlichen Umfang des Sternhimmels, der ein Gegengewicht hervorbringen muß, welches alle großen Theile des Ganzen, auf eine wirksame Weise vor der wechselseitigen Annäherung zueinander bewahren wird. Es bleibt demnach nur noch übrig zu sehen, wie die einzelnen Sterne, die zu abgetrennten Sternhaufen gehören, vor das Hinstürzen nach dem Mittelpunkt der Anziehung, werden bewahret werden. Und hier muß ich bemerken, daß, ob wohl ich vorher, um den Fall einfacher zu machen, die Sterne als ursprünglich in Ruhe betrachtet habe, ich darum gleichwohl die Wurfskräfte nicht auszuschliessen

Willens war: und nimmt man diese an, so werden sie sich als eine solche Schutzwehr wider die anscheinende Zerstöhrungskraft der Anziehung beweisen, daß sie alle zu einem Sternhaufen gehörigen Sterne, wenn nicht auf immer, wenigstens für Millionen von Menschenaltern sichern werden. Ueberdem haben wir vielleicht dergleichen Sternhaufen, und die dann und wann eintretende Zerstörung eines Sterns in etlichen Tausenden von Zeitaltern, als die eigentlichen Mittel anzusehen, durch welche das Ganze erhalten und erneuert wird. Diese Sternhaufen mögen, wenn ich mich so ausdrucken darf, die *Laboratorien* des Weltalls sey, worin die kräftigsten Gegenmittel wider den Verfall des Ganzen bereitet werden.[11])

Optische Erscheinungen

Von dieser theoretischen Vorstellung des Himmels, die, wie wir bereits bemerkt haben, aus einem nicht minder der Zeit als dem Raum nach entfernten Gesichtspunkt gefaßt ist, wollen wir jetzt auf unsern eigenen abgelegenen Standpunkt zurücktreten in einen von den Planeten, die einen Stern in seiner größten Verbindung mit zahllosen andern, begleiten; und um auszuforschen, wie die Erscheinungen für diese zusammengezogene Stellung beschaffen seyn werden, wollen wir mit dem unbewafneten Auge anfangen. Die Sterne der ersten Größe, die, aller Wahrscheinlichkeit nach, die nächsten sind, werden uns eine Staffel für unsere Stufenleiter darbieten; indem wir also zum Beyspiel mit der Entfernung des Sirius oder Arctur's*), als einer Einheit, ausgehen, wollen wir vorjetzt annehmen, daß die von der zweyten Größe einen doppelten, und die von der dritten einen dreyfachen Abstand haben u.s.w. Es ist nicht nöthig pünktlich auszumachen, was für eine Stärke von Licht,

*) Der nächste Fixstern ist, wie Hr. Herschel in seinem Aufsatz über die Parallaxe der Fixsterne selber schreibt, nicht weniger als 40000 Durchmesser der ganzen jährlichen Erdbahn von uns entfernt[12]): und dies ist die Einheit, mit welcher er unser Sternensystem ausmißt, und es wenigstens 800 dergleichen Sternweiten lang findet!

und was für eine Größe eines Sterns ihn berechtige, für einen von solcher verhältnißmäßigen Entfernung geschätzt zu werden, da die gemeine ungefähre Schätzung eben so gut unserer gegenwärtigen Absicht ein Gnüge thun wird; nimmt man es also für ausgemacht an, daß ein Stern von der siebenten Größe ungefähr siebenmahl so weit, als einer von der ersten Größe ist; so folgt, daß ein Beobachter, der in einem kugelförmigen Sternhaufen, und zwar nicht weit vom Mittelpunkt eingeschlossen ist, niemahls im Stande seyn wird, mit dem nackten Auge das Ende desselben abzusehen[13]); denn da er, den obigen Schätzungen gemäß, seinen Blick nur ungefähr 7mahl die Syrius-Weite genommen, ausdehnen kann; so ist nicht zu erwarten, daß seine Augen die Ränder eines Sternhaufens erreichen sollten, welches vielleicht nicht weniger als 50 Sterne in der Tiefe nach allen Seiten rings um sich hat. Das gesammte Universum sonach, wird in einen Satz von Sternbildern, reichlich mit zerstreuten Sternen aller Größen geschmückt sich für ihn zusammen thun. Oder sollte der vereinigte Glanz eines benachbarten Sternhaufens, in einer besonders klaren Nacht, sein Gesicht erreichen; so würde dasselbe die Gestalt einer kleinen matten, weißlichen, nebligen Wolke annehmen, die sich ohne die größte Anstrengung nicht wahrnehmen ließe. Um andere Standpunkte zu übergehen, so lasse man ihn in eine sehr weit ausgedehnte Schichte, oder in einen astigen Sternhaufen von Millionen Sternen hingestellt seyn, dergleichen zu der *dritten* Form der in einen vorigen Paragraph betrachteten Nebelflecken gehören würde. Hier wird ebenfals der Himmel reich bestreut mit funkelnden Sternbildern, aber zugleich wird auch eine lichte Zone oder Milchstraße um die ganze Sphäre des Himmels wahrgenommen werden, als eine Wirkung von dem vereinigten Lichte jener Sterne, welche zu klein, das ist, entfernt sind um gesehen zu werden. Das Gesicht unseres Beobachters wird so begrenzt seyn, daß es ihm vorkommen wird, als befasse diese einzelne Sammlung von Sternen, wovon er selbst nicht den tausendsten Theil gewahr wird, alles was der gesammte Himmel in sich hat. Verstatten wir ihm nun den Gebrauch eines gemeinen Fernrohrs, so fängt er an zu muthmaßen, daß die ganze Milchweiße des hellen Streifs, der die hohle Kugel umringt, wohl von Sternen herrühren möge.

Er bemerkt einige Sternhaufen in mancherley Gegenden des Himmels, und findet, daß es auch dort eine Art von Nebelflecken giebt; sein Blick ist jedoch noch nicht so erweitert, um das Ende der Schichte abzusehen, in welcher er eine solche Stellung hat, daß es ihm vorkommt, als gehörten diese Zonen zu demjenigen System, welches, wie ihm deucht, alle und jede himmlischen Gegenstände in sich faßt. Nun verstärkt er seine Sehkraft, und indem er sich einer genauen Beobachtung befleißiget, findet er, daß die Milchstraße in der That nichts anders, als eine Sammlung von sehr kleinen Sternen sey. Er wird gewahr daß jene Gegenstände, welche Nebelflecken hießen, augenscheinlich nichts anders als Sternhaufen sind. Er sieht ihre Anzahl immer mehr und mehr anwachsen, und wenn er einen Nebelfleck in Sterne auflöset; so entdeckt er zehn neue, die er nicht auflösen kann.[14]) Dann bildet er sich den Begriff von einer unermeßlichen Fixsternenschichte, von Sternhaufen und von Nebelflecken; bis im Fortgange solcher anziehenden Beobachtungen, er nun inne wird, daß alle diese Erscheinungen, ganz natürlich aus dieser beschränkten Lage, in welcher wir uns gestellt befinden, entstehen müssen. *Beschränkt* kann sie mit Recht genannt werden, obgleich auf keinen geringern Raum, als denjenigen, der ihm vorher die ganze Region der Fixsterne zu seyn schien, welcher aber nunmehr die Gestalt eines Krummen in Zweige getheilten Nebelflecks angenommen hat; eines Nebelflecks, der freylich nicht einer der kleinsten, aber vielleicht auch bey weiten nicht der beträchtlichste von jenen unzählbaren Sternhaufen ist, die zum Gebäude des Himmels gehören.

.

.

.

Um dies deutlicher zu machen, müssen wir zu dem unbewafneten Auge zurückkehren, welches nach unserer obigen Schätzung, nur die Sterne der siebenten Größe, bis zum deutlichen Unterscheiden, sehen kann; aber nichts desto weniger ist es sehr einleuchtend, daß der vereinigte Glanz von Millionen Sternen, desgleichen, meiner Voraussetzung nach, der Nebelfleck in der Andromeda ist, unser Gesicht unter der Gestalt eines kleinen schwachen Nebels erreichen wird; weil der Nebelfleck, von welchem ich jetzt spreche, an einem klaren Abende gar leicht zu sehen ist. Auf gleiche Weise hat mein gegenwärtiges Teleskop erwiesener Maßen nicht nur einen Visionsradius, der die Sterne in 497 mahliger Siriusweite (und vermuthlich noch viel weiter) bis zum deutlichen Unterscheiden erreicht, sondern auch eine Kraft, den vereinigten Glanz der angehäuften Sterne, welche einen milchichten Nebel bilden, in einem weit über die vorigen Grenzen hinausgehenden Abstande zu zeigen; so daß aus diesen Betrachtungen wiederum höchst wahrscheinlich erhellet, daß mein gegenwärtiges Teleskop, da es keinen solchen Nebel in der Milchstraße zeigt, bereits über den Umfang derselben hinausgehe; und um so vielmehr würde folglich ein Instrument, desgleichen ich vorher erwehnet habe, allen Zweifel in dieser Sache haben, indem es sowohl die Sterne in dem Fortgange der Schichte zeigen, als auch einen sehr starken milchichten Nebel hinter denselben, der sich mit dem dunkeln Grunde des Himmels nun nicht mehr verwechseln ließe, darstellen würde.

Diesen Schlüssen, welche auf der festen Grundlage einer Reihe von Beobachtungen beruhen, können wir noch folgende aus der Analogie hergenommene Betrachtungen beyfügen. Unter der großen Anzahl von Nebelflecken, die ich bereits gesehen habe, und die sich auf mehr als 900 belaufen, giebt es viele, die aller Wahrscheinlichkeit nach, eben so weit ausgebreitet sind, als derjenige ist, welchen wir bewohnen; und doch sind sie alle einer von dem andern durch sehr beträchtliche Zwischenräume abgesondert. Einige giebt es freylich, die zweyfach und dreyfach zu seyn schienen; und ob es gleich von den mehresten derselben gelten mag, daß sie in einem sehr großen Abstande von einander sind, so geben wir doch zu, daß manche solche Verbindungen Statt haben mögen; auch wollen wir das gar nicht in Abrede seyn. Aber dann machen diese zusammengesetzten oder doppelten Nebelflecke, welche zur dritten und vierten Form gehören, doch immer ein abgetrenntes Gelenk in der großen Kette aus. Auch läßt es sich wohl vermuthen, daß innerhalb der großen Zwischenräume der Nebelflecke es noch manche weit auseinander gestreute einsame Sterne geben mag, welche, da sie eine solche Stellung hatten, daß sie, als verschiedene Haufen sich bildeten, beynahe gleichmäßig von denselben angezogen wurden, sich zu keinem derselben gesellet haben. Und ob wir gleich diese Sterne ihres ungeheuren Abstandes wegen, nicht erwarten können zu sehen; so können wir gleichwohl vermuthen, daß ihre Anzahl, in Vergleichung mit jenen, die sich bereits in Systeme zusammen gezogen haben, nicht sehr beträchtlich seyn kann[15]); . . .

.

.

.

Eine Section unserer Sternschichte

Nehmen wir aus dieser Tafel[16]) die Visionsradiusse, welche den Aichungen entsprechen, und legen Linien die denselben proportional sind, um einen Punkt herum, gemäß den ihnen zugehörigen geraden Aufsteigungen und Polardistanzen; so können wir ein Solidum machen mittelst der Enden dieser Linien, die uns so viele Punkte in der Oberfläche desselben geben werden: jedoch vorjetzt will ich mich nur mit einem Schnitt desselben begnügen. Ich habe einen solchen genommen, welcher durch die Pole unseres Milchstraßen-Systems gehet, und rechtwincklicht auf der Verbindungslinie der beyden Zweige, welche ich die Länge unseres Systems genannt habe. Der Nahme der Pole schien mir nicht unschicklich auf jene Punkte angewandt, welche 90° von einem Kreise abstehen, der längst der Milchstraße fortgehet; und der Nordpol liegt, der Annahme nach, in 186° gerade Aufst. 58° Polardistanz[17]). Der Schnitt, welcher in der vierten Figur der 3ten Tafel vorgestellet wird, macht einen Winkel von 35 Graden mit unserem Aequator und schneidet ihn im $124^1/_2$ und $304^1/_2$ Grad. Eine Himmelskugel, die 55° nördlicher Breite gestellt ist, und σ des Wallfisches nahe dem Meridian hat, wird durch den Horizont die Ebene dieses Schnitts bezeichnen, und die Aichungen, welche zu diesem Abriß gebraucht worden, sind jene, die ich in der ersten Tabelle mit Sternchen bezeichnet habe. Wenn die denselben entsprechende Visionsradiusse aus der zweyten Tabelle genommen werden; so müssen sie auf der Ebene des Horizonts von der ihnen zugehörigen Breite entworfen werden; und dieses kann zur gegen-

wärtigen Absicht genau genug durch einen Globus geschehen, der nach der obigen Anweisung gestellet ist; da aber Aichungen, die genau die Ebene des Schnitts träfen, öfters fehleten; so habe ich, von manchen in einem kleinen Abstande über und unter derselben Gebrauch gemacht, um mehrere bezeichnende Punkte zu bekommen; und in der Figur sind die Sterne am Rande, die ich größer als die übrigen gezeichnet habe, diejenigen, auf welche die Aichungen zutreffen. Die Zwischenplätze sind mit kleinern Sternen angefüllt, die zwischen den geaichten, in geraden Linien hingestellt worden. Die bezeichnenden Punkte, obgleich ziemlich zahlreich, sind nicht so dicht wie wir wohl wünschen möchten; es ist indessen zu hoffen, daß künftig einmahl dieser Theil der Astronomie mehr werde bearbeitet werden, so daß wir Aichungen zum wenigsten für jeden Viertelgrad des Himmels bekommen werden, und zwar solche, die oft und in den günstigsten Umständen wiederhohlet worden. Sollte aber dieses wirklich der Fall seyn, so kann die Abzeichnung noch einmahl mit aller der Genauigkeit gemacht werden, die durch lange Erfahrung sich wird anbringen lassen; denn da dieser Gegenstand ganz neu ist[18]), so sehe ich das hier vorgetragene zum Theil nur als eine Probe an, den Geist der Methode ins Licht zu setzen. Aus dieser Figur, der es, wie ich hoffe, nicht sehr an Genauigkeit fehlen wird, können wir sehen, daß unser Nebelfleck, wie wir vorher bemerkt haben, einer von der dritten Form, das heißt; *eine sehr ausgebreitete zusammengesetzte Aufhäufung von vielen Millionen Sternen* ist: welche höchst wahrscheinlich ihren Ursprung vielen beträchtlich großen sowohl, als ziemlich dicht gestreuten kleinen Sternen zu verdanken hat, die die übrigen zusammengezogen haben mögen. Damit man nun irgend eine Idee von der wundersamen Ausbreitung dieses Systems sich machen könne; muß ich bemerken, daß dieser Schnitt desselben nach einer Scale gezeichnet ist, wo der Abstand des Sirius nicht mehr als der 80ste Theil eines Zolles ausmacht*);
so daß wahrscheinlich alle die Sterne, welche wir in den heitersten

*) Die vierte Figur der dritten Tafel ist der Figur im Original genau ähnlich gemacht, in dem Verhältniß von 10:8. Ihre größte Länge im Original ist 10 Zoll 2 Linien rheinl.

Nächten mit dem unbewafneten Auge zu unterscheiden im Stande sind, in eine rings um den (Figur 4) bey der Mitte gezeichneten großen Sternen, der unsern Standpunkt in der Nebula darstellt, mit einem noch nicht einen halb Viertheil Zoll langen Halbmesser beschriebene Kugel zusammengefaßt werden kann.

Abb. 7.
W. HERSCHELS Schnitt der Milchstraße auf Fig. 4

Ursprung der Nebelschichten

Wenn es möglich wäre, die Theile eines ohne Grenzen ausgebreiteten Ganzen zu unterscheiden; so könnte man sagen, daß der Nebelfleck, den wir bewohnen, einer von denen sey, welcher weniger Merkmahle eines hohen Alterthums, als die übrigen, an sich hat. Diesen Gedanken vielleicht deutlicher zu machen, müssen wir uns erinnern, daß die Verdichtung von Sternhaufen einer allmähligen Annäherung, zugeschrieben worden ist; und wer nur bedenkt, wie viele Zeitalter vergehen mußten, ehe einige von den Sternhaufen, die sich in dem Verzeichniß, das ich von selbigen zu verfertigen Willens bin, befinden werden, so sehr verdichten konnten, als wir sie jetzt finden, der wird sich nicht wundern, wenn ich ein gewisses Aussehen von Jugend und Stärke manchen regelmäßig geordneten Regionen unserer Sternschichte zuschreibe. Es giebt überdem einige Stellen in derselben, wo man den größten Grund zu glauben hat, daß die Sterne, wenn man nach dem Anschein urtheilen sollte, eben jetzt im Begriff sind, sich gegen mancherley Neben-Mittelpuncte (*secondary centers*) hinzuziehen, und mit der Zeit in verschiedene Haufen sich absondern und viele Unterabtheilungen veranlassen werden. Daraus läßt sich vermuthen, daß, wenn eine Nebelschichte hauptsächlich aus Nebelflecken von der ersten und zweyten Form bestehet, dieselbe ihren Ursprung wahrscheinlich dem Verfall, wenn ichs so nennen mag, eines großen zusammengesetzten Nebelflecks von der dritten Form zu verdanken habe; imgleichen, daß die nach langer Zeit darin vorgegangenen Unterabtheilungen, verursacht haben, daß alle aus ihr entsprungenen kleinen Nebelflecke, in einer gewissen Ordnung so liegen, je nach dem sie sich von der Hauptschichte abgesondert haben. Auf gleiche Weise ist es leicht möglich, daß, nach unzählichen Zeitaltern, unser System sich so zertheilen kann, daß daraus eine Schichte von zwey oder drey hundert Nebelflecken entstehe[19]); denn es würde nicht schwer seyn, so manche Stellen in der Schichte zu bezeichnen, wo die Sterne anfangen sich in Haufen zu sammeln*). Diese Art, die gegenwärtige Materie anzusehen, verbreitet ein großes Licht über die Erscheinung jener merkwürdigen Sammlung von vielen hundert Nebelflecken, die in der vorhin so genannten Nebelschichte des Haupthaars, der Berenice zu sehen sind[20]). Die gedehnte und astige Figur unseres Nebelflecks zeigt genugsam an, daß für die von einem breiten aufgelöseten vormaligen großen Nebelfleck abgesonderte kleine Nebelflecke noch Raum da ist, um uns näher an den Seiten als an andern Stellen kommen zu können. Ja vielleicht mag daselbst ursprünglich eine andere sehr breite auslaufende Schichte gewesen seyn, welche mit der Zeit durch die Verdichtung der Sterne abgesondert worden ist; und dies kann die Ursache davon seyn, daß unser Sternensystem gerade an eben derselben Stelle einen so geringen Ueberrest von Breite hat. Denn die Nebelflecke der Schichte des Haupthaares sind am glänzendsten und dichtesten gerade gegenüber unserer Lage, oder in dem Pole unseres Sternen-Systems. So-

*) Hr. Michell hat auch die Sterne als in Gruppen versammelt betrachtet (Philosoph. Transact. B. C. VII. Seite 249); welche Idee mit der Unterabtheilung, die ich hier angezeigt habe, übereinkommt. Er gründet einen vortreflichen Beweis davon auf die Berechnung der Wahrscheinlichkeiten, und führt die Plejaden, die Krippe im Krebs, den Nebelfleck (oder das Sternhäuflein) im Gefäß vom Schwerdt des Perseus, als Beispiel an.

bald mir dieser Gedanke einfiel, macht ich auch einen Versuch an dem entgegengesetzten Pol, wo ich denn auch gleichfalls eine große Anzahl von Nebelflecken, obwohl unter einer mehr zerstreuten Gestalt, antraf[21]).

.

.

.

Nun wechselt aber in einigen von den gedehnten Nebelflecken das Licht so, daß es von dem in Sterne auflösbaren sich nach und nach in das milchartige verliert, welches mir anzuzeigen scheint, daß das milchartige Licht der Nebelflecke von ihrem viel größeren Abstande herrühret. Ein Nebelfleck also, dessen Licht vollkommen milchicht ist, kann wohl nicht geringer als in 6 oder 8000 Siriusweiten angenommen werden[22]): und obgleich die hier angegebenen Zahlen als nur nach einem sehr beyläufigen Ueberschlage gelten können; so muß gleichwohl ein ausgedehnter Nebelfleck, der in einer schrägen Lage gegen uns steht, wodurch er vielleicht um $^1/_2$, $^2/_3$, $^3/_4$, seiner Länge verkürzt wird, und der dennoch einen Grad oder mehr im Durchmesser hat, nicht anders als erstaunend groß seyn und unsere Milchstraße an Größe weit übertreffen.

.

.

.

III.

Einige Bemerkungen über den Bau des Himmels

Da wir also ausgemacht haben, daß die Sternhaufen von der *ersten* Form und die runden Nebelflecke von kugelförmiger Figur sind, so glaube ich auch sicher zu dem Schluß berechtiget zu seyn, daß sie diese Figur durch die Wirkung der Centralkräfte erhalten haben. Um die Stärke dieses Schlusses zu zeigen, kann die Figur der Erde uns zum Beyspiel dienen; deren Rundung, kleine Abweichungen, wovon die Ursachen bekannt genug sind, bey Seite gesetzt, ein Phänomen ist, welches allgemein zugestandener Maaßen eine Centripetalkraft entscheidend darthut.

.

.

.

In einem Fall von solcher Wichtigkeit wird man mir erlauben, ein wenig ausführlicher zu seyn, und noch eine Zugabe von Beweisgründen aus dem innern Bauwerk sphärischer Sternhaufen und Nebelflecke beyzufügen. Wenn wir finden, daß es nicht nur eine allgemeine Form giebt, welche, wie bewiesen worden, eine hinreichende Anzeige von einer Centripetalkraft ist, was sollen wir sagen, wenn die angehäufte Verdichtung, die allenthalben einer Richtung nach einem Mittelpunkt folgt, so gar dem Auge selbst sichtbar ist? Wären wir nicht bereits mit der Attraction bekannt, so würde diese stuffenweise Verdichtung, durch die merkwürdige Stellung der nach einem Mittelpunkt hinstrebenden Sterne, eine Centralkraft an die Hand geben. Dieser sichtbaren Anhäufung zu Folge, sie mag nun von der Attraction allein herrühren, oder andere Kräfte mögen noch in der Bildung mitgeholfen haben, sollten wir kein Bedenken tragen, den Effect solchen Kräften, die *Centralkräfte* sind, zuzuschreiben; da keine Phänomene in diesem besonderen Stück entscheidender sind, als jene, von welchen ich jetzt handele.

Ich sehe völlig voraus die Folgerungen, die ich mir dadurch zuziehen werde, indem ich eben anderer Kräfte erwähnte, die zur Bildung der Sternhaufen etwas beytragen möchten. Ein bloßer Wink von dieser Art, wird man denken, sollte nicht ohne hinreichenden Grund gegeben werden; es mag aber vorjetzt genug seyn, zu bemerken, daß meine Beweisgründe durch meine Ausdrücke nichts leiden können: es mag seyn, daß ich Recht habe, wenn ich mich in der vielfachen Zahl des Ausdrucks — *Centralkräfte* bediene, oder wenn ich nur sagen sollte — die bekannte *Centralkraft der Schwere* — so werden meine Schlüsse doch gleich stark seyn. Ich will gleichwohl das noch hinzusetzen, daß die Idee, als könnten wohl noch andere Centralkräfte in dem Bau des Himmels wirksam seyn, mir nicht erst seit gestern beygefallen. Schon seit langer Zeit habe ich eine gewiße Theorie von mannigfaltigen Centralkräften der Attractionen und Repulsionen bey mir gehegt[23]); sogar habe ich eine Ausführung derselben, in den Jahren 1780 und 1781, der damahls zu *Bath* bestehenden Philosophischen Gesellschaft, in verschiedenen mathematischen Aufsätzen über diese Sache, eingereicht. Ich will indessen eine Erörterung dieser Theorie bey Seite setzen, welche nicht nur die vorgesetzten Grenzen dieses Aufsatzes überschreiten würde, sondern auch überdem für das, was gegenwärtig noch hinzuzusetzen übrig bleibt, gar nicht nöthig ist, und daher ein andermahl gegeben werden kann, wenn ich mich ausführlicher über die Materie von dem innern Bau des Sternenhimmels auslassen kann.

Um also auf den Fall zurückzukommen, der unmittelbar zu unserer gegenwärtigen Betrachtung gehört, wird es hinreichend seyn, reichlich bewiesen zu haben, daß die Bildung der runden Sternhaufen und Nebelflecke entweder den Centralkräften, oder zum wenigsten einer solchen Kraft, die nach einem Mittelpunkt hinzieht, zuzuschreiben sey.

Nun will ich das Gewicht meines Beweises noch erweitern, indem ich alle Sternhaufen oder Nebelflecke die eine stuffenweise Verdichtung oder eine zunehmende Helligkeit gegen ein Centrum oder einen gewissen Punkt zeigen, zusammennehme; die äußere Gestalt solcher Sternhaufen oder Nebelflecke mag rund, oder gedehnt, oder von irgend einer gegebenen Form seyn. Was in Rücksicht auf die Theorie der Wahrscheinlichkeit gesagt worden, das wird sich natürlicher Weise auf jeden Sternhaufen, und ganz besonders auf die gedehnten und irregulär gestalteten, ihrer größeren Massen (*size*) wegen, anwenden lassen: diese sind es eben, unter denen wir die größesten Versammlungen von Sternen und der ausgebreiteten Nebel finden; und daher nehmen die Unwahrscheinlichkeiten, daß solche Versammlungen ohne irgend eine besondere Kraft, die sie aneinander gezogen, sich ereignet haben, außerordentlich mit der Zahl der Sterne zu, die zusammengebracht sind. Wenn aber die stuffenweise Anhäufung entweder der Sterne oder der zunehmenden Helligkeit, als eine Richtung nach dem Sitz der Kraft vorher schon ist zugegeben worden, so wird dieselbe Wirkung uns auch auf dieselbe Ursache in den Fällen, die wir jetzt betrachtet haben, hinweisen. Außerdem kommen einige Nebenumstände in dem Aussehen der gedehnten Sternhaufen und Nebelflecke hinzu, durch welche die Idee von einer in dem hellesten Theil sitzenden Kraft sehr begünstigt wird. Obgleich ihre Form nicht kugeligt ist, so läßt sich doch deutlich ein Streben zur Kugelförmigkeit daran erkennen, daß die Dimensionen, je näher wir der lichtesten Stelle kommen, gleichsam aufschwellen, und dadurch ein Strömen und Fluthen von Sternen nach dem Mittelpunkt hin, andeuten. Und — wenn es mir erlaubt ist, mich allegorisch auszudrücken — es hat das Aussehen, als ob die nach dem Sitz der Kraft so sich hindrängenden Sterne, durch den Haufen derer, die sich bereits versammelt, zurückgedrängt werden, und während dessen, daß einige von ihnen so glücklich sind, ihre Vorgänger aus ihren Plätzen seitwärts wegzudrängen, andere von ihnen gezwungen werden, mit Lagen zur Seite vorlieb zu nehmen, indeß sie sämmtlich auf gleiche Weise nach einem Platz ringen, um das Gedränge am Centro aufzuschwellen und eine Kugelgestalt zu bilden.

Weil denn nun beynahe alle Nebelflecke und Sternhaufen, die ich gesehen habe, und deren Anzahl nicht geringer als drey und zwanzig hundert ist, in der Mitte mehr verdichtet und heller sind; und weil von jeder Form wie es nun ebenmäßig einleuchtend ist, die Central-Verdichtung oder Helligkeit das Resultat der Centralkräfte seyn muß, so können wir die Behauptung wagen, daß diese Theorie nicht länger eine ungegründete Hypothese ist, sondern auf unumstößlichen Gründen fest stehe.

Wir wollen nun von dieser wichtigen Betrachtung der bauenden Ursache, die auf diese Art Sternensysteme bilden kann, versuchen, eine Anwendung zu machen. Vielleicht, wenn wir die sehr weitläuftige und mannigfaltige Sammlung der Sternhaufen und Nebelflecke, die meine Verzeichnisse liefern, vor uns nehmen, können wir dem Fortgange ihrer Operation in den großen Laboratorien des Weltalls nachspüren.

Hätten diese Sternhaufen und Nebelflecke alle einerley Gestalt und dieselbe stuffenweise Verdichtung, so würden wir nur geringe Fortschritte in dieser Untersuchung machen; da wir aber eine so große Mannigfaltigkeit in ihrem Aussehen finden, so werden wir weit eher in eine Verlegenheit gerathen, wie wir solche mannigfaltige Phänomene erklären sollen, als daß es uns an Materialien zur Uebung im Nachforschen mangeln könnte.

Einige von diesen runden Sternhaufen bestehen aus Sternen von einer gewissen Größe und einem gegebenen Grade der Zusammendrängung, indem der ganze Sternhaufen selbst einen Raum von vielleicht 10 Minuten einnimmt; andere scheinen aus Sternen zu bestehen, die viel kleiner und weit mehr zusammengedrängt sind, da zu gleicher Zeit der Haufen selbst einen viel kleineren Winkel, etwa wie von 5 Minuten, im Auge macht. Diese Abnahme in der scheinbaren Größe und Drängung der Sterne sowohl, als die Abnahme des Durchmessers des Sternhaufens auf 4, 3, 2 Minuten, läßt sich ganz füglich den verschiedenen Abständen dieser Sternhaufen von der Stelle, wo wir sie betrachten, zuschreiben; denn in allen diesen Fällen können wir zugeben, daß eine allgemeine Gleichheit der Größe (*size*) und der Zusammendrängung der Sterne, die sie ausmachen, Statt finde. Auch ist es höchst wahrscheinlich, daß eine Fortsetzung von solchen abnehmenden Größen und zunehmenden Verdichtungen, ganz gut das Aussehen der runden leicht auflösbaren Nebelflecken erklären wird, als von welchen es beynahe ausgemacht ist, daß sie Sternhaufen sind. Und kein Astronom kann Anstand nehmen, weiter zu gehen, und seine Muthmaßungen durch unmerkliche Schritte auf andere Nebelflecke auszudehnen, welche noch dieselben Merkmahle bewahren, bloß mit den einzigen Abwechselungen des schwindenden Glanzes und der Einkriechung der Größe.

Andere Sternhaufen giebt es, die so beschaffen sind, daß wenn man sie mit manchen von den vorigen vergleichet, sie Sterne von einer gleichen Größe zu enthalten scheinen, mitlerweile daß ihre Zusammendrängung sich merklich verschieden zeigt. Hier wird die Annahme, daß sie in verschiedenen Abständen von uns stehen, entweder jene scheinbar größere Zusammendrängung nicht erklären, oder sie wird, wenn man einräumt, daß sie es thue, uns auf eine sehr lehrreiche Folge führen: diese nemlich, daß die Sterne, welche einer solchen Annahme nach nicht mehr zusammengedrängt sind, als jene in den vorigen

Sternhaufen, sondern nur ihres größeren Abstandes wegen uns so vorkommen, durchaus verhältnißmäßig größer (*larger*) seyn müssen, weil sie sich uns nicht kleiner als die vorigen zeigen. Wenn demnach eine oder die andere von diesen Hypothesen wahr seyn muß, so ist es nicht ganz unwahrscheinlich, daß in manchen Fällen die Sterne mehr zusammengedrängt und in andern von beträchtlicherer Größe seyn mögen.[24]) Ich bin dennoch geneigt zu glauben, daß diese Mannigfaltigkeit der Größe (*size*) in verschiedenen sphärischen Sternhaufen nicht weiter gehen mag, als der Unterschied an Größe, die sich unter den zu einer und eben derselben Species von Pflanzen oder Thieren in ihren verschiedenen Zeitaltern gehörigen Individuen findet, wenn sie bis auf einen gewissen Grad des Wachsthums gekommen sind. Eine weitere Untersuchung des Umstandes, wie weit sich so wohl die Verdichtung, als auch die Mannigfaltigkeit der Größe, die bey den Sternen der verschiedenen Haufen Statt finden mag, wollen wir noch so lange aussetzen, bis vorläufig andere Dinge werden ausgemittelt seyn.

Lasset uns denn fortfahren unseren Blick auf die Kraft zu werfen, welche die verschiedene Sortirungen von Sternen in sphärische Haufen modelt. Jede Kraft die ununterbrochen wirkt muß Effect hervorbringen, die der Zeit ihrer Wirkung proportional sind. Da nun, wie bewiesen worden ist, die sphärische Figur eines Sternhaufens, von Centralkräften herrühret, so folgt, daß jene Sternhaufen, welche *ceteris paribus* die größte Vollständigkeit in dieser Figur haben, am längsten der Wirkung dieser Ursachen müssen ausgesetzt gewesen seyn. Dieses wird uns verschiedene Gesichtspunkte verstatten. Nehmen wir zum Beyspiel an, daß 5000 Sterne einmahl in einer gewissen zerstreuten Lage gewesen wären, und daß 5000 andere gleiche Sterne in derselben Lage gewesen wären, so wird, glauben wir, derjenige von den zwey Sternhaufen, welcher der bildenden Kraft am längsten ausgesetzt gewesen ist, auch am meisten verdichtet, und der Vollendung seiner Gestalt näher gebracht seyn. Eine leichte Folge die aus dieser Betrachtung gezogen werden kann, ist, daß wir in den Stand gesetzt sind, über das Verhältniß des Alters, der Reife oder der Stuffenordnung eines Sternensystems, aus der Stellung seiner Bestandtheile zu urtheilen. Und machen wir die Grade der Helligkeit in den Nebelflecken zur Scale der verschiedenen Anhäufung der Sterne in den Sternhaufen, so werden dieselben Schlüsse sich auf sie alle gleichmäßig erstrecken. Aber aus dem bereits gesagten sind wir nicht berechtigt zu schließen, daß jedem sphärischen Sternhaufen, in Ansehung seiner absoluten Dauer ein gleiches Alter zukomme, sintemahl ein solcher der nur aus tausend Sternen zusammengesetzt ist, gewiß viel früher zu der Vollkommenheit seiner Form gelangen muß, als ein anderer, welcher eine Million derselben in sich faßet. Jugend und Alter sind verhältnißmäßige Ausdrücke; und eine Eiche von einem gewissen Alter kann noch sehr jung genannt werden, da ein gleichzeitiges Strauch, bereits an der Grenze seines Verfalls ist. Die Methode mit einiger Zuversicht über die Beschaffenheit irgend eines Sternsystems urtheilen zu können, kann vielleicht ganz bequem aus dem Maaßstabe hergeleitet werden, welchen wir Seite 148 und 149 zum Grunde gelegt haben; so daß zum Beyspiel ein Sternhaufe oder ein Nebelfleck, der stuffenweise mehr zusammengedrängt und heller gegen die Mitte ist, kann in der Vollkommenheit seines Wachsthums seyn, da ein anderer, der sich durch eine gleichmäßigere Zusammendrängung angedeuteten Beschaffenheit nähert, dergleichen die Nebelflecke sind die ich die *planetarischen* genannt habe, als sehr alt, und auf eine Periode des Wechsels oder der Auflösung losgehend angesehen werden kann. Dieses wurde vorher nur vermuthet, da ich in dem vorigen Aufsatze den ungewöhnlichen Grad der Zusammendrängung betrachtet, der die Oberhand in einem Nebelfleck gewinnen muß, um ihm ein planetarisches Aussehen zu geben; aber der Beweis der nun von den Kräften hergenommen ist, die diese zuvor nur zerstreuten Sterne zu der Form zusammengesammlet habe, welche wir jetzt an ihnen sehen, muß diese Meinung sehr verstärken.

Diese Methode den Himmel zu betrachten, scheint ihn in ein neues Licht zu setzen. Nun wird angesehen, als gleiche er einem üppigen Garten, der eine große Mannigfaltigkeit von Produkte in verschiedenen blühenden Beeten enthält; und der eine Vortheil den wir zum wenigsten aus demselben einerndten können ist der, daß wir gleichsam den Schwung unserer Erfahrung auf eine unermeßliche Dauer ausdehnen können. Denn um das

Gleichniß fortzusetzen, das ich aus dem Pflanzenreich geborgt habe, ist es nicht beynahe einerley, ob wir fortleben um nach und nach, das Aussprossen, Blühen, Belauben, Fruchttragen, Verwelken, Verdorren und Verwesen einer Pflanze anzusehen, oder ob eine große Anzahl von Exemplaren, die aus jedem Zustande, den die Pflanze durchgeht, erlesen, auf einmahl uns vor Augen gebracht werden.

Slough nahe bey *Windsor*
den 1ten May 1789. W. Herschel.

Anmerkungen zur Textsammlung W. Herschel

Literaturangaben beziehen sich auf die Literatur zu Einleitung VIII.

1 Gemeint ist das Spiegelteleskop mit einer Öffnung von 18,7 Zoll und 20 Fuß (6,1 m) Brennweite.
2 Siehe [5].
3 Dies ist die wahrscheinlich früheste Erkenntnis, daß ein großer Teil der Sternsysteme in Galaxienhaufen geordnet ist. HERSCHELS Bemerkung bezieht sich entweder auf den Virgo- oder Coma-Galaxienhaufen [5]. Im letzten Abschnitt diskutiert er den Coma-Haufen.
4 Gemeint sind galaktische Nebel. Das Beispiel bezieht sich auf den Orionnebel, über den HERSCHEL eine schwankende Auffassung hatte: Nebel oder Sternhaufen.
5 Sternhaufen. Hierzu siehe auch die Katalogisierung in [5].
6 An anderer Stelle, so z. B. in seiner Abb. 4 setzt HERSCHEL die Sonne nahe dem Zentrum des Milchstraßensystems. Dieses „Zentrum" bezieht sich aber eigentlich auf den Beobachtungsort und nicht auf das gravische Zentrum des Sternsystems, wie zwei Abschnitte weiter erläutert.
7 HERSCHEL beschreibt hier, warum die Milchstraße an einigen Stellen des Himmels aufgespalten erscheint. Seine von ihm in Abb. 16 dargestellte Theorie mußte ihn näherungsweise zu einer Struktur des Milchstraßensystems führen, die wir heute als Spiralstruktur erkannt haben.
8 HERSCHEL schreibt dann, daß er mit seinen Vermutungen abwarten will, bis er bessere Teleskope hat.
9 Z. B. die NEWTONsche Physik.
10 Dieser Abschnitt und der folgende zeigen, daß die Vorstellung HERSCHELS vom Bau der Welt vollständig von der KANTschen Kosmologie und Kosmogonie induziert war.
11 Auch hier gilt das unter Anm. 10 Gesagte.
12 $1{,}2 \cdot 10^{13}$ km $\approx$ 1,3 Lichtjahre.
13 Der mittlere Wert des Radius der Kugelsternhaufen liegt bei etwa 50 Lichtjahren (25—300 Lichtjahre). Bei einer Entfernung des Sirius von 8,8 Lichtjahren würde man nach der von HERSCHEL

gegebenen Entfernung-Helligkeitsbeziehung bei den meisten Kugelsternhaufen bis an ihre „Ränder" sehen können. Die Beziehung genügt der einfachen Gleichung

$$r = m \cdot r_s ,$$

mit r = Entfernung in Siriusweiten, m = scheinbare Helligkeit und r_s = Siriusweite. Voraussetzung für diese Gleichung ist der von HERSCHEL gemachte Schluß, daß

$$m \approx M ,$$

mit M = absolute Helligkeit. Die hierzu richtige adäquate Gleichung ist der Entfernungsmodul

$$5 \log r = m - M + 5 ,$$

mit der Entfernung r in pc.

14 HERSCHELS „Sternhaufenwelt".

15 Mittels seiner Sternhaufenwelt und der NEWTONschen Gravitation erwägt HERSCHEL die Möglichkeit des intergalaktischen Mediums.

16 Die „Tafel" (eigentlich „Tabelle") enthält die Visionsradien in Abhängigkeit von der Anzahl der Sterne im Gesichtsfeld des Fernrohres.

17 Der galaktische Nordpol wird heute angegeben mit: Rektaszension $\alpha = 12^h 49^m \approx 192°$ und Deklination $\delta = 27{,}^\circ4 = 62{,}^\circ6$ „Polardistanz" (Äquinoktium 1950).

18 Nämlich die Stellarstatistik.

19 Die kosmogonische Bedeutung der Fragmentation großer, massereicher kosmischer Strukturen wird seit zwei Jahrzehnten von V. A. AMBARZUMJAN und seinen Mitarbeitern hervorgehoben [7].

20 Hier sieht HERSCHEL im Sinne AMBARZUMJANS [7] die Entstehung eines Galaxienhaufens durch den Zerfall eines größeren kosmischen Körpers.

21 Hier wird die Möglichkeit diskutiert, daß sich senkrecht zur Ebene des Milchstraßensystems von diesem Teile abgelöst haben. Dadurch sei das System flach geworden. Tatsächlich sind in der neueren Zeit bei einigen Galaxien Auswürfe senkrecht zu ihren Längsachsen festgestellt worden, so z. B. an M 82.

22 Entspricht $5-7 \cdot 10^4$ Lichtjahren.

23 Zum ersten Mal erscheint der Begriff der Zentralkräfte bei HOOKE und HUYGENS. In der NEWTONschen Physik sind die Zentralkräfte dann mathematisch interpretiert worden.

24 Hier, wie an anderen Stellen, werden Sterne verschiedener Größe diskutiert. Dann gilt nicht mehr $m \approx M$ (siehe Anm. 13). Für

HERSCHEL bedeutete dies, daß er notwendigerweise seine Sterneichungen und damit sein Modell der Milchstraße mit Fehlern behaftet sah, was er auch mehrmals darlegt, so z. B. in der zweiten Publikation unter dem Titel: „Eine Section unserer Sternschichte", wo er das Vorgetragene z. T. nur als eine Probe ansieht.

Personenregister

Der Autor

- würdigt anläßlich der 250. Wiederkehr des Geburtstages von J. H. Lambert im Jahre 1978 dessen Beitrag zur Entwicklung der Kosmologie im 18. Jahrhundert

- behandelt historisch-kritisch die Vorstellungen über hierarchische Weltsysteme

- stellt die Zusammenhänge zwischen der Newtonschen Physik und den hierarchischen Kosmologien dar

- erläutert Textauszüge aus J. H. Lamberts Cosmologischen Briefen und aus den kosmologischen Werken von Th. Wright, I. Kant und W. Herschel

- wendet sich an Astronomen, Physiker und Wissenschaftshistoriker sowie an alle historisch und philosophisch Interessierten

WISSENSCHAFTLICHE TASCHENBÜCHER

MIX
Papier | Fördert gute Waldnutzung
FSC® C083411

Zeitfracht Medien GmbH
Ferdinand-Jühlke-Straße 7
99095 Erfurt, Deutschland
produktsicherheit@kolibri360.de